U0198262

宇宙传记

The Universe
A Biography

宇宙传记

[英] **保罗·穆丁** 编著

EasyNight 译

北方联合出版传媒（集团）股份有限公司
辽宁科学技术出版社

Published by arrangement with Thames & Hudson Ltd, London
The Universe: A Biography © 2022 Thames & Hudson Ltd, London
Text © 2022 Paul Murdin

This edition first published in China in 2025 by Liaoning Science & Technology
Publishing House Ltd, Shenyang
Simplified Chinese Edition © 2025 Liaoning Science & Technology Publishing House

©2025,辽宁科学技术出版社。
著作权合同登记号：第 06-2022-130 号。

版权所有·翻印必究

图书在版编目（CIP）数据

宇宙传记 /（英）保罗·穆丁编著；EasyNight 译 . —
沈阳：辽宁科学技术出版社，2025.2
　　ISBN 978-7-5591-3390-8

　　Ⅰ.①宇… Ⅱ.①保… ②E… Ⅲ.①宇宙—普及读物
Ⅳ.① P159-49

中国国家版本馆 CIP 数据核字（2024）第 022367 号

出版发行：辽宁科学技术出版社
　　　　　（地址：沈阳市和平区十一纬路 25 号　邮编：110003）
印 刷 者：凸版艺彩（东莞）印刷有限公司
经 销 者：各地新华书店
幅面尺寸：145mm×210mm
印　　张：10
插　　页：16
字　　数：230 千字
出版时间：2025 年 2 月第 1 版
印刷时间：2025 年 2 月第 1 次印刷
责任编辑：闻　通
封面设计：周　洁
版式设计：韩　军
责任校对：韩欣桐

书号：ISBN 978-7-5591-3390-8
定价：98.00 元

联系编辑：024-23284372
邮购热线：024-23284502
E-mail:605807453@qq.com
http://www.lnkj.com.cn

目录

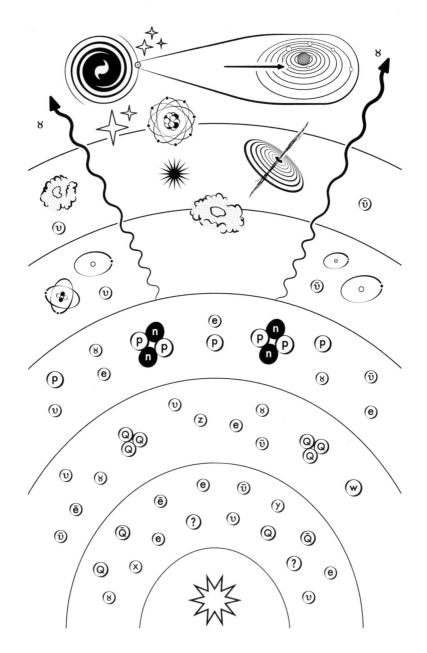

宇宙诞生于奇异基本粒子，随着物质和暗物质在恒星和星系的舞蹈中聚集成团，宇宙的传记开始了。

前言

"天文学"这个词有两层意思:第一层是指一种活动,也就是天文学家观察宇宙、探索其中奥秘的那类活动;第二层则是指一个学科,来自天文学家对他们的发现的描述。至于天文学的历史,那通常是关于第一层的叙说,也就是从文明的早期一直到目前,天文学是以怎样的方式发展过来的。本书要为大家讲述的,就是一些这方面的历史,但是,它最主要的内容是关于宇宙的故事——它讲述宇宙如何诞生以及如何成长。当然,就像很多历史人物的传记一样,这部《宇宙传记》中也有一些章节显得晦涩难懂,有些内容干脆是缺失的。

但无论如何,这部"传记"还是描绘了我们所知道的宇宙中发生过的事情,它们的起点是"大爆炸",也就是宇宙开始膨胀的最初几毫秒。笔者还在"前传"(第十三章)中描述了一些可能发生在大爆炸之前的事情,而在"续篇"(第十二章)中则展望了一些未来可能发生的事件。

在结构上,本书也像最常见的传记那样,大体上按时间顺序来展开。不过,有时笔者会以重叠的时间段来描述某些事情,因为这样做更有意义。比起一个严格遵循时间顺序的故事,笔者更想讲述一个易于理解的故事。在这本书中，正文奇数页（除了篇章页）的页眉上都标有一个时间描述，它对应的正是这部分内容所讲的故事的发生时间。

从本质上看，天文学是一门研究宏大事物的科学，但是，最引人注目的天文事件，却又来自分子、原子和亚原子粒子这些微小的物质单位之间发生的一些极为微弱的相互作用，那就是引力。引力虽然是最弱的作用力之一，但它在天文学中的作用非常大，在任何其他学科中都不可能有这么大的作用——毕竟行星、恒星和星系这些天体的质量巨大，所以即使相距很远，也能明显体现出引力的影响。至于地球这种规格的行星，还有太阳系内的一些小家伙，比如流星体之类，在这本书里统统算作微小的天体。

在这本书里，笔者选择了宇宙历史中最重要的事件、最宏伟的结构、最剧烈的爆炸、最庞杂的"生态系统"，以及在宇宙演化过程中与人类历史关系最为紧密的天体。大家会在本书中多次读到"亿"和"十亿"这种字眼，比如数十亿颗恒星、数十亿个星系、数十亿光年，但这些并不是本书中最大的数字。专业文献通常使用科学记数法，不常用"亿"这个单位名称，大家只要知道一亿等于一万个一万，十亿等于一千个一百万就好。

第一章

这些问题，引人回溯太初

宇宙大约诞生于 138 亿年前。假如宇宙没有这样一个诞生的时刻，那就说明它是永恒存在的，那么本书也就不能命名为《宇宙传记》了。一个真正永恒存在的宇宙，是不会随着时间的推移而有所进步或发展的，它的一切都将保持不变。但是，天文学家通过凝视太空深处，发现宇宙中有些事物是会随着时间流逝而发生改变的，所以，笔者才会尝试将他们所看到的种种现象诉诸笔端，并宣称这是一本"传记"。

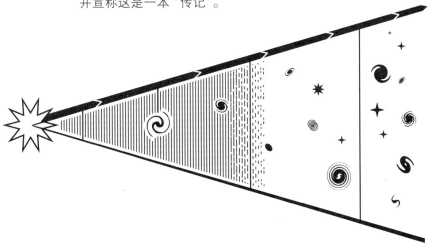

在宇宙大爆炸中，一团基本粒子凝结成了我们今天看到的物质，以及我们遍寻不见的暗物质。经过一段时间的黑暗后，恒星和星系在宇宙黎明中浮现了。

夜空为什么是暗的？

宇宙的诞生充满了戏剧性。那是一次大爆炸，当时的宇宙体积很小、密度很大、温度也很高；而那次爆炸的火球，时至今日仍然以辐射的形式充满着宇宙，随处可见。当时"炸"出的物质则凝聚成了众多的星系，而这种物质喷射现象，可以看作宇宙膨胀的表现。自那次爆炸以来的某时，在这些物质喷射中的某处，就藏着我们人类自身起源的秘密。

我们把宇宙的历史比作人类的生命，认为二者都有自己的诞生时刻，诞生之后就开始发育，这种联想是不无道理的。只要一个简单的事实就可以说明这个类比的合理性：夜空是暗的。在白天，当我们抬头仰望时，视线就会"伸向"天空，并一直延伸。它可以直接伸进太空之中，但也可能碰到空气分子，并被其改变传播方向（实质上就是光线被散射），从而被阻拦。我们的视线还可能终止在太阳的表面——此时，在太阳和我们的眼睛之间就形成了一条穿过天空的连线。所以，白昼的天空是亮的。而在夜晚，视线同样既可能径直伸入太空，也可能遇到空气分子并发生偏转，但是完全暗下来的夜晚是没有阳光的，所以空气分子也不会把阳光反射进眼睛里。此时，我们的视线自然也不可能通向太阳，但可以向太空的深处延伸，直到宇宙中极其遥远的地方。有时，视线会到达某个星系或恒星的表面，但更多的时候它们会钻进一片虚空，这样一来，我们看到的夜空就是一片黑暗。

假如宇宙是无限大的，而且分布着无数多的恒星，那么我们的视线将必然终结在某一颗恒星之上。这就好比说，你站在一片巨大的森林里，周围到处都是树木，那么，无论你朝哪个方向平视，最终一定会有某一棵树成为你视线的终点。同样，在一个到处都是恒星的无限宇宙之中，看向任何方向的视线最终都应该到达某一颗恒星的表面，由此推断，夜空中应该到处都是亮的，如同白昼的阳光无处不在。事实是这样的吗？显然不是。

这个看似矛盾的推论，就是"奥伯斯佯谬"（Olbers paradox），来自 19 世纪上半叶的德国业余天文学家海因里希·威廉·奥伯斯（Heinrich Wilhelm Olbers，1758—1840），他是不来梅的一位知名医生，对天文充满热情。他在读书时期同时攻读了医学和数学，据说他有一次坐在一位虚弱的患者床边，然后趁这个工夫设计出了一种计算彗星轨道的新方法。他在自家住宅顶层的一个房间里架设了一部望远镜，用来观测彗星。他是一名业务繁忙的专业医生，但业务之外更是一位激情满满的天文学家——为了支撑这种双重的职业生涯，他不得不把每天的睡眠时间压缩到区区 4 小时，而且坚持以这种作息节奏活了下来。他被后人归入"最伟大的业余天文学家"之列（同时，他的医学生涯似乎也很受人尊敬）。

不来梅是德国西北部的一座港口城市，毗邻北海，位于丹麦和荷兰之间。当地的气候并不太适合天文观测，奥伯斯经常不得不苦苦等待云层散去。1823 年，他的一篇极具影响力的论文很可能就是在这种等待晴天的过程中写成的，这篇论文至今仍很重要，因为它的主题既是现代天文学领域的热门论题，也是一个悖论，即夜空为何是暗的。必须指出，虽然是这篇论文引起了学界对这一悖论的关注，但这个悖论本身的历史却悠久得多，在奥伯斯之前就有不少杰出的科学家讨论过。而这个问题也对我们品鉴宇宙的诞生历程颇有帮助，只不过它的这种价值直到 20 世纪 60 年代才被重新发现。

　　在奥伯斯对这个悖论的阐述中，宇宙至少在一定程度上可以说是均匀的：他认为有无限多的恒星分布在宇宙中，组成了唯一的星系。这也是当时的人们对宇宙的主流观念。如今我们已经知道，我们自己所在的这个星系（即银河系）直径仅有约 20 万光年，而宇宙中的星系总数极为巨大，宇宙的尺度也远远超过 20 万光年。不过，从整体上看，这些星系的分布大致也是均匀的。换言之，当前我们对宇宙的认识只不过是把奥伯斯宇宙观中的恒星换成了星系，并不影响这一问题的实质。对于这个悖论，目前的解释认为，应该是各个星系之间距离极为遥远，所以我们的视线穿过它们之间就像穿过开阔的走廊一样，不妨碍我们看到比这些星系更加遥远的空旷区域。如果用前文提到的那个森林例子来说，就好比是树林比较小，树木也比较稀疏，所以我们的目光有可能从树木之间穿过，看到树林之外开阔的野地。

　　奥伯斯佯谬有一个推论：我们透过星系之间的这些缝隙，应该可以看到宇宙的边界。在这个边界之外就没有恒星存在了，更没有星系。这就可以解释为什么我们大部分的视线最终都落到了全然虚空之处，也就说明了夜空为何是暗的。必须承认，这种解释看起来相当直观，而且基本思路也大体不差。不过，它在细节上仍有瑕疵，因为真实的宇宙并不是一群由虚空隔开的星系那么简单。宇宙其实是个弯曲且有限的空间，而且其内部的各个区域都有星系分布。

奥伯斯毕竟比爱因斯坦早生 1 个世纪，所以他不可能知道空间的曲率，这是他无法避免的局限。但是，他已经完成了一个重要的论述：宇宙不是无限大的。而这个论述还可以推出一个更加宏伟壮阔的命题：宇宙在时间上也必然是有限的，因为有限的空间必然源于有限的历史。我们的视线伸向太空的远方，其实就是在"穿透历史"——由于光以特定的、有限的速度传播，我们看到的远方，其实是那里过往的样子。换言之，它们当时的样子以光为媒介，花费了一定的时间之后才到达我们眼中。既然宇宙有一个诞生的时刻，那么就不可能有它诞生之前的光传到我们眼中——我们回溯历史的目光世界就可以用宇宙的年龄作为"地平线"，凡是超越这条界线的，都是绝对无法看见的。宇宙的边界所对应的距离，正是光线从宇宙诞生时开始直到如今所走过的距离。只要承认光速的有限性这个前提，夜空的黑暗就可以作为一种观测证据，强有力地支撑起"宇宙有其初始"这个观念，使其越发可信。

整体上说，对宇宙全部传记的回望，也必须沿着我们的视线展开——它从地球出发，伸向遥远的空间，那确切的、有限的距离昭示着同样确切的、有限的时间。由于在极远处观察到的宇宙是它婴儿期的样子，天文学家可以见证宇宙如何一步步成长。从原理上说，天文学家只要能看到整个宇宙，就能目睹全部的宇宙史。当然，发生得越早的事件与我们的距离越远，其外观也更加模糊，它所对应的历史时期也就远不如更晚近的时期呈现得那样清楚。但是，这毕竟是真实可见的全史。另外必须指出，我们在宇宙深处看到的过去的事件，并不等于我们附近正在发生的事件的前身——但是它们与我们附近的宇宙的前身十分相似。

天文学家之所以痴迷于建造更庞大的望远镜，主要就是想给宇宙的演化史整理出一条时间线，将它的概貌大致展示出来。大家都知道天文学家使用望远镜是在观察遥远的空间，但望远镜其实也是一种时间机器，让天文学家得以回溯宇宙的往昔。望远镜越大，就越适合看清遥远的目标——这里的遥远除了指空间上的含义，也指时间上的久远（见图Ⅰ）。

宇宙为何不坍缩？

宇宙由大量的星系组成。这些星系漫布于空间之中，在万有引力的作用下彼此吸引。很明显，我们可以提出这样一个问题：为什么所有的星系没有最终汇集到一起，变成一个巨型的星系？正是这一追问，引领人类最终发现了宇宙正在膨胀，因此它必然有一个诞生的时刻。

上述关于坍缩的问题，也是英国著名的物理学家艾萨克·牛顿（Isaac Newton，1643—1727）最为关注的问题之一。牛顿是引力的发现者，他意识到任何物体之间无论相距多远，都有这种相互吸引的作用。牛顿发现引力的故事是这样开始的：1665—1666年，一场大瘟疫从伦敦开始蔓延，席卷了英国大大小小的城镇。当时的牛顿正在剑桥的三一学院读书，疫情很快传到了剑桥，大学都被迫停课，以减小师生的感染风险。牛顿也就离开了宿舍，回到老家与家人一起在乡村环境中自我隔离。他的老家位于林肯郡伍斯特索普的一座农场中，离剑桥并不算远，但距离剑桥的疫区已经足够远了。疫情隔离生活让牛顿有了充足的思考时间。根据牛顿的助手（也是他的侄女婿）约翰·康杜特（John Conduitt）在 1727—1728 年的描述，牛顿回忆自己得到关于引力理论的灵感源于 23 岁时遇到的一件事：

> 1666 年，瘟疫又开始流行，牛顿再次离开剑桥，回到林肯郡，与母亲一起躲避疫病。在这段时间里，一次他坐在花园中思考问题时，忽然想到：苹果能从枝头落地，似乎应该是由一种引力造成的，而且这种引力发挥作用是不论距离的，也就是绝不会只吸引近处的东西而不吸引远处的东西。牛顿由此自问：即便到了像月球和地球那么远的距离，这种引力也没有消失不见的道理。而如果这种力的作用确实存在，那么它也一定会作用在月球上，影响着月球的运动。月球绕着地球运行，不会离开地球而去，莫非就是这种引力在起作用？他就这样想着，然后开始发挥自己的数学功底，尝试推算这种引力作用的强度。

至于启发牛顿思考的那棵苹果树，据说仍长在伍斯特索普，也就是牛顿家农舍的门外——当然，实际长在那里的很可能只是那棵树的后代罢了。

牛顿意识到，重力可能是一种弥漫在整个宇宙中的力量，它甚至可能主导整个宇宙。保证月亮围绕地球运转的，是这种力；保证各大行星绕着太阳运行的，也是这种力；说不定，所有的恒星也都是在这种力的作用下彼此绕转的。尽管康杜特的转述作为史料来说并不完全可靠，而且随着年龄增长，在不断讲述这个故事的过程中牛顿也有添油加醋之嫌，但我们还是不妨认定那个苹果推动了人类科学思想的巨大进步。当年，法国大作家伏尔泰从康杜特那里听来了关于苹果落地和月亮运行的故事，便将其推广成了一个妇孺皆知、家喻户晓的故事，传达着牛顿关于万有引力的理念。

牛顿最杰出的著作《自然哲学的数学原理》（简称为《原理》）首版于 1687 年问世。牛顿在书中指出：两个相互吸引的物体之间，引力的大小不仅取决于双方的质量（物体质量越大，引力也越大），还取决于双方的距离（距离越远，引力越小，且引力与距离的平方成反比）。这个规律也被称为平方反比定律。

不久之后，牛顿又意识到，关于万有引力的想法会引发一个大问题，那就是关于宇宙的可持续性的问题。他想到，如果把宇宙看作某种装满恒星的容器（如今我们知道并非"装满"，而且这里的单位换成"星系"更合适），那么这一整个系统必然不会稳定持续下去——它将很快坍缩，因为其中的所有物质会在引力作用之下聚集到一起。针对这一问题，牛顿与理查德·本特利（Richard Bentley）通过书信往来进行了讨论。本特利是一位神学家，但对科学有着强烈的兴趣，他也是三一学院的硕士，为人处世专横且有很多争议，但最终牛顿与他结成了学术同盟（《原理》一书也是由本特利介绍到剑桥大学出版社出版的）。1692 年，牛顿在给本特利的一封信中写道：

　　　　我的第一个疑问是，按照我个人的看法，如果假定太阳、月亮和各颗行星，以及宇宙中的诸多恒星都均匀分布在天球的各个层面上，而且其中每一个最微小的物质颗粒都与其他所有物质间存在着引力作用，那么整个天球即使拥有像万物这么多的物质，也不免仍然是一个有边界的场所：天球更外层的物质在引力的作用下，必然日益靠近天球的内层，由此，万物日益聚集起来，最终会形成一个巨大的球体，位于太空的中心。

接着，牛顿概述了他最具超前性的推测之一。我们将在稍后看到，这一推测也被用来描述众多的星系是如何从大爆炸涌现出的诸多物质中诞生的：

> 然而，如果太空没有边界，那么推演也便不同：物质即使有再多的时间，也无法变成一个单一的巨大球体，而是会变成很多个大球，这种大球的体积略小于前述的巨球。诸多的大球会在各自的位置上，而且彼此距离很远。

如今，这一过程已经有了名字——"引力坍缩"。我们在后文也会聊到，这是宇宙演化史上最重要的发展模式之一。

牛顿的万有引力定律牵出的让人费解的问题有好几个，引力坍缩只是其中之一。请大家在本质层面上想一想，万有引力这一概念本身是不是就具有某种让人不愿意接受的性质呢？一种力，居然可以通过什么都没有的真空，在物体之间传递它的作用，但话说回来，牛顿给出的定律又成功地解释了行星的运动，其影响力是那么令人震惊，所以我们在直观上也很难说它是错的——至少必须说，它能带给我们正确的结论。即使是当代，我们控制着太空飞行器从太阳系中的一颗行星飞往另一颗行星，也依然离不开牛顿的这一理论贡献。《原理》在 1713 年再版，牛顿在新版中为他的理论添加了一些补充表述，但只要是关于引力理论的思想疑难，他都用一句著名的评论 "余不喜做假设"（*Hypotheses non fingo*）给统统回避掉了。他就引力理论给出了一种经验主义的观点：这一理论能解决实际问题即可，即便我完全搞不懂引力现象背后的机制也无所谓。

因此，宇宙为什么没有坍缩掉这一难题，在此后的两个世纪里都是悬而未决的。1916 年，出生于德国的物理学家阿尔伯特·爱因斯坦（Albert Einstein，1879—1955）提出了他的 "广义相对论" ——这是一套关于引力的新理论，对牛顿的成果做了全面的升级。但是，即便是广义相对论的公式，在套用到整个宇宙的尺度上后，得到的结果依然跟牛顿理论一模一样：宇宙还是应该坍缩。面对这个结果，爱因斯坦的策略显然比牛顿高明一些——因为他愿意做假设。1917 年，他提出，或许有一个方向相反的力，在把整个宇宙向外拉伸，在这种平衡下，宇宙就可以持续、稳固地存在了。跟牛顿类似的是，爱因斯坦无法准确地说出这种反向的力到底是什么，但他推测出了这种力一旦真实存在，效果将是如何。在他提出的相关方程中，这种向外的力量被作为一个通用的参数，记作大写的希腊字母 Λ，称为宇宙常数（cosmological constant）。

爱因斯坦对引力坍缩问题的解答以数学为基础，但他的数学演算在某些方面并不完备。这一点被苏联物理学家亚历山大·弗里德曼（Alexander Friedmann，1888—1925，参看 P.50）揭示出来。所以，即使是像爱因斯坦这样聪明的人，已经提出了自己的广义通用理论，始终未能将这一理论所有可能的结果推导出来。其实，还有一个思路可以走下去，既避开宇宙崩溃的结果，也不需要假设一个宇宙常数 Λ 去支持宇宙长久存在。而且这一新想法对于当初的牛顿理论也是适用的，这个矫正思路促生了宇宙膨胀理论。爱因斯坦一开始对宇宙膨胀理论是拒斥的，后来有逐渐接受这一想法的倾向，但最终还是拒斥了。之后，他在回顾这一学术历程之时，开始把自己关于宇宙常数的想法称作"自己平生犯过的最大错误"。而宇宙学界经过大约一百年的探索，也终于推算出宇宙常数在当代宇宙学理论中的取值：零。但直到 20 世纪 90 年代，宇宙学家还不敢完全相信宇宙常数可以取零值（参见第二章）。

原始原子（the primeval atom）：勒梅特的膨胀宇宙模型

比利时神父和天文学家乔治·勒梅特（Georges Lemaître，1894—1966）在 20 世纪 30 年代通过一系列论文构建了一种不断膨胀的宇宙模型，为大爆炸的物理图景添加了数学理论。此人还研究过工程学，曾作为炮兵部队的军官参加了第一次世界大战，且表现英勇。战争结束后，或许是出于对战争残酷性的一种反思，他的研究转向了更加和平的领域：他当了耶稣会的神父，同时在业余时间钻研数学，在天文学和宇宙学方面追求自己的理想。1923 年，他来到剑桥大学，师从天文学家亚瑟·斯坦利·埃丁顿爵士（Sir Arthur Stanley Eddington，1882—1944）。埃丁顿属于第一批认识到爱因斯坦广义相对论重要价值的人，他鼓励勒梅特去探索广义相对论，思考这一理论对宇宙的演化史来说有哪些更丰富的意义。

勒梅特回到位于比利时鲁汶的母校之后，遵循埃丁顿的建议，论证出了爱因斯坦的理论为何允许宇宙持续膨胀——连爱因斯坦自己都忽略了这种可能性，它实际上意味着宇宙中的物质在未来会变得越发稀薄，直至冷淡凄清的终结。

结果，不管爱因斯坦还是埃丁顿，都不喜欢这个推论。这两位大师都受到某种宗教情怀的深刻影响，认为宇宙既然已经诞生，就"理应"永远存在下去。他们的这种想法与《圣经：创世纪》中关于天地万物诞生的叙述是高度一致的，而且与犹太教、基督新教、伊斯兰教中关于"神即无限"的理解也高度一致。埃丁顿是基督新教中的贵格会的信徒，而爱因斯坦是个喜欢自由思考的犹太人，可以说也有信仰宗教的倾向，所以，如果对他们提宇宙也许不是永恒的，他们两个都会反感。

当然，勒梅特作为罗马天主教徒，对这个问题似乎也会有与爱因斯坦和埃丁顿相似的强烈倾向性，但是，他追随的偶像却是中世纪的神学家圣托马斯·阿奎那（Saint Thomas Aquinas）（见P.312）。勒梅特曾说："余以为前往真理之途有二，余愿二者皆行。"勒梅特决定在理性的指引下走向宇宙的真理，而无论这个真理呈现为什么样子，他都会用自己的神学信仰重新审视之，把这个样子当作真理的一个面向。在关于宇宙起源的众多科学和理性解释之中，勒梅特最喜欢的就是大爆炸理论，这个理论清晰地显示宇宙有自己的开始，并可以无限地持续下去。他居然遵循着亚伯拉罕三大宗教（犹太教、天主教、基督新教）都接受的圣典《圣经：创世纪》中描绘的那条信仰之路，衍生出了与大爆炸理论相同的想法。

勒梅特使用抽象的数学工具，推算出了自己关于宇宙持续膨胀的理念。同时，他又以一种易于想象的形式，为这个理念提供了一种相当具象化的解释。只要认定宇宙此时此刻正在膨胀，那么它就必然有一个开始膨胀的时刻，而且它在那时的密度比现在大。他将这个起始时刻设想成一个发生了爆炸的"原始原子"。他认为，这个原始原子是如今宇宙中所有粒子的集合体，它极为致密，然后就像放射性元素的原子那样自发地分裂解体了，从此开启了宇宙的演化史。由此，勒梅特作为比利时的神职人员，也作为"宇宙以爆炸为开端"这一理念的创始人，被戏称为"大爆炸主教"。

原始原子概念的提出，离不开当时（20世纪上半叶）的前沿科学。从希腊哲学时代开始，原子就被定义为构成宇宙万物的基本单位。英文中的原子（atom）一词本身也是从希腊文演化而来的，意思是"不可分割之物"。对科学家来说，如果听到别人说已经找到了问题的"根源""最基本原因"或者"发源的基础"，那无异于面对一场迫在眉睫的挑战——因为科学家具有一种"本能"，他们会去诘问为什么这就是故事的最开始，为什么在所谓的"终极"原因背后没有其他动因。

科学界在 20 世纪初成功地探查了真正的原子，发现它们其实也是复合而成的——由电子、质子和中子构成。每个原子都有一个原子核，由质子和中子组成；原子核周围是环绕着它运行的电子云，在某种程度上，电子可以被想象成运行在原子核之外一层层轨道上的粒子，就像一个有行星绕着太阳公转的小太阳系。多年来，电子、质子和中子都被视为基本粒子，而在掌握了原子结构的勒梅特看来，这种模式也正好可以用来构想原始原子。他心目中的大爆炸，是宇宙中所有电子、质子和中子结束了堆积在一起的状态，迸散开来。

而到了 20 世纪下半叶，人们发现质子和中子也都具有自己的内部结构。"基本粒子"一词现在已经可以涵盖 30 多种不同的粒子，下面介绍一下这些基本粒子的名字，以便给大家一个印象，帮大家了解基本粒子的多样性以及早期的大爆炸理论在科学上的复杂性。首先是夸克，夸克分为 6 个"味"（也就是 6 种），分别称为上夸克、下夸克、奇异夸克、粲夸克、底夸克、顶夸克；然后是 6 种反夸克和 6 种轻子（分别是电子、μ 子、τ 子，以及它们各自的中微子）；最后是 6 种反轻子以及 13 种规范玻色子（分别为 8 种胶子，再加上光子、W+ 粒子、W– 粒子、Z 粒子、引力子）和 1 种希格斯玻色子（第十三章会对其中一些粒子作出解释）。请注意，所有这些粒子，都是从最初认为"不可分割"的东西里分解出来的！而现在科学界甚至又开始讨论这些被称为基本粒子的小东西的结构了，指导这最新讨论的理论称为"弦理论"，这里的"弦"是一种假想的实体，这套理论认为所有的基本粒子都是由这种弦构成的。

　　科学家可以在地球上的实验室中研究基本粒子，具体方法包括利用原子反应堆来产生基本粒子，或让这些粒子在高能加速器中彼此碰撞——位于日内瓦附近的欧洲核子研究中心（CERN）建设的"大型强子对撞机"（Large Hadron Collider，LHC）就属于这种加速器。从某种意义上说，大爆炸也是类似的反应堆或者高能加速器，只不过它不受实验室条件的制约，而且可以生成理论上存在的所有种类的粒子。而宇宙学家最具雄心的目标，就是从构成物质的最基本的部分开始，为宇宙撰写一部传记，无论我们认为这些最基本的部分到底是一个原始原子，还是一些原子的集合，抑或是一些基本粒子的等离子体，又或是各种状态的弦组成的谱系。

宇宙膨胀了吗？

　　勒梅特的这种关于宇宙诞生的假想，也就是后来著名的大爆炸理论，很快就获得了证据——证据来自1929年的美国天文学家埃德温·哈勃（Edwin Hubble，1889—1953）。哈勃头脑聪慧，曾经在芝加哥大学和牛津大学学习数学、天文和法律。他曾经想在法律界谋得一份工作，但在第一次世界大战结束后，他（用他自己的话说）"为了天文学而放弃了法学"，开始在美国加利福尼亚州的威尔逊山天文台工作。

　　哈勃与同为天文学家的米尔顿·休梅森（Milton Humason，1891—1972）成为科研搭档。休梅森与威尔逊山天文台的结缘颇具故事性：最初这里建设 2.54 米口径的"胡克望远镜"时，他是负责赶着骡车把零件运送上山的工人。他作为这部望远镜建造的参与者，在设备建成后留在这里工作。他最初的职位只是看门人，后来转为科研助理。在担任助理的过程中，他展现出了自己的才能。他擅长让运行状态多变、故障频出的望远镜呈现出最好的工作状态，是诸多科研助理中最好的那个。哈勃在休梅森的帮助下，利用当时世界上最大的望远镜收集了许多星系的数据，并发明了一种方法用来估计这些星系与地球的距离。接下来，他又使用了天文学家维斯托·梅尔文·斯里弗（Vesto Melvin Slipher，1875—1969，见 P.298）的观测数据。斯里弗任职于美国亚利桑那州的洛厄尔天文台，哈勃借助他的数据观察了星系的运动状况，并于 1929 年发现了其中的运动模式。这些星系全部都在远离我们而去，而且越远的星系飞离我们的速度也越快——这个规律现在被称为"哈勃定律"。

这个定律自然而然地指向了一种可能：宇宙正在不断膨胀。如果这是真的，而且我们确实生活在一个典型的星系之中，那就意味着其他所有的星系都在"退行"，而且越远的星系退行得越快。勒梅特推演的宇宙大爆炸图景，此时被哈勃找到了切实的证据。

哈勃认为，自己的发现使得大爆炸理论变得确凿了，并且进一步的考察也证明了这一点。只要把星系飞散的过程倒推一下，就知道这些星系一定曾经紧密堆积在一起，那么，最初就肯定有一次爆炸事件。而通过回溯现象，正好可以研究这个问题。如果观察那些遥远的星系，我们看到的是它们很久以前的样子，由此就可以看出它们到底是不是比现在的星系彼此之间靠得更近。直到 20 世纪 50 年代，以光学望远镜的能力，能看到的最远地方也还不足以体现上述的密度差异，但射电天文学家可以解决这个问题，因为那时的射电望远镜通过监测无线电波而非光波，已经发现了数千个离我们特别遥远的星系。

射电天文学家所使用的新技术来自战争年代的雷达技术。第二次世界大战结束之后，一大批从事雷达工作的科学家和工程师回到了平民的生活之中。他们中的一部分加入大学和研究机构，开始在英国、美国等地运用相关的技术去研究宇宙。在英国，创始于这一时期的此类科研机构有曼彻斯特大学的纳菲尔德射电天文台（Nuffield Radio Astronomy Observatory）、位于切斯特附近的卓瑞尔河岸，以及剑桥大学的马拉德射电天文台（Mullard Radio Astronomy Observatory）和位于剑桥附近的洛德桥（Lord's Bridge）。

将"宇宙是否膨胀"这一震人心魄的问题交给新成立的科学团体，使用一项新技术去解答，无疑是妥当的。而这个问题也不容易给出定论。射电望远镜技术毕竟是新出现的，人们对它的理解还不够准确，而且不同的团队得出的结果也不一致。射电天文学家面对宇宙膨胀问题也分为两个派别：一派以剑桥大学的马丁·赖尔（Martin Ryle, 1918—1984）为首，另一派则是由澳大利亚的多个研究团队组成的松散的联盟。围绕这个宇宙学问题的争论，可以归结到各个团队发现的射电星系（即发出无线电波的星系）的数量统计。但要统计这个数量，必须先发现这类星系。赖尔发明了一种称为"综合孔径"的新方法来发现此类星系。他在剑桥附近一个废弃的乡村火车站旁边，利用笔直且平坦的铁路作为基础，建造了一部射电望远镜用来观测。在进行了一轮实验性质的巡天之后，他于 1955 年发布了一个射电源目录，包含了宇宙中近 2000 个会发射无线电波的位置。这些射电源被统一冠以"2C"的前缀，代表"第二版剑桥射电源目录"。这份目录清楚地告诉我们，天空中有大量微弱的无线电信号源。粗略地讲，微弱就意味着遥远，而遥远意味着古老。因此，他们的结论是，很久以前的宇宙要比现在更为致密。这对大爆炸理论是有利的。

必须指出，虽然我们如今知道剑桥大学的结论是对的，但他们当年的论据其实是错的。澳大利亚的射电巡天也找到稍稍超量的微弱射电源，但这种数量上的超出，与赖尔发现的数量过剩完全不是一回事儿。澳洲的专家们认为，2C 目录中的绝大部分暗弱射电源，其实都源于观测设备的效果瑕疵，并非真实存在的信号源。他们在 1957 年的《澳大利亚物理学报》上毫不避讳地宣布了自己的结论："两份目录之间有惊人的分歧……这种差异反映出的主要是剑桥那份目录中的错误，所以，通过分析那份目录而得出一个与宇宙学密切相关的推论，是缺乏基础支撑的。"他们的话也没错。赖尔只能加倍努力，去寻找真正存在的暗弱射电源。最终，通过赖尔的新项目，宇宙学领域的这一争论得以终结。这个新项目产生的射电源目录是可靠的，称为"3C"（见 P.88），后来又有了"4C"。在遥远的宇宙空间（也就是在很久很久以前），确实存在许多微弱的射电源，要比原来想象得多。从整体上说，星系之间的距离在很久以前确实要比如今小很多，这样，射电天文学家可以确信宇宙在膨胀了。赖尔也在 1974 年获得了诺贝尔物理学奖，颁奖词评价他在射电天体物理方面通过观测和发明……做出了开拓性的贡献。有趣的是，这次授奖奖励的是赖尔在射电天文技术上的创新，并不是这次宇宙的新发现。

但是，正是因为赖尔的成果，人们才普遍认同宇宙诞生于大爆炸。后来，一些强大的现代光学望远镜，如美国国家航空和航天局（NASA）的哈勃太空望远镜，又在无尽的星系之海中观测（也等于是回顾）了大量的星系，追溯到了宇宙年龄只及如今 10% 甚至更年轻的时期，同样看到了这些星系当时是怎样"拥挤"在一起的。

从"大爆炸"前往未来

关于宇宙的演化如何继续，勒梅特有一个很有趣的想法。他认为，宇宙虽然演化出了你和我，但这个演化过程并不是唯一注定会实现的。他这个想法的基础是当时刚刚兴起并正在蓬勃发展的量子力学理论。如今的原子各有各的结构配置，而原始原子或许也与之类似，已经存在于特定的配置状况之中。它以那种状况为起点来"爆发"，然后在量子力学的统摄中发生变化。量子力学包含"不确定原理"，根据这个原理，在物质真实发生变化之前，我们其实无法绝对准确地知道它将如何变化。为了解释这个原理，奥地利的物理学家埃尔温·薛定谔（Erwin Schrödinger，1887—1961）提出了一个如今已十分著名的问题，也就是"黑箱里的猫"（通常被称为"薛定谔的猫"）：把一只猫关在一个从外面绝对看不到里面的箱子中，猜测猫到底是活着还是死了？如果我们打开箱子，那么就可以知道猫活着或者猫死了。但在打开箱子之前，无法确认猫的状态，所以箱子里的猫既是活的又是死的。

1931 年，勒梅特在《自然》杂志上发表了一篇文章，公开了自己关于"原始原子的爆炸导致我们如今存在"的想法。他借用"留声机和乙烯基唱片"这套如今已过时的技术做了一个比喻："宇宙万物的整个故事，并不需要像留声机唱片上的歌曲一样，在第一个量子里就已经写好了。组成万物的物质肯定是从一开始就全都具备了，但它要讲的故事可能是后来一步步写出来的。"

我们是宇宙历史的一部分，我们的出现有赖于宇宙的诞生。如果宇宙的演化是不确定的，那么我们今天这个世界是否会出现，当时也是不确定的。我们此刻原本可能就是活着的，原本也可能已经死了。当然，事实上，我们确实是活着的，而且还能研究从大爆炸到我们如今生活的环境出现究竟需要哪些主要的步骤，但大爆炸的发生并不意味着一定会有我们出现。

诚然，勒梅特提出的原始原子现在只是被视为一种科学上的隐喻，并不代表事实。可是，关于宇宙诞生的场景，有一个基本观点一直流传至今：宇宙历史的第一幕，是一个致密的、躁动的亚原子粒子集合体发生了爆炸。从这个观点出发，我们就可以进入宇宙演化的下一章，看看它到底如何展开了那一部虽不确定但侥幸让我们出现了的传记。

第二章

大爆炸：一切的开端

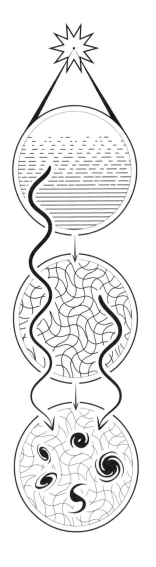

宇宙最初"起爆"时，还是一种极高温、极致密的物质，这种物质是后来的各种基本粒子的原料。那么，这些粒子之间是如何相互影响的呢？我们对这个问题的理解，也是最近一百年以来才随着原子物理、核物理和粒子物理科学的进展而不断加深的。我们可以从这些领域中辨别出来的最早的现代概念，来自一种比大爆炸小得多的爆炸——原子弹的爆炸。

宇宙诞生时，迅速地暴胀，生成了引力辐射。后来，宇宙的温度逐渐下降，释放出了如今的宇宙微波背景辐射（CMB），反映了众多星系最初形成时的物质分布状况。

基质（Ylem）：物质的形成

乔治·伽莫夫（George Gamow，1904—1968）是俄裔美籍理论物理学家，他于 20 世纪 20 年代在苏联读书，当时正是相对论和量子力学蓬勃发展的时期。大学期间，他对核物理产生了兴趣，同时也多次试图逃离苏联困窘的生活到国外闯荡。他利用一个偶然的机会，乘坐一艘以木棍作骨结合橡胶制成的皮划艇，计划和妻子一起划船从克里米亚穿过黑海前往土耳其。他们带了 5 天的食物，其中包括草莓，还有两瓶白兰地。这可以看出伽莫夫享受生活的态度、勇敢坚毅的行动力以及在不确定的处境中所抱持的深深的乐观主义精神。第二天，他们就遇到了风暴，小艇被吹回了岸边。为了掩盖动机，他们不得不编了一个故事才蒙混过关。

1933 年，伽莫夫作为颇有声望的苏联专家，被公派前往布鲁塞尔参加一场科学会议，他设法带上了妻子与他同行。两人就此双双离开苏联，此后先后在法国和英国从事了短期的学术工作，随后前往美国。伽莫夫先是将他的核物理知识应用到了天体物理学领域，然后在第二次世界大战期间用到了核爆炸上。他与另一位"乔治"，也就是乔治·勒梅特类似，在战争结束后，也把自己的研究方向从与军事相关的领域转向了宇宙学。他使用了各种各样的物理学成果，去研究勒梅特所说的大爆炸中的原始原子（参见第一章）。他与一众极富才华的科学家合作，声誉日隆。这种声誉既来自他个人完成的科研工作，也来自他对拓宽宇宙学研究领域所起到的作用。伽莫夫对大爆炸的性质的研究中，最著名的成果是在他的美国学生拉尔夫·阿尔法（Ralph Alpher，1921—2007）的协助下，以及在美国科学家罗伯特·赫尔曼（Robert Herman，1914—1997）的参与下诞生的。20世纪40年代，他们都在华盛顿特区旁边的马里兰州的应用物理实验室工作，该实验室当时是隶属于美国政府的国防实验室。阿尔法和赫尔曼负责研究的是鱼雷和防空炮火中的近炸引信，而伽莫夫是关于爆炸科学的顾问。他们的手头课题关乎军事上的防御，所以他们对宇宙大爆炸的研究也是在重兵把守的大门之内进行的。

最开始，他们三人设想，大爆炸后的最初几毫秒，宇宙是一个由基本粒子组成的、温度超高且十分稠密的混乱物质团，这些粒子都沐浴在极端炽热的高能辐射之中，而整个物质团在不断扩张、成长。各种粒子快速地运动并猛烈地碰撞，从而发生相互作用，不停地从一种粒子变成另一种粒子。随着爆炸的尺度不断扩大，温度和密度不断降低，于是这些粒子混合物的特性也逐渐改变。

阿尔法称这种物质为"基质"（Ylem），这个词的源头是拉丁文，是中世纪的神学家使用的一个术语，表示一种原生的物质——万物都是通过它生成的。而在现代科学的语境中，基质是一种高温的"粒子浆"，其中包括夸克、胶子、电子和中微子（参见第十三章）。

暗物质

宇宙中的物质还有另外一种成分，它也产生于大爆炸，但我们对它的了解远远少于对上述普通物质的了解，而它对宇宙后来的演变方式，以及迄今为止宇宙的运作方式，又都是至关重要的——这就是著名的"暗物质"。

暗物质与我们平时认识的普通物质不乏相似之处，它也会产生引力，也同样会受到引力的影响。但是，传统意义上的物质，其粒子在相互作用时如果释放出能量，那通常会是辐射或者光的形式。而暗物质的粒子并不发生相互作用，所以它们也不发光，这就是它名字中"暗"字的由来。暗物质也受万有引力影响，却"不按常理"，不肯暴露出自身存在的迹象。而且，暗物质的总量多于普通物质，所以如果没有它，引力就很难实现对宇宙的统率。但是除了引力之外，暗物质又几乎不与普通物质互动。

要侦测到暗物质的存在，就必须依靠它的引力对普通物质施加的作用——具体来说就是它施加在恒星乃至星系上的作用。1933 年，在美国加利福尼亚州的帕萨迪纳，瑞士裔的美籍天文学家弗里茨·茨维基（Fritz Zwicky，1898—1974）用自己在加州理工学院（Caltech）的科研成果率先呈现出了暗物质存在的征象。他这个人以其思想的独创性著称，同时也以暴躁的脾气而闻名。他研究的是宇宙中规模最大的聚集现象——星系团，也就是由少则几个、多则数千个星系聚集在一起形成的结构。

成员较少的星系团，其内含的星系可以沿着一定的轨道彼此绕转或穿插；而成员达上千个的星系团内部，则会乱得像一窝飞舞的蜜蜂。茨维基研究了后发座天区内的一个该类的星系团。他通过观察来自这个星系团内的星光，估算了它的总质量。他也确定了其中星系的运动速度，然后推算出了要依靠引力的效应实现这种速度到底需要多大的总质量。结果，他发现，这些星系的实际运动状况，要求星系团的总质量非常大——比通过星光分析出来的总质量要大 400 倍。这意味着，该星系团中的物质大部分必定是黑暗的。

根据一开始的猜想，这种暗物质可能是一些不会发光的恒星，比如黑洞或中子星之类。但是，最终也没能准确地识别出这些"暗星"是哪种星。在这项成果公布后的初期，大部分天文学家都认为茨维基的论点一定含有某些错误，所以对其结论还存在争议。茨维基当然没有接受这些批评，而是想办法进一步巩固自己的结论。

后来的事实证明，茨维基对暗物质的构想，在原则上是正确的，只是他在 1933 年推测的暗物质总量数值需要修正而已。实际上，他大大高估了其最初推断的暗物质与普通物质的数量关系，即使算上当时未能发现的"星系团内介质"（intracluster medium），也远远不到 400 倍。星系团内介质是一些能在 X 射线波段看到的高温气体，但在茨维基生活的年代，X 射线望远镜还没有出现，所以他也不可能进行这个波段的观测。但不管怎么说，茨维基的结论在理念层面上最终被接受了，也就是说，学界最终承认：宇宙中暗物质的总量要多于那些会发光的物质。对于这一结论的关键性验证，是由伽莫夫的学生、美国天文学家维拉·鲁宾（Vera Rubin，1928—2016）在位于华盛顿特区的卡内基学院完成的。

和茨维基类似，维拉·鲁宾在其职业生涯中也与一些同事相处得很不愉快，只不过她的原因与茨维基完全不同。她从小就富有好奇心，观察力也强。后来，她到了纽约州的波基普西，在一所专为女性开设的学院——瓦萨学院读书。不过，当时的人们对"女天文学家"基本没有概念，她在毕业之后也发现，自己在开展研究时很难得到与男性平等的平台。在 20 世纪 60 年代，美国的天文学界完全为男性所主导，鲁宾则努力抗争，希望打破那层看不见的"天花板"。她选择了一个学术争论看起来相对较少的方向，这样就可以专心继续研究，而不需要受太多的性别政治困扰。她利用分光镜，从光谱学的角度研究星系及其运动，并逐渐聚焦于星系如何旋转的问题。她没有预料到，这个看似与世无争的研究方向，还是把她卷入了一场她最不想遇到的激烈争论中。

随着射电天文学在 20 世纪 50 年代的发展，星系如何旋转逐渐成了一个热门课题。射电望远镜可以记录其他星系内部的氢气移动状况，射电天文学家由此发现，氢气的运动速度太快了，远远超过了按照星系质量推算出来的运动速度。然而，对射电望远镜观测结果的解释，却因其技术局限性而陷入困境。这一局限在于，它可以同时观察整个星系，却无法比较星系各个部分的运动（星系内的恒星在参与星系自转时，会有一侧朝着地球移动，另一侧朝着远离地球的方向移动，由此可以揭示出星系的自转速度和周期）。光学波段的观测没有射电望远镜那么多的局限，因此鲁宾决定使用安装在巨型光学望远镜上的"摄谱仪"（即可以记录光谱的分光镜）来研究这个课题。这个选择十分恰当，因为它可以测算出星系之内不同部分的恒星运动状况。

鲁宾与肯特·福特（Kent Ford）组成了团队，福特是一位天才级的摄谱仪制作者，这次合作让鲁宾的研究如虎添翼。与以前的摄谱仪相比，福特的摄谱仪把分辨能力的极限提高了很多倍，可以测出旋涡星系最外围的那些远离星系核心、发光极为暗弱的恒星是如何运动的。鲁宾作为女性，在进入天文台之后遭遇各种刁难，但她克服了这些困难，最终获得了使用摄谱仪的机会，实施了她认为必要的观测。据她讲述，当她发现有一座天文台没有女厕所时，就用一张黑纸剪成一条裙子的形状，覆盖了厕所门上的男裤图形，改变了厕所的性质，从而征用了这间男厕所。

在震惊别人的同时，她也取得了一个震惊自己的发现：在一个典型的旋涡星系（见 P.94）中，恒星运动的速度非常快，远远超过了她根据星系的估算质量所推断出的数值。而且，在那些距离星系核心最遥远的恒星中，这一超速现象尤其明显。人们本来会以为，根据平方反比定律，在星系边缘的恒星，所受的来自星系核心的引力会更弱（见 P.16），因此那些恒星的运动应该是星系中最慢的。但观测结果显示，星系边缘的恒星运动并不比那些更靠近星系中心的恒星慢，甚至可以比后者更快。按常理推断，恒星（尤其是星系最外缘的恒星）如果拥有这么快的移动速度，就会脱离星系飞向太空了，不可能还绕着星系中心运转。所以，鲁宾之前的计算似乎是有问题的。为了让这些恒星保持在既有的轨道上，整个星系的质量必须远远高于她估算的水平。

鲁宾对星系质量的估算，是通过测量其中的星光完成的——

她借助星光的总量，推算出了产生这些光所需的恒星总质量。而如果星系内部含有更多的物质，那就不是属于恒星的物质，而是一些不发光的东西。

在鲁宾的研究后，射电天文学不断发展，射电望远镜已经可以研究旋涡星系内部氢气体云的旋转情况。后来发现，在星系的最外围区域完全没有恒星的地方，仍然有一些非常稀薄的气体沿着固定的轨道，与恒星一样绕着星系中心运转。这既证实了鲁宾的结论，又拓展了她的结论。

事实甚至比鲁宾想象的情况更加矛盾：虽然离星系中心越远的地方星光越弱，但有许多星系的自转趋势在其边缘地带丝毫没有减弱。按比例推算，在星系的最外层，暗物质的质量必然多于恒星的质量。过去观察到的那种典型的恒星星系，其实是被嵌在一个由暗物质组成的外层晕带之中的。

按目前通行的观点，宇宙中暗物质的总质量，至少要比所有恒星和气体的质量总和多 5 倍。虽然 5 倍这个数字不如茨维基估计的 400 倍那样夸张，但仍足以让我们觉得自己对宇宙的组成所知甚少。那么，暗物质到底是些什么东西呢？目前最新的猜测是：暗物质由一些独立的粒子组成，比如 "大质量弱相互作用粒子"（ weakly interacting massive particles，WIMP ）或者 "轴子"。人们认为，这些粒子也是诞生于大爆炸中的，它们和同时诞生的氢原子一样，一直存在至今。根据暗物质对星系运行的影响计算，这类粒子的数量是巨大的。可能每秒会有 1 亿个这样的粒子穿过我们每个人的身体，但我们完全没有感觉，这说明这些粒子真的属于弱相互作用的物质。

　　出人意料的是，WIMP和轴子并不是由宇宙学家凭空想象出来的——对它们的最初构想，是为了解决粒子物理学领域内其他的一些问题。但是，人类从未在各种粒子物理设备中成功地制造出或检测到暗物质的粒子，即使是像CERN建在瑞士的LHC这种最强大的设备也不例外。所以，暗物质粒子的特性也几乎完全处在迷雾之中。尽管它们的存在尚未得到充分的证实，但大多数的物理学家和天文学家都愿意相信这种物质存在，或者至少相信某些类似它们的东西存在，不然天文学和宇宙学的某些棘手问题就更加无从解答了。

原始火球里的中微子

　　宇宙中的普通物质是由夸克聚集起来形成的，因此，在宇宙诞生的第一秒，其成分包括中子和氢原子，它们处在光子和中微子的包围之中。但其实，当时的氢原子会分裂成它们自身本来的两大部分，也就是说，它们的轨道电子当时是不受原子核束缚的。这样，所有的氢原子都分裂成了质子和电子，在空间中自由地运动。在原始火球爆发的第一秒之内，中子、质子和电子的相互作用导致中微子数量激增，总数极为巨大。

　　中微子是一种极其微小且呈电中性的粒子，在许多种类的核反应中都会出现。人类首次发现中微子是在放射性衰变反应之中。放射性元素（比如镭）的原子核在衰变时，会释放出一个电子，这个过程也叫β衰变，而那个电子会在该过程中带走一定的能量。1911年，研究β衰变的物理学家理所当然地开始尝试对这个过程进行能量方面的测定，希望以此为线索来研究它的发生机制。结果，他们发现还有另一种粒子也会在这个过程中带走能量，但当时无法确定它是哪类粒子。

这一发现为后来认识中微子奠定了基础。作出该发现的，是1911年在德国柏林工作的两位科学家：德国的化学家奥托·哈恩（Otto Hahn，1879—1968）和生于奥地利的物理学家莉泽·迈特纳（Lise Meitner，1878—1968）。他们两人都是德国物理学家马克斯·普朗克（Max Planck）的研究团队成员。奥托·哈恩后来获得了诺贝尔化学奖，他的科学生涯可以说是十分辉煌且富有影响力的。不过，迈特纳的职业履历则要坎坷得多。她生长于维也纳的一个犹太人的大家族，由于是女性，在当时没有资格进大学读书，只能跟随私人教师学习，最终得以来到德国加入这个团队。尽管得不到别人的帮助，她后来还是在柏林的这个研究组织里成为资深科学家。她在研究了 β 衰变之后，与哈恩一起把研究方向转移到了核裂变。哈恩在 1944 年获得诺贝尔化学奖正是因为在核裂变研究上的贡献，而迈特纳却与此荣誉无缘。

迈特纳虽然从犹太教改信基督教，并且成了奥地利的公民，但身处纳粹德国让她的地位逐渐不确定起来，导致她在 1938 年逃到了瑞典。回顾自己在柏林度过的那段岁月时，她对那些德国科学家同事（包括哈恩在内）提出了严厉的批评，因为这些人甚至没有选择保持沉默，而是和纳粹政权进行了合作。她的批评对象甚至也包括自己。相比之下，爱因斯坦倒是曾经称赞哈恩为，在那些邪恶的岁月中，为数不多的站得笔直而且尽了最大努力的人之一。哈恩虽然发现并揭示了核裂变的科学奥秘，但后来他的内心无疑也被核武器在日本造成的伤亡和破坏所折磨，并为此颇为自责。笔者在回顾这段历史时，很庆幸自己不用受到这些道德难题的考验。

迈特纳的生活无疑是值得敬仰的，几乎一切因素都在给她制造困难，但她没有屈服。1911 年，她和奥托·哈恩发现：在 β 衰变中释放出来的电子的能量，通常要小于放射性的原子核失去的能量。难道 β 衰变违反了能量守恒定律吗？有一部分能量似乎消失了，它们究竟去了哪里？

到 1930 年这个问题终于被解答了，答题的人是当时在瑞士工作的奥地利物理学家沃尔夫冈·泡利（Wolfgang Pauli，1900—1958）。泡利提出了一个大胆的假设：β 衰变释放出的不只一个电子，还有一个侦测不到的、属于另一类型的粒子，就是它带走了那部分"消失"的能量。在把所有的约束条件都考虑进来之后，他推断说，这种未知的粒子必须是电中性的，并且质量（几乎）为零。就连他自己都觉得这个推论实在有些离谱，他说："我做了一件可怕的事，那就是假设出了一种无法探测到的粒子。"然而在如今看来，他是正确的。即便在量子力学方面并未取得比这更重要的发现，他还是在 1945 年获得了诺贝尔物理学奖，看起来这次颁奖就是在奖励他的这一项成果。

这种新定义的粒子是电中性的，这一点跟中子很像。物理学家爱德阿多·阿马尔迪（Edoardo Amaldi）在与意大利同行恩利科·费米（Enrico Fermi）讨论这种新粒子的时候，为它起了个名字——neutrino（中微子），这个名字的意大利文意思就是"小中子"。后来费米让这个名字流传开来。1953 年，美国物理学家克莱德·科万（Clyde Cowan）和弗雷德里克·莱因斯（Frederick Reines）终于侦测到了中微子的踪迹。当时，他们正在美国南卡罗来纳州的萨凡纳河核反应堆研究从那里辐射出来的粒子。1995年，莱因斯终于因此而被授予迟来的诺贝尔物理学奖，这一发现的重要价值也终于得到了承认——但这个承认的过程耗费太久，当时科万已经去世，所以遗憾地错过了诺贝尔物理学奖（根据规定，诺贝尔奖不能授予已故者）。

如今，我们已知的中微子共有三类（也称三味）。另外，还有一种称为"中微子振荡"的现象，会让中微子自发地从一味转变为另一味。中微子几乎不与物质相互作用。据估计，要想把在太阳的核反应中产生的中微子吸收掉，需要厚度达到几光年的固体铅！因此，对中微子来说，在空间中穿行数十亿光年之遥的距离完全不成问题。哪怕是在大爆炸时期致密得不可思议的物质里，中微子也在大爆炸之后大约1秒内就获得了行动自由。也就是说，这些中微子诞生之后很快就无拘无束地走自己的路了，然后一直在宇宙中穿行至今，未被任何东西吸收。据计算，在目前的宇宙中，每1立方厘米的空间中就约有300个诞生于大爆炸时期的中微子。

侦测这些古老的中微子十分重要，毕竟它们是最为原汁原味的来自大爆炸时期的信使之一，携带着宇宙年龄仅约1秒时的信息。为了侦测中微子，美国普林斯顿大学正在开发一项缩写为"托勒密"（PTOLEMY）的实验。为了让缩写形式能凑得出托勒密这个名字，这项实验的全名显得十分造作和牵强——"以研究光线、早期宇宙和大量中微子产生为目的的普林斯顿'氚'观测站"（Princeton Tritium Observatory for Light, Early-Universe, Massive-Neutrino Yield）。托勒密是 2 世纪的希腊天文学家，生活在埃及的亚历山大城，他构建了当时人们所认知的宇宙（也就是太阳系）的理论模型——地心说，这个模型被人们广泛接受，其地位直到 1543 年尼古拉斯·哥白尼（Nicolaus Copernicus, 1473—1543）提出日心说（见 P.46）后才被动摇。该实验之所以费尽心机凑出托勒密的名字，也是在表达这样一种理念：侦测到中微子，就可以为现代的宇宙学理论奠定基石。

最早一批化学元素

拉尔夫·阿尔法在自己的博士学位论文中，探讨了那种被他和伽莫夫称为基质的东西的性质。1946 年，他发现，核聚变能够生成元素，而且生成过程无论是在氢弹爆炸还是恒星发光中都是一样的。阿尔法设想，中子在这个过程中会被不断地结合起来，于是产生了越来越重的元素。只要宇宙的温度足够高，密度足够大，这种过程就有可能发生。之所以高温是必需的，是因为热量能使中子快速运动并剧烈地相互碰撞；之所以大密度是必需的，是因为足够密集的物质才能发生足够频繁的碰撞。

伽莫夫和阿尔法合写了一篇论文，描述了这一过程。伽莫夫惊叹于中子一个接一个组合起来生成新元素的机制，他特意邀请了另一位物理学家汉斯·贝瑟（Hans Bethe）来一同给这篇文章署名，因为这样的话，该文的署名就可以缩写为希腊字母表中的前三个字母——α、β 和 γ（对应"阿""贝"和"伽"）。伽莫夫在文中添加了一个好笑的脚注，指出贝瑟是一位缺席作者。这等于揭示了事实真相：贝瑟根本没有参与该文的研究。但是，这个脚注在文章发表之前被编辑删掉了。后来，贝瑟对于在一篇自己没有任何实质贡献的论文中署名感到懊悔，对此事一直避而不谈。

阿尔法和伽莫夫猜测，核聚变过程可以一直沿着化学元素的清单持续下去，从而把所有种类的元素都造出来。他们认为，这可以解释任何一种元素最初是如何出现的，换言之，所有的化学知识都是被宇宙的最初几分钟决定的，大爆炸影响了化学元素的阵容。然而，说到核物理和"大爆炸物质"的特性，他们当时赖以工作的知识其实并不完整。后来，科学界经过更详细的分析得出结论，宇宙的温度和密度在它诞生之后还不到 15 分钟就已经下降到了让核聚变停止的水平。随后，宇宙膨胀得无比巨大，而那些让宇宙物质全都沐浴其中的辐射也降温了，降到很冷的程度。伽莫夫和罗伯特·赫尔曼一起估算了这些辐射如今的温度，结论是仅比"绝对零度"（即 0 开氏度，−273.15 摄氏度）高 5 度。若运用以当代最新技术取得的探测数据重新估计的话，这个数值是2.725 开，可见当年他们的估算已经相当接近事实了。

在大爆炸中产生的元素，其实基本上没有比锂（第 3 号元素）重的。第 1 号元素氢一直是最丰富的（丰度为 96%），第 2 号元素氦排在次席（约占 4%）；至于锂、铍（第 4 号元素）和硼（第 5 号元素），都仅是痕量存在。所以可想而知，当时的元素周期表基本上只有两种元素，其中只有一种具有化学活性（因为氦是惰性的）。大爆炸让宇宙开始有了物质，并塑造出了最早的几种化学元素，其他的各种元素必须通过后来的反应才会产生。如今的宇宙中已经有了 94 种可以稳定存在的天然元素，另外还有一些因为衰变速度太快而无法稳定存在的元素。

所以说，在宇宙诞生并开始演化的最初几亿年，元素的世界是枯燥无趣的。当时有氢元素，但肯定没有别的能让化学（包括生物化学）反应活跃起来的元素。可是，氢原子却几乎占了组成人体的原子总数的三分之二，在质量上也占了十分之一。其中，大部分的氢原子都是在宇宙诞生的最初几分钟之内形成的。所以，组成我们血肉的物质，有很多都可以回溯到处于"幼儿期"的那个宇宙。虽然大爆炸本身不足以产生我们的生命所需的各种化学元素，但就某种意义而言，确实可以说，我们在化学上的起源就是大爆炸。

原始火球和宇宙微波背景

在原始火球中，所有新诞生的粒子，无论是普通物质的还是暗物质的，都在大爆炸中搅成一团，激烈奔涌。暗物质中的 WIMP 彼此之间几乎不会发生反应。不过，普通物质中的原子级别的粒子会在频繁碰撞中相互作用。其间，众多电子既会吸收光子，也会重新发射光子。这些光子呈现为高能的光波和 X 射线。因此说，原始火球其实非常像氢弹爆炸时的样子，有极其刺眼的闪光以及极高的温度。

当然，原始火球也跟核武器有所不同：氢弹爆炸时的闪光是短暂的，而原始火球却持续了大约 38 万年，众多的光子也被包在了"电子云"的内部。但随着时间流逝，电子云最终散开了，其密度和温度也开始逐渐下降。无数的电子开始围绕氢或氦的原子核运行，从而呈现出完整的原子。在这个阶段，云已经变得透明起来，一直被自由电子围堵在云里的光子纷纷得以逃逸，开始在茫茫太空中持续穿行，直到约 138 亿年之后的现在。它们在这漫长的旅途中因为不受干扰，所以样子也基本不会改变，始终保持它们刚刚逃逸并开始自由飞行时的状态。对我们来说，它们无疑是来自宇宙年龄仅 38 万年时的天然标本。

不过，光子并非完全没有变。它们有一项最主要的变化，导致我们侦测它们的方式必须有所改变（只不过这并不影响它们作为天然标本所携带的信息）。在悠久的时光里，它们的频率因为宇宙的扩张而明显降低了。它们的波长在空间的膨胀过程中被拉长，因此变得不再那么高能，于是从 X 射线下降为紫外光，再下降为可见光，以至红外辐射，最终变成了现在的微波辐射。是的，就是微波炉赖以工作的那种波，也是微波信号塔之间赖以通信的那种波。微波是无线电波中的一种，波长在 1 毫米至 1 米范围之间。这些产生于大爆炸中的微波光子从宇宙的各个方向飞来，不断撞到我们——这就是所谓的 CMB。

CMB 可以通过射电望远镜观测到，最早是在 1956 年被发现的，发现者是美国的两位无线电工程师阿尔诺·彭齐亚斯（Arno Penzias, 1933—2024）和罗伯特·威尔逊（Robert Woodrow Wilson, 1936— ）。当时，他们正在调试一套波长为 7.3 厘米的非常灵敏的接收天线装置，结果发现有噪声，于是就尝试把这些噪声的来源系统地识别出来。这套装置位于美国新泽西州的霍姆德尔，应用于贝尔电话实验室（Bell Telephone Laboratories）进行的早期通信卫星实验。两人为此已经排查了设备方面的各种效应（甚至包括号筒形天线的角落里的不少鸽子粪，因为有两只鸽子打算在那里筑巢），然后把能消除的都消除了，不能消除的也在测量出波形之后予以减去了，但是他们依然发现噪声过多，这已经无法用本地的噪声源来解释了。他们认为，这种噪声只可能来源于大自然，随即开始考虑这是否跟天文学有关。

　　无巧不成书，他俩的某位同事在马里兰州的巴尔的摩，听了一场由约翰·霍普金斯大学举行的天文学报告会，主讲者是普林斯顿大学的物理学家吉姆·皮布尔斯（Jim Peebles，1935—　）。同事把讲义内容告诉了彭齐亚斯和威尔逊，让两人突然明白了这种神秘微波的源头。皮布尔斯讲述的是伽莫夫关于大爆炸的一些理念，涉及原始火球，以及它产生的辐射如今是何种面貌。这让彭齐亚斯和威尔逊开始思考：那个去除不掉的神秘信号会不会是来自原始火球的太古遗音？这一发现后来产生了两个诺贝尔物理学奖：其一于1978年颁发给这种辐射的发现者，即彭齐亚斯和威尔逊；其二于2019年颁发给皮布尔斯，因为他甚至在人类发现这种辐射之前就解释了这种辐射的机制。

　　引人注目的是，CMB是均匀的——不管在天空的哪个方向，这种辐射的强度都几乎相等，而且其等效温度也几乎一致。其实，天文学家之所以认定CMB来自整个宇宙，主要的理由也正是这种特性。这里涉及了一种名叫"哥白尼原理"的观念，起源于波兰的神职人员、天文学家尼古拉斯·哥白尼提出的思路，而这个思路改变了人们当时对地球位置的普遍看法。哥白尼在去世那年

（1543 年）发表的理论中，把地球从"宇宙的中心"地位上拿了下来：地球不是那颗被太阳和众多行星所围绕的星球，它只是众多围绕太阳运转的行星中的一颗。从那以后，一系列的科学进步不断证实地球的位置是多么平淡：我们不是太阳系的中心，不是银河系的中心，更不是所在的本超星系团的中心。我们可以从宇宙的内部观察宇宙，但我们的观察位置没有任何特殊之处。看到自己周围有某种东西几乎完全一致，可能会让人有一种自己居于中心地位的感觉，但我们只要像哥白尼原理所指出的那样，排除掉这种错觉，那就只能认为一旦某种东西在所有地方都一致，则意味着它在整个宇宙范围内都是一致的——由此，微波背景也必须是与宇宙整体相关的事物，正因如此我们才敢叫它宇宙微波背景。

胚胎星系团：首先被发现的结构

CMB 固然非常接近一致，但也非绝对一致。我们不能说，因为大爆炸物质是由基本粒子组成的，那么它们的辐射可以用量子理论来解释，而量子力学是讲究概率的，所以辐射也就不会绝对一致了。在量子力学中，物质没有绝对确定的状态，只有一系列可能的状态，每个状态都有其出现的概率。因此，在大爆炸物质的不同区域中，各项参数（温度、能量、密度、压力等）也会有所不同，尽管差异很小。随着大爆炸的进程，密度稍大些的区域会在自身的重力作用下收缩、集聚，让各个区域间的差异变得更大一点儿。相应地，这些原始物质在亮度、温度等方面的微小差异会从局部开始被放大，演变为更加明显的波动。到了某个特定的时刻，大爆炸的物质必然变得足够稀薄以至于"透明"，把辐射释放出来，成为 CMB。CMB 的分布图像，就等于是大爆炸进行到那个时刻的一张"快照"，如实记载了当时存在的宇宙结构。

　　图像中，对于各个稍亮与稍暗区域的大小，以及它们之间的亮度差异幅度，有人做了理论上的预测——来自 1966—1970 年的苏联天体物理学家拉希德·苏尼亚耶夫（Rashid Sunyaev，1943—　）和雅可夫·泽尔多维奇（Yakov Zel'dovich，1914—1987）。这个预测虽然不十分精确，但是已经说明这幅图景中的亮度波动幅度相当微小——其程度仿佛一张高纯度的白纸自身带有的局部色差。

　　苏尼亚耶夫身材高大，和蔼可亲。他出生在塔什干（现在是乌兹别克斯坦的首都），1960 年（17 岁）时前往莫斯科学习，为此还向祖母承诺今后绝不从事与炸弹有关的工作。在选择博士学位的研究方向时，听说天体物理这个领域没有用处，就准备转向粒子物理领域。但是，他在 1965 年投在了泽尔多维奇的门下，后者激励了他从事天体物理方面的课题研究，这也最终成了他学术生涯的研究方向。同一年，彭齐亚斯和威尔逊发现了 CMB。泽尔多维奇此前一直支持另一种宇宙起源理论，该理论认为宇宙起源于低温而致密的物质，但在接受了大爆炸理论模型之后，他立刻放弃了原有的观点，转而开始探究大爆炸的各种性质。他和苏尼亚耶夫合作，尝试确定大爆炸物质中发生了哪些过程，以及当时微小尺度的不均匀结构是以怎样的方式发展成宇宙大尺度结构的。

苏尼亚耶夫最终成为马克斯·普朗克天体物理研究所的负责人，这个科研机构位于德国慕尼黑附近的加兴。他有一种天赋，那就是超强的说服能力。他有效地利用这项特长激励了那里的众多科学团队，去帮助他测量 CMB 的不均匀性。为此，他们用建在地面的多部望远镜进行了多次搜索，在并不确定的天区内探查了多种电平上的信号，但都未能发现 CMB 的不均匀情况。1983 年，苏联的科学任务 Relikt-1（俄文 Релuкт-1）也尝试了同样的事情，同样没有成功。这些尝试已经把大部分的可能性都排除了，只剩下最后一个待测范围——如果最后这个范围内依然没有发现，大爆炸理论就会遭受巨大质疑。1989 年，这种不均匀性的存在终于被证实，依靠的是 NASA 发射到太空里的宇宙背景探测器（COBE）卫星。该团队的带头人——美国天体物理学家约翰·马瑟（John Mather）和乔治·斯穆特（George Smoot）因为在整个项目进行期间负责协调工作并分别测出了 CMB 的性质和微小波动，获得了 2006 年的诺贝尔物理学奖。该项目也由此得到了科学界的认可。

不过，COBE 只是证实了 CMB 不均匀性确实存在并测量了它，并没有将它绘制成图。第一张 CMB 图像是由 COBE 之后的 NASA 后续任务绘出的，即 2001—2010 年的威尔金森微波各向异性探测器（WMAP）。后来，欧洲空间局（ESA）于 2009 年发射的一直在轨运行至 2013 年的普朗克卫星给出了目前为止最精细的图像（见图 Ⅱ）。这颗卫星测量宇宙背景辐射的结果，在精度上已经达到了可操作的极限（各种天文辐射会对测量产生复杂的干扰）。

这些 CMB 图像可以显示十万分之一级别上的差异。这些差异代表的就是大爆炸物质的密度分布差异，来自那些不可避免的随机波动。而它们所反映的那个宇宙，距诞生时刻只有约38万年。正如我们在下一章中要看到的，这些斑驳错杂的区域代表着即将形成的星系团。

不断扩张的宇宙

在第一章中，我们把大爆炸定义为宇宙诞生的时刻，但从某种意义上看，可能把它比喻成宇宙胚胎受精的时刻更为恰当。原始火球时期，相当于宇宙的胚胎阶段。在形成CMB之前，宇宙完全是一个我们不熟悉的样子，充斥着基本粒子和极端高能的辐射。过了约38万年，宇宙才变得像个"儿童"，也就是开始变得像"人"：它日趋成熟，样子也逐渐接近了我们熟悉的那种状况。一个持续成长的阶段由此开启，宇宙会扩张，且不会停止。若将宇宙的整体当作科学的研究对象，就产生了宇宙学，这门学科试图描述宇宙成长过程中的各个显著特征。关于宇宙都有哪些成分，比如氢气、辐射、暗物质等，宇宙学可以提供详细的描述，当然这些描述通常是推测性的。宇宙学也会描述宇宙如何把它的物质成分搭建出像星系那样的结构，以及随后会发生哪些事情，比如结构之间会以怎样的方式相互作用。宇宙学还尝试把万物放进一个运动着的图景之中，以便展示万物的演化。上述所有这些研究内容组成的框架称为宇宙学的"模型"。

在古代，这类模型真的可以是一个实体模型：一个由木制支架和许多金属齿轮构成的微型物理玩具，机械钟表也属于这类装置。其实，在中世纪，钟表可以作为实体模型准确地反映当时的宇宙观。那时候的钟表仿照了日晷的工作方式，每部钟表都只有一根指针，每 24 小时旋转一圈，代表着"太阳围绕地球运转"的过程。如今，宇宙学里的模型只是一组数学方程，可以用图表的形式呈现出来，几乎不会使用物理装置做成实体模型了。

爱因斯坦于 1917 年发表的关于广义相对论的论文《广义相对论视角中的宇宙学思考》，标志着现代宇宙学的诞生（参见第一章）。有三个人在他的基础上发展了宇宙学的模型：荷兰数学家威廉·德西特（Willem de Sitter）、德国数学物理学家卡尔·史瓦西（Karl Schwarzschild，1873—1916，见 P.82）以及苏联物理学家亚历山大·弗里德曼。科学界发现，广义相对论接纳了宇宙膨胀理念，而这一理念也几乎立刻被证实了，因为哈勃的研究让大家很快认识到：星系可以当作里程标志，用来表示宇宙中的遥远距离，而众多的星系正在离我们所在的银河系越来越远。1929 年，哈勃发现，其他星系逃离我们的速度与它们跟我们的距离成正比（见 P.24）。这个比例是恒定的，它被称为"哈勃常数"。

为了确定哈勃常数的值，天文学家需要直接测量星系的运动速度和距离，这种做法一直持续到 2013 年。他们使用的测量方法仅适用于离我们不太远的星系，具体来说是借助这些星系中的造父变星以及超新星，因为这类星体的实际亮度可以通过其他方式确定，所以只要测出它们的视亮度，就可以推断距离。这个道理类似于我们在夜间看到一个亮点，如果我们能知道它是火柴的微弱火焰还是汽车灯的光束，又或是灯塔发出的强光，就可以估计出距离。这套方法早在 19 世纪就开发出来了，原本是为了测量造父变星，其先驱是美国天文学家亨丽爱塔·勒维特（Henrietta Leavitt，1868—1921）。

当时在马萨诸塞州剑桥市担任哈佛大学天文台台长的爱德华·皮克林（Edward Pickering，1846—1919）雇用了一大批女性科学家，勒维特是其中之一。跟她一起被聘用的还有威廉明娜·弗莱明（Williamina Fleming，1857—1911，见 P.192）。勒维特双耳失聪，她在拉德克里夫大学读书期间迷上了天文学，也被皮克林看中。她后来成为哈佛大学天文台内部的系所领导，这座天文台当时正在实施由皮克林组织的一个重大摄影项目，旨在测量银河系内的恒星亮度，以及两个最邻近的星系（即"大麦哲伦星云""小麦哲伦星云"，见 P.132）内的恒星亮度。勒维特使用一种当时叫"拍苍蝇"的观察方式，也就是通过显微镜观察那些拍摄星空之后得到的照相底板，因为星光会在这些底板上留下黑点，而估计出这些黑点的大小就可以推断恒星的亮度（这些黑点看上去就像被拍过的苍蝇，"拍苍蝇"因此得名）。哈佛大学在秘鲁的阿雷基帕设立了南方观测站，勒维特从该站拍摄的麦哲伦星云的底板上发现了 1777 颗变星，并估计了它们的视亮度。

这些变星属于什么类型的都有，但其中有一些很像银河系内部的造父变星（这类变星的名字来自它们的代表星仙王座 δ，中文名"造父一"，这是第一颗被发现的该类变星）。造父变星的亮度会以准确的周期变化，因此测出这种周期显然不难。1908 年，勒维特为大麦哲伦星云中的诸多造父变星绘制了一张图表，显示的是它们的平均亮度与光变周期之间的关系。由该图可见，这两项指标有显著的关联。对银河系内部的造父变星来说，这种周期和光度之间的关系（简称"周光关系"）是体现不出来的，因为它们的距离各有不同，且自身固有的发光能力也不一样。但是，在相对遥远的大麦哲伦星云中，可以认为所有的造父变星与我们的距离都差不多——所以，勒维特对这批造父变星的研究，等于把距离的变数去掉了。这样，周光关系就自然地浮现在了二维坐标系里。

周光关系也为我们提供了一种方法来估算每颗造父变星的固有亮度（即它本身的发光能力）——很像我们在黑夜里根据光源的一些特点来判断其实质，例如闪烁的是火焰，稳定发光的是车灯，周期性闪烁的是灯塔。我们只要先测定这类恒星的光变周期，就可以通过周光关系来推估它们固有的发光能力。接下来，将这个理论上的固有光度与恒星的视亮度相比，即可推断出它的距离（如果它本身应该特别明亮，但在我们看来很暗，那么它一定很遥远；如果它应该光芒微弱，但在我们看来却很亮，那么它必定很近），从而也能估计出它所在的星系与我们的距离。这一发现给我们提供了得力的工具，等于送给了我们一把在宇宙中测量距离的尺子，以大麦哲伦星云离我们的距离为基本单位，可以测量某个星系离我们有多远，从而可以测算哈勃常数的具体数值。

近些年来，对哈勃常数的测算都是使用哈勃太空望远镜观测造父变星完成的。其实，这部望远镜 1990 年发射升空的时候，主要任务就是这个。为了研究这个问题，天文学家还发明了另外的一些方法，比如盖亚太空任务（见 P.123—P.126）就采用了别的方法。总而言之，天文学界目前似乎已经认同：通过多种技术测算出来的哈勃常数为"每百万秒差距增加 73.5 千米 / 秒"，误差为 ±1.4 千米 / 秒（秒差距是天文学使用的距离单位，1 秒差距约相当于 3.3 光年，所以百万秒差距约是 330 万光年）。换句话说，如果有两个星系，其中一个比另一个离我们远约 330 万光年，那么，由于宇宙的膨胀，这两个星系飞离我们的速度，远一些的那个要比另一个快约 73.5 千米 / 秒。

这种膨胀现象正是大爆炸的结果。试想一次爆炸，会有各种分崩离析的物质以不同的速度被抛出，在特定的时间内，速度快的碎片会比速度慢的移动得更远。而对任何一个碎片来说，把它飞过的距离除以它的速度，得到的数字就是自爆炸起经过的时间。哈勃常数的重大意义也正在于此，它与宇宙的年龄相关。若采用上述的 73.5 这个数值倒推回去，则宇宙的年龄会是 127 亿年。

2009 年，一颗名叫普朗克的卫星被发射进了太空，用于调查CMB，它是用另一种截然不同的方法来确定哈勃常数的。这颗卫星一直工作到 2013 年，此后还有一大批天文学家齐心合力用了 5 年时间去分析它获得的数据。在此，天文学家必须先明确决定使用哪一种宇宙学模型。然后，他们必须根据图像去调整所选的模型，让模型适应图像，再尝试如果调整哈勃常数的数值会对结果有怎样的影响，这样就可以敲定最合适的模型了。

最后，适应得最好的模型叫 Λ–CDM，而这个模型早在普朗克卫星发射之前就已经成为标准模型了。其中，Λ 是大写的希腊字母 λ，而 CDM 则表示"冷暗物质"（cold dark matter）。几乎所有的天文学家都相信暗物质存在，但有一部分人相信的是一种暗物质，而其他人相信的是另一种暗物质。冷暗物质就是这样的一种暗物质，它由运动速度低于光速的基本粒子组成，而且有一个受我们欢迎的特性，那就是可以合并成较小的团块，进而演化出星系和星系团。至于 Λ，则是爱因斯坦于 1917 年假设出来的那个能够扩张宇宙、使之不至于坍缩毁灭的宇宙常数（见 P.18）。在现代的众多宇宙学模型之中，宇宙常数代表着一种与之类似的推力，但其功能已经不再是使静态的宇宙一直静止，而是一种向外的力量，让已经在膨胀的宇宙膨胀得更快。

在数学层面上，宇宙常数表示宇宙膨胀的一个特征，这个特征在爱因斯坦提出那个设想的近百年后，于 1998—1999 年被发现。宇宙正在加速膨胀，这个特征与直觉是完全相反的，毕竟宇宙中的星系和暗物质相互吸引，这样的过程应该会让膨胀的速度减缓。天文学家是因为使用了哈勃太空望远镜充当"时光机"进行观察，才发现了这个有悖直觉的特征。我们说过，天文学家在凝视宇宙深处时，就等于在回顾过往，因为光的传播速度是有限的。被他们观察的星系在空间距离上越遥远，也就在时间距离上越遥远，而且也以比近处的星系更快的速度远离我们而去。1998—1999 年，"超新星宇宙学项目"和"高红移超新星搜索团队"的天文学家使用哈勃太空望远镜观测了遥远星系中的超新星，由此测算了这些星系的距离，并与地面上最大的一批光学望远镜协作，检测了这些星系的移动速度。两个团队最后发现了这个反直觉的结果。这两个团队的三位领军人物也因为这一发现而荣获了 2011 年的诺贝尔物理学奖，他们是美国天体物理学家索尔·珀尔马特（Saul Perlmutter）、布莱恩·P. 施密特（Brian P. Schmidt）和亚当·G. 里斯（Adam G. Riess）。

宇宙膨胀的速度是越来越快的，而不是越来越慢。所以，一定有某种能量正在逐渐输入宇宙，使其膨胀。我们把这种能量称为"暗能量"，它的性质还是一个谜。暗能量甚至比暗物质还要神秘。在一个既有物质（无论是普通物质还是暗物质）又有暗能量的宇宙中，宇宙常数 Λ 和暗能量会带来让膨胀加速的趋势，而万有引力和物质会带来让膨胀减速的趋势，双方形成了一场角力。用天文学家的术语来说，这对"宇宙结构的形成"有巨大的影响——这个术语是指大爆炸物质中最初期的那些不均匀结构的生长方式。宇宙常数 Λ 和万有引力之间的平衡，控制着宇宙的演化之路。

达勒姆大学和马克斯·普朗克天体物理研究所的天文学家还进行了一项重大的计算，名叫"千禧模拟"（另见第三章）。结果显示，由于大爆炸物质的波动相当微弱，星系团刚形成时也十分稀薄。引力（主要来自暗物质）会把周围的物质聚拢起来，但随后暗能量的释放会使这种聚拢趋势逐渐静止，随着星系相互绕转，聚拢的趋势也逐渐消失。

根据普朗克卫星收集的数据绘制出的 CMB 图像带有一些特征，这些特征暗示着 Λ–CDM 的正确性：宇宙学的标准模型顺利通过了所有的检验。科学家以开玩笑的语气称赞了宇宙，毕竟实测数据与他们假定的模型十分吻合，他们说宇宙是近乎完美的。这一成功的数据拟合也给出了哈勃常数的新数值：每百万秒差距增加 67.4 千米/秒，误差低至 ±0.4 千米/秒。据此推算，宇宙的年龄应为 138 亿年。通过普朗克卫星得到的哈勃常数，与借助哈勃太空望远镜得到的数值是近似的，这让大家打算初步庆祝一下。然而，只要仔细观察，就发现不能高兴得太早，因为这两个数值之间的差异其实足以令人担忧。

诚然，二者一个关注的是我们附近的"老宇宙"，另一个关注的是遥远的"年轻宇宙"，它们以完全不同的方式解答同样的问题，得出的数值能够彼此接近，确实有传奇之风。不过，即便把这两个数值各自的误差范围考虑进去，它们也无法完全一致，这说明二者的差异还有待消除。这种差异可能是由某些技术层面的问题造成的，但也可能意味着 Λ–CDM 模型背后的科学理论有着最深层的缺陷——那就可能需要"新的物理学"了。该疑问至今没有解决。

普朗克卫星收集的数据为宇宙学模型中的其他参数提供了数值，而有了这些参数，我们就可以对一些基本问题给出有趣的回答了。例如：

　　·宇宙会永远膨胀下去吗？还是终有一刻会停止膨胀，转而坍缩？这取决于宇宙的密度。根据普朗克卫星收集的数据推测，真实的情况正好处在临界值上，宇宙膨胀的速度会慢下来，但不会停止（第十二章将深入探讨这个问题）。

　　·宇宙所含的暗物质跟普通物质相比，到底有多少？暗物质多达普通物质的 5.5 倍。

　　·宇宙中的普通物质、暗物质、暗能量各占多少？普通物质所代表的能量仅占宇宙的 4.9%，暗物质占 26.8%，暗能量占到 68.3%。

　　普朗克卫星开启了当今的科学时代。宇宙学在这个时代已经成了一门精确的科学，不再是推测出来的理论了。这也让宇宙学家对自己的研究内容更有信心了。可是，占到宇宙 95% 的暗物质和暗能量到底是什么，我们依然一无所知。幸好，我们至少知道自己是多么无知。

第三章

从随机到结构：第一个星系的诞生

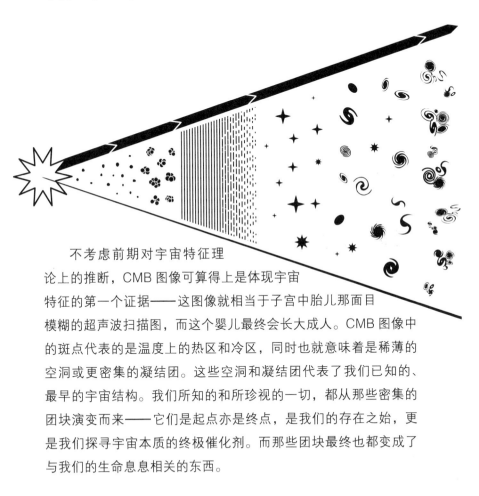

　　不考虑前期对宇宙特征理
论上的推断，CMB 图像可算得上是体现宇宙
特征的第一个证据——这图像就相当于子宫中胎儿那面目
模糊的超声波扫描图，而这个婴儿最终会长大成人。CMB 图像中
的斑点代表的是温度上的热区和冷区，同时也就意味着是稀薄的
空洞或更密集的凝结团。这些空洞和凝结团代表了我们已知的、
最早的宇宙结构。我们所知的和所珍视的一切，都从那些密集的
团块演变而来——它们是起点亦是终点，是我们的存在之始，更
是我们探寻宇宙本质的终极催化剂。而那些团块最终也都变成了
与我们的生命息息相关的东西。

大爆炸创造了普通物质、暗物质与辐射。随着辐射逐渐衰减，恒星自渺小星系中诞
生，星系又合并成更大的星系，最终聚集成星系团。

早期宇宙的随机与规律

一切都源于数十亿年前一个"密度过大"的团块，这里的密度过大既包括普通物质，也包括暗物质。过大的密度让团块周围的物质产生了向团块内部的引力，并吸引更多的周边物质开始聚集，导致团块的密度进一步加大。由此，团块在质量和密度上都有所增加。在演化过程中，大团块之间开始形成丝状链接，并最终演化成了一张团块网。

在宇宙诞生的最初 2 亿到 3 亿年间，这些团块和将它们连接在一起的网络继续形成更浓缩的物质团，物质团中是暗物质和氢氦混合物组成的星系际云。普通物质与暗物质之间互相配合，相辅相成：暗物质牵引普通物质，普通物质一方面增强暗物质内在的引力，一方面也以向外的压力来抵抗引力。团块中最大的那部分形成了宇宙间最大的结构：星系团。星系团中的物质继续聚集形成星系，这些星系是恒星、行星系统以及人类诞生的摇篮，而星系的诞生之地则主要在那些连接团块的丝状结构中。

尽管 CMB 图像中的团块是随机的，看起来没有什么明显的规律，但我们依旧可以辨别出这些团块的一些共同特点：它们都有着较为典型的大小和间隔。这是由一种叫作声学振荡的奇妙效应形成的。没想到吧，早期的宇宙是有"声音"的！这声音不像长笛那样，一次只吹奏出一个音符，而是像细沙落在鼓面上发出的声音一样是一连串的。这些音符一直持续至今，直到现在我们仍可隐约分辨出它的低语，就像落在鼓面上的细沙会聚集在不同的位置上一样，早期宇宙的音符便是以星系在空间中的疏密排列来表现的。

从对于 CMB 的交叉相关统计分析中，科学家可以提取出这些音符的规律。我们先将 CMB 图像简化成明、暗两种区域，然后将其代入一张棋盘上，白色代表明亮的区域，黑色代表黑暗的区域。选择两个彼此间有一定距离的点，将它们的亮度值相乘：如果一个点在白色方块中，我们称它的亮度为 1，若第二个点也在白色方块中，则它们的交叉相关乘积为 1×1=1，每一对位于白色方块中的点都会产生相同的结果 1；若第二个点位于黑色方块内，我们称它的亮度为 0，则它们的交叉相关乘积为 1×0=0。我们将一个点以及与它间隔相同距离的所有点重复此操作，然后将所有的交叉相关值相加，再换一个起点并重复上述操作。在对所有可能的起点都计算过一遍后，再选择一个不同的间隔距离，并重复上述过程。最后，以间隔距离为变量，就能绘制出交叉相关值的函数曲线。我们可以看到，对于这个棋盘模型而言，当两个点的间距达到白色或者黑色方格那么大的时候，交叉相关函数就达到了峰值，而当两个点的间距超过了方格大小，延伸到相反颜色方格中时，交叉相关值就会下降。

CMB 的交叉相关规律告诉我们，团块最常见的大小是 1 度。形成这种规律的因素不光是向内的引力，向外的压力也参与其中。在早期宇宙中，当一个团块变得更致密时，被困在运动的等离子体中的光和热便会使压力增加，从而产生压力波，这种物质中的压力波在物理学中叫作声波。这些物质在辐射的作用下开始膨胀，产生的声波迅速被传送到周围致密的等离子体中，不可思议的是，在一开始声波的传播速度竟达光速的三分之一！但和普通物质不同，团块中的暗物质是不与辐射发生相互作用的，所以尽管暗物质也会对物质密度变化引起的引力变化产生反应，但不会对辐射带来的声波产生反应。由此可见，致密的团块虽然同时吸引着普通物质与暗物质，但吸引的方式不同。

宇宙中的物质曾经都是等离子体，大约 38 万年后，等离子体中的电子与质子开始结合，变成由原子组成的电中性气体。电中性气体与辐射的相互作用减少，声波的扩张因此停滞，这使得波在气体中的规律结构以声学振荡的形式被冻结。宇宙中众多波形叠加起来，一种随机图案便出现了。前文中我们曾用细沙落在鼓面上的视觉效果做比喻，但这个类比其实是有缺陷的，因为鼓面被撑开在一个固定的圆形框架内，且它的振动模式是有规律的，当然也正是这种特性使乐器得以演奏出标准的音符。但宇宙中是没有这样固定的边界的，与其将之比作鼓面上的细沙，不如比作一个大池塘水面上波纹的振荡更贴切。向池塘里扔一块鹅卵石，我们所看到的不断扩大的涟漪便是宇宙中一个区域内产生的振荡。而当我们把这片池塘想象成整个宇宙，往其中扔上一大把石子，那么水面上彼此交叠的、互相扰动的振荡，就是整个宇宙中振荡效应的反照。

综上所述，尽管宇宙的整体结构是随机的，但我们仍能从中摸索出构成它的简单模式的统计学踪迹，在随机结构的噪声中，这些残存的规律音符甚至遗留到了今天。如果在 CMB 中有一个致密的斑点，则其他的致密斑点很可能位于其半径 5 亿光年的范围之内。这些斑点便是大爆炸所遗留的物质团块在 CMB 中呈现的图像，5 亿光年对应画面中 1 度的角度大小，这也是 CMB 图像中最常见的斑点大小。

CMB 与大爆炸物质停止相互作用的数亿年后，其中的团块开始凝结成星系，星系分布也保留了团块分布的规律，并将此规律延续至今。当我们发现一个星系时，它周围的星系分布虽然是随机的，但在 5 亿光年的范围内，存在星系的概率仍然略大于随机统计的概率。CMB 图像中的斑点和星系的整体分布是随机的，但是在明显的随机性背后，却暗藏着相同的分布规律。

2001 年，英国宇宙学家约翰·皮科克（John Peacock）和肖恩·科尔（Shaun Cole）在一项分析中首次提到了星系的分布规律。2005 年，由亚利桑那大学斯图尔德天文台的美国宇宙学家丹尼尔·艾森斯坦（Daniel Eisenstein）带领的团队清楚地观察到了这种分布规律。他们分析了 46 748 个星系在三维空间中的位置，这些星系分布于 9% 的天区中，该范围的空间体积相当于一个边长为 40 亿光年的立方体。在现代计算机计算能力的加持下，大型团队普遍都能从广泛的调查中获取和分析大数据，从而了解到关于宇宙的奥秘，但对于习惯了单打独斗的科学家而言，他们那些惊人的原创观点也总有可以安身之所。

星系团、超星系团和巨洞的结构

随机性与规律性的结合在当下的星系分布中表现得淋漓尽致，它们构成了弦与星系团。星系团是宇宙中最大的长期稳定存在的结构，它们通过相互的引力维持在一起。实际上还存在着比星系团更大的结构，那就是星系团团——超星系团。由于超星系团的引力并不足以将星系团成员长久地聚拢在一起，所以它们总是处在消散的过程当中。超星系团也许是宇宙中最大的结构不假，但却是一种短暂的存在。

在超星系团中，星系线就像蜘蛛网的细丝一样，将各个星系团连接在了一起。有的星系线形似扁平的条带，像肥皂泡沫中两个泡泡相连的接触面。星系大气泡们相互的接触面上充斥着大量的星系团和超星系团，但在气泡的内部却有着广袤的空间，其中的星系很少且相隔甚远，这种空间被称为巨洞。星系线、巨洞，所有这些结构都是从大爆炸的火球中那些随机的团块发展而来的，它们在 CMB 中留下了各自的痕迹。针对我们周围的星系，天文学家绘制并研究了其星系分布中一些独立的结构。在这张由众多星系构成的庞大宇宙网中，我们已经识别出了一些距离较近的结构，并将之标记在了宇宙网上（见图Ⅲ）。

20 世纪 80 年代，美国天体物理学家玛格丽特·盖勒（Margaret Geller，1947— ）与哈佛 – 史密松天体物理中心（简称 CfA）的天文学家约翰·彼得·赫克拉（John Peter Huchra，1948—2010）首次尝试绘制了我们周围的星系分布的大尺度结构图。CfA 在一片天区中探测了 5 亿光年的范围，并在 1989 年前后发现了一段 4 亿光年外的星系长城。这是一条环绕着我们的星系线，近似圆弧状，从观测区域的一个边缘延伸到另一个边缘，长度约为 4 亿光年。虽然称其为长城，但它实际上并不高。我们可以想象这是一堵围住羊群的低矮石墙，横跨于星际的荒野之上，其形态介于墙和细丝之间。

CfA 的调查结果是振奋人心的。在观测的第二阶段，它观测的星系数量累积到了 1.8 万个，进一步的分析也表明，要想更好地绘制局部的宇宙结构图，需要对数十万个甚至更多的星系进行调查，而这就要求在天空的大部分区域应用大规模观测技术。2度视场星系红移巡天的作用就在于此。这是一项由英澳天文台在新南威尔士州主持的巡天项目，整个项目从 1996 年一直持续至 2001 年，所使用英澳望远镜的主镜由天文学家基思·泰勒（Keith Taylor）打造，能力惊人。使用机器人将光纤放置在望远镜的焦平面上，这样就可以同时从 400 个星系接收光线，并以每晚数千个星系的速度测量红移。星系的红移指的是星系的光谱因运动而偏离正常位置的数值，造成这种偏离的主要原因是宇宙的膨胀，而这也是使描绘宇宙比例图成为可能的关键性因素：由于宇宙的膨胀，膨胀速度越快，星系就越远。泰勒的"望远镜机器人"可以向我们展示周围星系的分布。（请参阅书后词汇表，查询有关红移的进一步解释。）

在 5 年内对数百个夜晚的观测中，这架望远镜测量了 221 283 个星系。澳大利亚国立大学的天文学家马修·科利斯（Matthew Colless）率领的澳–英团队取得了重要成果，他们提交了第一份针对宇宙重要部分的综合和代表性地图的星系调查。这项调查不仅绘制出了我们周围的局部空洞、超星系团与丝状长城等结构，还展示了在星系的聚集过程中，这些最大尺度结构是如何被压缩的，从而延续了从宇宙大爆炸物质的密度波动开始的引力吸引过程。

然而，即使是这样一份详尽的调查，仍不足以满足天文学家的要求。1990 年，哈勃太空望远镜由于制造方面的失误导致无法提供清晰图像，这次事件带来的困难使普林斯顿大学天文学家吉姆·冈恩（Jim Gunn，1938—，另见 P.100）颇受触动，他专门设立了一个独立的项目来定位和测量百万个星系。该项目主要由艾尔弗雷德·斯隆（Alfred Sloan）基金会资助，并被称为斯隆数字巡天（SDSS）。它所使用的设备是在新墨西哥州萨克拉门托山脉的阿帕奇天文台建造的专用望远镜和照相机。像 NASA 的哈勃太空望远镜这样的大型项目，研究任务都是统一安排的，所以可能会导致部分科学焦点被放弃或淡化，为了避免这种情况，SDSS 有意限制发展规模，使其可以由独立的科学家来管理。

SDSS 的望远镜尺寸并没有排在世界前列。它的镜头口径为 2.5 米，在世界上的排名可能只排到第 50 位。它能够在其视野中看到大片的天空，以满足望远镜试图记录一切的需求。它的相机也很新颖，使用巨大的 CCD（电荷耦合器件）来记录在天空中看到的亮度和光谱。SDSS 的观测思路有点类似谷歌街景，通过移动摄像头记录街道上的地点。它的操作方法是先控制望远镜以精确的速率沿天空中的轨道扫描，然后以精确的补偿速率移动 CCD 上的电子图像，从而建立曝光。在项目运行的前 5 年，它记录了 10 亿恒星和星系的亮度以及 400 万个光谱，随着该项目的继续展开，这个数字还在持续增加。

来自 SDSS 的数据在获取并处理完毕后，会立即上传到可公开访问的档案中。一个天文项目的数据被如此迅速地公开并不是一件寻常的事情——通常项目组的人员有权在一段时间内保留这些数据不予公开，以作为对那些为项目取得成果而付出努力的人的科学奖励。SDSS 之所以迅速公开这些数据，是因为该项目是由公共资金来提供资助的，由此产生的数据理应公开可用。同时，如果任何人都可以在档案中分享自己的想法以调查其科学可能性，那么这对科学来说无疑是有意义的。但也有人认为，该项目的工作人员对仪器的功能及程序的了解远甚于其他天文学家，所以即使他们在同一时间段内竞争，也应该能够作出更为重大的发现。总而言之，将 SDSS 产出的数据成功地运用在当今已知的宇宙结构地图中，这是大众共同努力的成果。

　　该项目初见成效是 2003 年发现了斯隆长城，这是一条纤维状结构的宇宙网络，它的长度超过 10 亿光年，并在距离我们 10 亿光年的位置呈弧形弯曲。要说起 SDSS 迄今为止最重要的发现，也许是丹尼尔·艾森斯坦通过它提供的数据确定了星系分布中声学振荡的残留影响。艾森斯坦借此充分展示了他对 SDSS 的目标和运作的高度适应性，并于 2006—2010 年成为该项目的负责人。

真实的宇宙和千禧模拟图

　　SDSS 提供的那些显示星系分布特征的模拟图片给科学家带来了不小的挑战，他们需要解释这些特征是如何产生的。科学家试图通过在计算机中进行模拟来解释这些现象，千禧模拟运算就是一项由室女座联盟（Virgo Consortium）发起的计算项目，该项目主要集中在英国达勒姆大学的计算宇宙学研究所和德国马克斯·普朗克天体物理研究所，其目的是研究宇宙大爆炸过程中，物质爆炸时微小的、不规则性的演变过程。该模拟采用以下形式进行：在计算机中创建一个体积为几十亿立方光年的虚拟盒子，然后将 100 亿个代表物质和暗物质的粒子投入其中，再用诸如引力等物理定律编写计算机程序，并观察粒子间如何相互吸引、移动，直至发展出结构。

当千禧模拟图以二维横截面或投影的形式展现时，由此呈现的粒子分布形态看起来就像一张网。当千禧模拟图以三维的形式展现时，它则看起来像一个有孔的泡泡，孔的大小为 5 亿光年。这张星系的大网并非一成不变，随着大爆炸残余的随机运动和星系与星系之间引力的后续累积效应，宇宙网在不断地弯曲和起伏。

因此，这些结构都是暂时的。它们虽然很大，但将其聚集在一起的引力却很微弱。除此之外，它们内部的星系正在快速地移动和分散。它们之所以现在还没有消散，是因为自它们形成以来也只过了大爆炸之后的这几亿年，时间还不足以让这些结构消失。然而在这些结构中，将会产生更紧密的星系群：它们是最密集的星系团，彼此紧紧聚集在一起。

宇宙网中的暗物质

千禧模拟和 CMB 的探测都解释了暗物质对于宇宙网的影响。暗物质与普通物质不同，虽然两者都可以通过引力来证明自身存在，但它们在与辐射和热能的相互作用方面却有着截然不同的表现。暗物质不与光发生相互作用——这也是它暗的原因，同时它也不与红外辐射或热能发生相互作用，所以它不像普通物质那样可以快速冷却。宇宙大爆炸产生的物质中，普通物质迅速地冷却并变得更加致密，暗物质则持续保持热度并相对松散，但两者对于引力的反应是相似的。因此，普通物质与暗物质以略有差异的方式聚集，成为 CMB 图像上不同的斑点。

这个差异在千禧模拟运算的输出中更为明显。暗物质的团块通常更大、更分散，而像星系或星系团这样的普通物质聚集起来的团块，则是嵌入在暗物质云或晕圈之中的一个个独立个体。在真实的宇宙中，这种差别也可以通过引力透镜观察到，它揭示了普通物质和暗物质在星系中的不同分布位置（见图Ⅳ）。星光就是普通物质所在的位置。通过引力透镜，天文学家可以区分出普通物质和暗物质，并绘制出每种物质的分布图。

引力透镜指的是宇宙中的背景光源在引力场的作用下，原有的直线路径发生弯曲的一种现象。通常情况下，我们会将宇宙空间想象成一个由看不见的三维坐标来衡量的虚空，就像是一个刚性结构的脚手架，物质就像建筑工人一样，在这个脚手架上移动。阿尔伯特·爱因斯坦有一个更为整合的观点：空间与物质相互作用，相互影响。1973 年，美国物理学家约翰·惠勒（John Wheeler）在解释爱因斯坦的广义相对论时说道："物质告诉空间如何弯曲，空间告诉物质如何移动。"通过这种方式，爱因斯坦为牛顿万有引力理论的困境之一，即引力如何在空间中传递，提供了解决方案。

空间不是"空的"，而是一个物理实体。普通物质和暗物质都可以弯曲空间，空间的曲率扰动了物质移动的轨迹。就像光线进入透镜时，玻璃会弯曲光的轨迹一样，物质会弯曲光线的轨迹。由于物质在宇宙网中分布不均匀，它会弯曲来自遥远星系的光线，并在光线穿过宇宙时产生累积扭曲效应。在光线不偏折的情况下，我们是无法观测到那些遥远的星系，或是 CMB 上的斑点图像的。我们所能做的，就像透过浴室玻璃视物一般，通过一个随机扭曲空间的褶皱镜头，去回顾宇宙的过往。与光学透镜类似，这种现象被称为引力透镜效应。

当我们透过浴室的玻璃看东西时，看到的是模糊、碎裂和扭曲的画面，引力透镜的效果也与此类似，它也限制了我们看到遥远宇宙的历史图像的精度。但与此同时，它也为我们提供了一种绘制物质地图的方法，这无疑是一个研究物质在宇宙网中分布的独特机会。虽然从没听说有人这么做过，即使是最疯狂的偷窥者应该也不会这样做。但实际上，如果仔细检查浴室玻璃上的碎片成像，把每个变形的碎片拉直复原，再重新组合，是真的可以看到那些扭曲图像真面目的。在天文学的案例中就有一些关于透镜图案的简化假设，这些假设的有效性还是可以满足需求的，它们既可以用来计算引力透镜的每个面如何影响图像，也可以借以重新组合远处的图像，并认识那些造成画面失真的物质是什么。而且因为普通物质和暗物质的引力作用都会导致光线的扭曲，且暗物质比普通物质更甚，所以这也为我们提供了一种方法，可以来绘制那些虽看不见但却填充了宇宙空白空间的暗物质的分布图。

通过引力透镜绘制暗物质分布图的项目在 20 世纪 90 年代开始初见成效，并为后来的进一步调研指明了方向。ESA 发射的普朗克卫星测量并绘制了 CMB 图像（见第二章），2015 年，科学家通过数据分析确定了宇宙中普遍分布的暗物质是如何影响成像中的团块的。

其他类似的调查项目则使用了地基望远镜。其中一个项目被称为平方千度巡天（KiDS），它位于智利的帕拉纳尔天文台，属于欧洲南方天文台的一部分。它对南部天空约 1500 平方度（约占整个天空面积的 3%）区域内的星系进行了成像。成像表明，那些来自最遥远星系的光芒（尽管没有 CMB 那么遥远，但也足够远了），它们的路径被引力透镜改变了。通常来说这种路径偏折是非常轻微的，但也有偏折比较剧烈的个例，这种情况被称作强引力透镜效应。还有一个类似的项目叫作暗能量巡天，该项目同样位于智利，在沙罗陀洛洛天文台，绘制了 5000 平方度区域用于等效分析。

这两项调查项目都属于大数据的范畴。由于所需数据庞大且复杂，调查的技术含量都很高，且耗时长久，KiDS 生成的第一张图像显示了人们之前预期的团块和细丝中普通物质与暗物质的浓度，这张图像是科学家通过收集 60 亿光年以外的 300 万个遥远星系的光加以分析才绘制得出的。这些图像与千禧模拟中得出的图像大致相似。

经过在地基望远镜上磨炼技术之后，天文学家正计划把测量工作搬到太空中去。ESA 计划在 2022 年发射一颗名为欧几里得（Euclid）的新宇宙学卫星，去测量引力透镜效应。它的最终目标不仅仅是完善我们对于宇宙中物质分布方式的了解，更是为了观察从 CMB 到现在宇宙网络随时间变化的方式，以及它在宇宙的整个生命周期中的演化。这段历史尤为重要，因为暗物质提供的引力使得宇宙结构发展得更快，更趋于稳定。

如果没有暗物质在星系形成和维系上发挥的作用，我们今天也无法在这里讨论这些问题。尽管我们不知道暗物质具体是什么，尽管它们现在在我们的生活中无处不在，却似乎没有产生什么重要的影响，我们之所以存在，是因为在宇宙膨胀后的前 1% 的短暂时间内，暗物质发挥了巨大作用。

室女座星系团

室女座星系团是离我们最近的星系团。它距离地球约 6000 万光年，分布在室女座及其邻近的后发座间。室女座星系团首次被提及是在 1784 年，当时的法国天文学家查尔斯·梅西耶（Charles Messier，1730—1817）在编制一份星云目录时首次介绍了这个星团。梅西耶是一位勤恳的彗星猎手，他夜复一夜地观测天空，以期发现新的彗星。当彗星刚到达太阳系的边缘、刚刚可以被发现时并没有彗尾，又小又模糊，和一些其他种类的天体非常相似——这些天体不是指那些点状的恒星，而是呈光斑状，叫作星云（星云的英文 Nebulae 在拉丁语中是云的意思）。当梅西耶遇到这种外观的天体时，便需要花费一些时间来确认它究竟是彗星还是星云。他把自己和同事已经观测到的星云编制成一份星表，以便日后发现新彗星时不会和这些星云混淆。

梅西耶注意到，星表中室女座区域的星云数量多得有些异常。实际上，梅西耶所标注的星云除了真正的星云（星际气体或尘埃云）之外，还混杂着星团与星系，但在梅西耶时代，这些都被混淆在一起了。而室女座中那些被梅西耶识别出来的所谓星云，其实都是星系。他在星表的第 91 个条目"M 91"上标注："室女座，尤其是室女座的北翼，是包含星云最多的星座之一……所有这些星云……只有在非常晴朗的夜空中和接近中天的情况下才看得到。

这里面的大部分星云都是梅尚先生告诉我的。"

皮埃尔·梅尚（Pierre Méchain，1744—1804）是梅西耶的朋友和同事。在 1783 年发表于《柏林皇家科学与艺术学院回忆录》的一封信中，梅尚说他在这个区域发现了更多的星云，他说道："梅西耶先生提到了我之前给他指过的室女座的几个星云；但还有一些星云是他还没见过的。"但人们并没有找到关于这些星云的观察记录。

在梅西耶的星表中，他一共列出了 109 个天体，其中有 16 个天体用现代术语来说，并不是星云，而是室女座星系团中的星系。它们在目录中的编号依次为 M 49、M 58、M 59、M 60、M 61、M 84、M 86、M 87、M 89 和 M 90，这些星系都位于室女座；其次是 M 85、M 88、M 91、M 98、M 99 和 M 100，这些星系位于现在后发座的边界之内。梅西耶在编制星表时，是按照录入天体的顺序进行编号的，所以 M 49 就是室女座星系团的第一个星系，这是他本人发现的。他在追踪 1779 年的彗星轨迹时又陆续发现了 M 58、M 59、M 60 和 M 61。德国天文学家约翰·克勒（Johann Koehler）和意大利人巴尔纳巴斯·奥里亚尼（Barnabus Oriani）也在做同样的事情，他们各自独立发现了 M 59、M 60 和 M 61。M85 则是在 1781 年的 3 月被梅尚发现，并在几天后的一个夜晚由梅西耶确认，同时确认的还有 M 84 至 M 91 这几个星系。M 98 至 M 100 也是梅尚在一个夜晚发现的，梅西耶在将其第三版星表目录付梓前，把这 3 个星系加入其中作为最后的几个天体。M 87 是室女座星系团中最突出也是最著名的一个星系，它是一个巨大的椭圆星系，会发射大量无线电波，因此也被称为室女座 A

射电源。

这些曾被认为是星云的天体，直到 20 世纪的前 20 年，才被揭示出它们作为星系或恒星系统的真实面貌，这要感谢摄影技术的发展。借助摄影技术，人们不仅可以测量星系中恒星的亮度，从而推测出它们的距离，还可以发现更多、更暗的星系。星系的数量因此从梅西耶和梅尚肉眼能观测到的几十个，增加到了上百个。哈佛大学天文台天文学家哈洛·沙普利（Harlow Shapley，1885—1972）和阿德莱德·埃姆斯（Adelaide Ames，1900—1932）在一系列令人印象深刻的论文中首次介绍了室女座星系团的性质，论文的数据来自位于秘鲁阿雷基帕的望远镜拍摄的照片，这些照片都经过了一到两小时的曝光才拍摄而成。1926 年，沙普利和埃姆斯在 100 平方度的区域内计算了星团中的 103 个旋涡星系，他们同时注意到还有更多的星系因为太过暗淡而无法看清。

沙普利是这个项目的带头人。他曾经是一个记者，本打算在密苏里大学新成立的新闻学院继续深造，但当他发现新闻学院还未开放时，便于 1908 年转向研究天文学。1920 年，他与亨利·柯蒂斯（Henry Curtis）一起参加了华盛顿特区国家科学院关于宇宙尺度的大辩论，这场辩论明确了银河系是一个由恒星组成的星系，许多星云其实是银河系外的星系，也就是后来我们所知道的"宇宙岛"（见 P.120）。沙普利在这场辩论中表现十分出色，也因此被任命为哈佛大学天文台台长。他成为美国天文学乃至整个科学界非常有影响力的人物，承担了诸多项目和行政任务。

1923 年，沙普利聘请埃姆斯担任他的研究助理，埃姆斯的经历与沙普利相似，她也曾想从事记者行业，但从纽约州瓦萨学院毕业后一直未找到理想的工作。令人遗憾的是，埃姆斯的事业和生命过早地结束了，1932 年她去湖边度假，搭船游湖时独木舟侧翻，埃姆斯溺水身亡，时年 32 岁。沙普利提供给埃姆斯的工作是建立一个已知星系的列表并测量它们的特性。在埃姆斯去世的前一年，她与沙普利发布了一份包含 2800 个星系的目录，并将其中 1246 个靠近银河系北极的星系制成了一份更详细的清单，这份清单被称为沙普利–埃姆斯目录，至今仍在被使用。埃姆斯的记者背景决定了她对天文学工作的态度：我只收集事实，理论来源于沙普利博士。她为自己能从事天文学工作而感到由衷的快乐。"为了追求不断的兴奋，我会选择新闻业；但若要追求持久的满足，我会把自己交给天文学！"埃姆斯说道。

由于室女座星系团是距离我们最近的一个相当大的星系团，所以科学家已将它研究得非常透彻，现代科学的调查结果已在室女座星系团中识别出多达 2000 个星系。它并不仅仅由星系组成——在星系之间还有许多星系际恒星，其数量可能相当于星系中恒星数量的 10%，除此之外，还有炽热、稀薄的星系间气体等离子体。这些星系际恒星原本处于某个星系之中，它们在穿越其他星系的过程中被持续拉扯，从而被抛离出自己的母星系。等离子体的温度为 3000 万摄氏度，它释放出 X 射线，热源来自 M 87（见图 V）中央的黑洞，星系团中诸多星系形成的通道使得气体反复振荡，从而被进一步加热。

室女座星系团是本超星系团的一部分，本超星系团也被称为拉尼亚凯亚超星系团（Laniakea Supercluster），这个名字源自两个夏威夷语，拉尼（Lani）意为"天空、天堂"，亚凯亚（Akea）意为"广阔、宽广、敞亮、不可估量"。加拿大天文学家布伦特·塔利（Brent Tully）带领的夏威夷大学团队，绘制了本超星系团的星图，其中包含了数十万个星系。在本超星系团和一个叫作"本地空洞"的巨大空间的边界上，就是我们的家园——银河系。

巨引源

我们身处的银河系和邻近的其他星系都会感受到来自周围星系的引力影响。由于银河系周围的星系分布并不均匀，一侧较另一侧星系数量更多，这种引力也是不均衡的。所以，在宇宙膨胀带来的退行速度的基础上，银河系也正以 600 千米 / 秒的速度在太空中穿行。银河系的这种流动现象是 1987 年发现的，发现者是"七武士"团队。这里的七武士并非 1956 年黑泽明电影中的日本武士团，而是一群由天文学家组成的研究小组，成员为大卫·伯斯坦（David Burstein）、罗杰·戴维斯（Roger Davies）、艾伦·德雷斯勒（Alan Dressler）、桑德拉·费伯（Sandra Faber）、唐纳德·林登 – 贝尔（Donald Lynden–Bell）、罗伯托·特尔列维奇（Roberto Terlevich）和加里·A. 韦格纳（Gary A. Wegner）。

银河系流动的方向位于银河系中心之后，被银河系中的恒星和尘埃所遮蔽。除此之外，当时对星系的调查就远不如现在这般广泛了。七武士团队在 1987 年就明确表示，这种向一个方向流动的运动是真实的，并且与流向的方向上的大量星系有关（这是一种被称为"沙普利浓聚区"的密集星系分布，之所以以沙普利命名，是源自他 1932 年在此领域的研究成果）。然而他们却无法准确地辨别出导致该流动的原因。在美国天文学就此问题举办讲座后的新闻发布会上，美国天文学家德雷斯勒突发奇想地将这个原因描述为一个未知实体，并命名为"巨引源"——宇宙中一些正在拉动银河系的巨大事物。如果他在发布会上将之命名为"X 星团"，或直接称为"沙普利浓聚区"，应该都不会激发人们那么多的想象，但"巨引源"这个概念太壮观了，以至于媒体根本不可能忽视它，并由此创作了诸多文章，从它如何影响潜在生命伴侣的星盘，到它如何影响太阳系的最终命运，不一而足。这个名字是德雷斯勒无意间从嘴里冒出来的，他在七武士团队中的其他同事担心这个浮夸的名字可能会削弱这项研究的科学性，尽管他们也意识到正是这个名字保证了他们的研究可以广为人知。德雷斯勒曾不无讽刺地写道："我的武士同伴们很乐意将功劳和过失都推给别人。"

科学家最终花了 30 年时间才弄清楚事情的真相。巨引源并非一个巨大的黑洞，也不是其他任何类似的物体。根据塔利及其合作者的研究，银河系的流动是室女座星系团和拉尼亚凯亚超星系团的引力共同作用的结果，后者的引力中心就是巨引源，再加上本地空洞区域的虚空缺少该方向的补偿拉力，就形成了银河系的流动现象。

从这个特定实例中我们可以推断出一个普遍的结论，那就是星系正彼此汇聚。换句话说，宇宙网的空洞正在扩大：太空正变得越来越空旷。

第四章

黑暗时代与宇宙黎明

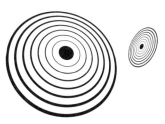

从 CMB 自大爆炸的旋涡中出现到第一批星系的形成,其间基本没有多少星系或类星体,所以也看不到自其中发出的光,天文学家因此称这段时间为黑暗时代。即使有一些星系或类星体,它们也被掩藏在朦胧的尘埃之中。本章为大家讲述的内容是黑暗时代"黑暗"的原因以及黑暗消失的过程。

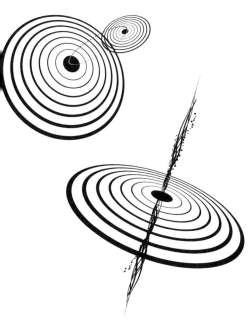

黑洞以及外围环绕运行的盘面物质融合成了剧烈的辐射源:类星体。

第一批恒星的形成

也许花费了数亿年的时间，第一批恒星与星系才将它们的光线照射到太空。这一时期被称为宇宙黎明时期。然而，即使恒星已出现，它们的光线也会被周围的气体和尘埃吸收，无法在空间中传播太远。

第一批星系仅由氢和氦组成，这是大爆炸中产生的唯二元素，这两种元素自然也就组成了第一批星系中的恒星。恒星只包含这两种元素带来的一个结果是：这些星系中的恒星都没有行星，当然更不可能有像地球这样的行星。类地行星是由比氢重的元素组成的。举个例子，在第十章中我们会看到，地球有一个铁的核心：没有铁，就没有地球。不仅如此，所有的行星在形成过程之初，都是先通过将重元素的固态颗粒聚集到一起，从而逐渐成形的（详见第九章）。因此，一颗由纯氢和氦组成的恒星很可能是没有任何行星的，就算是像木星那样主要由氢和氦组成的行星也没有。

第一批恒星还有一个特点，相比于现在的典型恒星，它们的质量更大，亮度也更高。大质量恒星内部的温度和压力远高于小质量恒星。因此，每颗恒星核心的核聚变反应堆都非常活跃，可以产生更多的能量。当能量从恒星的核心传向表面时，由于辐射压的效应，能量会产生向外的推动力，这使得恒星可以抵抗来自核心方向的引力，维持球状构造，从而避免坍塌。但如果这颗恒星太大了，它就会产生过多的能量。辐射压力超过了恒星的引力便会将恒星吹散，因此，恒星的质量都有一个上限。

恒星质量上限的确切数值取决于它的化学成分，因为不同结构的原子或多或少都会拦截辐射，从而改变辐射向外推动的压力。太阳主要由氢元素和氦元素组成，其他元素的质量仅占2%，根据计算，如果一颗和太阳成分相同的恒星想要保持稳定的状态，那么它的最大质量约为120个太阳质量。而如果一颗恒星的成分除了氢元素和氦元素外没有其他元素，那么它的质量上限将高于刚才的预估，达到太阳质量的几百倍。

这些理论计算成果来源于我们对已知的最大质量恒星的观测。这颗质量最大的恒星是R136a1，它是致密星团R136中最亮的恒星，而致密星团R136，又是位于更大的星团NGC2070（在星云和星团新总表中的条目编号为2070）中心的星团。星团NGC2070是大麦哲伦星云（见P.132）中蜘蛛星云复合体的一部分，组成大麦哲伦星云的重金属的比例是太阳中重金属比例的一半。据估算，R136a1的质量是太阳质量的265—315倍。还有一些其他年轻恒星的质量在一段时间内甚至比它的质量还大，可以达到太阳质量的300倍以上，但它们的质量不稳定，随着恒星的物质在辐射压的作用下被吹走，恒星的质量也会下降。

由此可见，早期恒星的质量很可能非常巨大，它们的寿命也只有数百万年：更大的恒星燃烧氢元素的速度更快，即使它们拥有更多的氢元素可以燃烧，也会更快地消耗掉，就像一个挥霍无度的百万富翁，也可能会比一个贫穷节俭的吝啬鬼更快地破产。这些恒星变成了红超巨星，然后爆炸成为超新星，也就是说，第一代恒星中几乎没有幸存者能够活到今天。变成超新星以后，它们燃烧氦元素来制造碳，抛射而出的碳形成浓密的尘埃云，将这些超新星与伴星一起笼罩在尘土飞扬的朦胧面纱之中。

超大质量黑洞

恒星不是星系中光线的唯一来源。事实上，所有星系的中心都有一个超大质量黑洞。黑洞本身虽然是黑暗的，但当物质向黑洞方向坠落时，物质所损失的能量会以光和其他辐射的形式辐射出去。超大质量黑洞的诞生和初期阶段在黑暗时代与宇宙黎明的故事中扮演了重要的角色。

在了解阿尔伯特·爱因斯坦的广义相对论大约一个月内，甚至在他于 1916 年正式发表该理论之前，德国数学物理学家卡尔·史瓦西就利用相对论发展出了黑洞的概念。史瓦西设想了以下的情况：根据广义相对论，由于时空的引力畸变，大质量物体周围的空间是弯曲的，这导致光也会沿着弯曲的路径传播。如果存在一个质量足够大同时体积又足够小的物体，那么来自物体表面的光可能会无限弯曲，以至于光线无法从物体的表面逃脱。该物体因此将会是一团黑暗，因为光线永远不会离开它传播开去。1961 年，美国物理学家罗伯特·迪克（Robert Dicke）给有这种特性的物体起了一个名字；1967 年，理论物理学家约翰·惠勒又将这个名字发扬光大，那就是黑洞。

将黑洞与外界隔开的表面被称为事件视界（见图 V）。任何在事件视界内发生的事情，其信息都无法传播到事件视界之外：任何可能携带该事件信息的介质（如报纸）或辐射（如无线电波或光）都会被黑洞引力的强大作用力拽回去。事件是无法越过视界的。在视界之外，引力作用将任何可见物体的光线轨迹都剧烈地弯曲了，这些物体发出的光可以逃逸，但画面是非常扭曲的。

尽管在史瓦西的研究之后的至少半个多世纪内，黑洞的数学性质都得到了比较好的研究发展，但黑洞的存在仍然只是理论上的可能，在自然界中从未被观测到，所以在很长一段时间里，虽然关于黑洞的答案有了，但是科学家却在一直寻找黑洞本身。我们现在知道，自然界中至少有两种方式可以产生黑洞：一是超新星爆炸可以产生恒星质量的黑洞（参见第八章），它们通过合并再成长为更大的黑洞；二是几乎所有星系的核心处都会产生超大质量黑洞。在星团中也可能存在所谓的"中间黑洞"，这是产生黑洞的第三种方式，也是未知的一种方式。

单独的黑洞是黑暗的，很难被观测到。然而，双星系统中存在一些恒星大小的黑洞，它们合并时会产生引力辐射（参见第八章）。此外，如果物质（气体）落入黑洞，重力势能的释放会把气体加热。这种情况通常发生在黑洞旁有一颗伴星向其泄漏气体，或是其他恒星被拉到黑洞附近，解体然后落入黑洞的时候。黑洞合并产生的引力辐射和气体落入黑洞时被加热，这两种情况都使得一些黑洞看起来像X射线双星（参见第八章）那样可见，或者像类星体一样被观测到。

早期恒星在爆炸时会产生黑洞，其质量与形成黑洞的恒星质量差不多，例如达到太阳质量的 10—100 倍。大约在同一时间，也许更早一点儿，在第一批恒星形成之前，并行进行着的还有另一种形式的黑洞形成过程，即所谓的超大质量黑洞。这些超大质量黑洞现在的质量可以达到 10 亿倍以上太阳质量（目前已知质量最大的超大质量黑洞是 J0313-1806，它的质量是太阳质量的 16 亿倍）。它们一开始并不大，通过从母星系积累越来越多的质量才最终长成现在这样的超大质量黑洞。

超大质量黑洞刚开始形成时有多小？这个问题至今仍未有答案。天文学家过去曾认为，它们的前身是由超新星形成的恒星级黑洞。在有许多恒星大小的黑洞存在的地方，这些黑洞融合在一起，形成了一个更大的黑洞，并继续吸引更多的黑洞融合。然而，天文学家现在认为，这种形式会演化得很慢，并不能及时形成最早的超大质量黑洞。已有证据表明，在宇宙诞生后仅数亿年之后，就有超大质量黑洞存在了：已知最古老的超大质量黑洞 J0313-1806，在大爆炸之后 6.7 亿年就出现了。如果要在这么短的时间内，让大量 10—100 倍太阳质量的黑洞合并在一起，形成这样超过 10 亿倍太阳质量的黑洞是不可能的。J0313-1806 至少需要10 000 倍太阳质量级别的子黑洞进行合并。

如果恒星级黑洞合并可以形成超大质量黑洞，那么一定是有什么其他过程，首先形成较大质量的初始黑洞。一种可能性是气体和银河系中心区域数千至数十万颗恒星形成了一团云，这团云的密度相当大，以至于坍缩成了一个中等大小的黑洞。通过吸引更多的恒星、云和其他的黑洞，这个黑洞就能成长为一个超大质量黑洞。

一些天文学家认为，在那些年轻的星系中心正在发生着上述事件，也正是这种事件引发了星系中恒星的诞生。众所周知，我们之所以存在都归功于太阳。如果太阳只是银河系中黑洞形成的一个副作用，那我们也可以将自身的起源归功于超大质量黑洞的形成。

　　无论超大质量黑洞形成的过程是什么样的，它都会在母星系中心造成巨大的堆积。一个超过 10 亿倍太阳质量的黑洞被压缩成一个很小的体积，它所产生的引力效应将会使光线无法离开，因此，黑洞才被称为"黑洞"。

类星体

　　尽管超大质量黑洞本身是黑暗的，但是向黑洞坠落的物体可不管这一套。如果有足够多的物质坠落，其释放的能量将会非常巨大。周围的物质受到这些能量的激发而释放出耀眼的光芒，天文学家称之为"类星体"。在黑暗时代，大多数是，或者几乎所有的新生星系中都快速地形成了类星体，大概只花了大爆炸之后数百万年，或者最多数亿年的时间。

　　第一个超大质量黑洞吸引了周围的气体、尘埃和其他较小的恒星，将它们的引力势能转化为各种辐射能量——光、X 射线、无线电波等。这些辐射能量被依然弥漫在母星系中的其他气体与尘埃所遮罩，无法直接逃逸出去，是以黑暗时代依旧保持着黑暗的状态，但随着辐射能量进一步加热类星体的母星系中的尘埃，尘埃又把能量转换为红外辐射和其他辐射再次释放。最终，这些红外辐射星系挣脱了黑暗时代的蒙蔽，被专门观测红外辐射和微波的望远镜所探测到。（红外辐射的波长在 1 微米至 1 毫米之间，微波辐射的波长在 1 毫米至 1 米之间，但二者间没有明显的分界线。由于红外辐射和微波辐射会被水蒸气所吸收，如果这些对辐射敏感的望远镜在潮湿的环境中工作，它们的性能将会非常受限。但如果它们位于高山山顶和南极洲的干燥空气中，或是直接在太空中，那么它们将会运行得很好。）

第一批恒星和黑洞自出现起便开始向母星系注入能量。这些能量除了对尘埃有加热作用外，带来的辐射压还把尘埃推向了外围。这使得星系的星际尘埃和气体云消散开来，扩散到母星系的外部区域和周围的星际空间。尘埃的帷幕随之被揭开，星系中的恒星开始向外界展现它们的存在，这就是第一批星系终结黑暗时代的开端。

来自同一星系中恒星和黑洞的能量流出后，会继续推开那些即将落入黑洞的物质。这是由于黑洞已经吞噬了太多，于是停止了"进食"。这个过程叫作"反馈"。然而，当类星体停止发光后，气体和尘埃可能已经开始回落到星系中，它们也许会加速向星系中心移动，并在接近另一个星系时落入那个星系的黑洞。在典型的星系中，这种盛宴与饥荒的交替发展成了一个循环，在这个循环周期里，它的类星体和新恒星的形成是交替进行的，约每几十亿年交替一次。但无论如何，黑暗时代已经结束了。

那些拥有超大质量黑洞的星系以各种形式揭示了自己的存在。1943 年，美国天文学家卡尔·赛弗特（Carl Seyfert，1911—1960）发现了此类星系的第一种类型，当时他还只是加利福尼亚州威尔逊山天文台的一个普通研究员。赛弗特注意到了这类星系异常明亮的核心，并且发现它们的光谱中有强烈的发射线，这些发射线来自气体，而这些气体在某些情况下，会移动得非常迅速。这意味着气体在环绕着一个超大质量的天体运行。当时，这些星系中有着相当多无法解释的奥秘，因此被赋予了一个独特的名字：塞弗特星系。后来的科学家花了数十年的时间，才逐步了解了塞弗特星系的非凡性质。

在接下来的研究发展中，射电天文学家发现一些星系会发射无线电波。第一个有记录的射电星系出现在格罗特·雷伯（Grote Reber，1911—2002）1939 年绘制的天空射电图上（见 P.135）。在图上，人们将这个射电星系与天鹅座的星系结构混淆了，所以一开始它并没有被看作是一个独特的星系。1946 年，英国物理学家 J. S. 海伊（J.S.Hey）和他的同事一起，用战争剩余的雷达装备来研究这个射电源。他们将其命名为天鹅座 A，这是该星座最强的天体射电源。这个射电源非常小，以至于一些天文学家认为这是一种新的射电星。而另一些人，包括奥地利宇宙学家托马斯·戈尔德（Thomas Gold）和剑桥大学天体物理学家弗雷德·霍伊尔（Fred Hoyle，1915—2001，见 P.310），则认为它不是恒星，他们认为这个天体是银河系之外的某种星系。几年之后的研究证明，后者的推论是正确的。

1951 年，剑桥大学射电天文学家弗朗西斯·格雷厄姆 - 史密斯爵士（Sir Francis Graham-Smith，1923—）精确地测量了天鹅座 A 射电源的位置，这终于使得人们可以去看看，在可见的夜空中同一个位置到底能发现什么。彼时他与加利福尼亚州的同事交流的最快方式就是航空邮件，那里有着当时最大的望远镜。1952 年 4 月，Caltech 的德裔美籍天文学家瓦尔特·巴德（Walter Baade，1893—1960，见 P.149）用位于帕洛马山的 200 英寸（1 英寸 ≈ 2.54 厘米）口径海尔望远镜拍摄了该位置的照片，他说道：

"整块天区的星系超过了 200 个，最亮的位于中心。画面显示出两个星系核心之间引力拉扯产生的潮汐畸变，我以前从未见过这样的东西。在我开车回家吃晚饭的路上，脑子里也充斥着这些内容，让我不得不停下车来继续思考。"巴德最终得出结论，天鹅座 A 是两个正在碰撞的星系。

在与一位持怀疑态度的同事鲁道夫·闵可夫斯基（Rudolph Minkowski, 1895—1926）交流他的发现时，巴德打赌，在天鹅座 A 的光谱上将会出现由碰撞产生的高能气体的发射线，赌注是一瓶威士忌。鲁道夫很快就用帕洛玛望远镜获得了天鹅座 A 的光谱，他发现上面确实有发射线，于是输掉了这场赌局。但他其实并不用赔上一瓶威士忌，因为发射线并非来自星系之间的碰撞，而是来自与一个巨大黑洞相互作用的气体，但威士忌被喝光已是不争的事实，而且他也没能拿回那个装威士忌的瓶子。

在第二次世界大战后的十年时间里，射电天文学技术飞速发展，剑桥大学射电天文学家马丁·赖尔发明了一种强大的射电干涉仪，为他赢得了 1974 年的诺贝尔物理学奖（见 P.26）。从 1953 年起，他的望远镜就被用于对天空进行射电测量，并发现了大量（数以千计的）射电源。这些射电源均匀地分布在整片天空中，因此不太可能是银河系中的某种物质。事实证明，它们都是发射无线电波的星系。1959 年，一份全面而准确的射电源目录问世：其上列出的射电源均以 3C 命名，代表这是剑桥大学发布的第三版射电源目录。

在 3C 目录中，强度排在第七位的射电源编号为 3C273。强度排在第七位也许意味着该射电源相对较近，因为假设它是一个星系，按照当时的理解，它应该很容易在拍摄天空的照片中被发现，但在同一方向上并没有明显的星系。更确切地说，我们需要更精确地定位这个射电源的位置，比赖尔的望远镜还要精确。而这一点是有可能做到的，因为我们有那么一点点幸运：月亮会时不时地从 3C273 前面经过。1962 年，英国射电天文学家西里尔·哈泽德（Cyril Hazard）用澳大利亚新建的帕克斯射电望远镜观测了一系列这样的掩星过程。他记录下了在 3C273 消失时月球的缘，以及重新出现时月球的后缘——两个轮廓相交之处，就是这个射电源的位置。有很多人注意到，射电源的位置附近有一个天体，看上去像一颗不起眼的恒星。Caltech 的美国天文学家汤姆·马修斯（Tom Matthews）是第一个确定该位置并证明这一巧合的人。射电源和普通恒星之间的相似性使这类天体的学术名称被命名为"类恒星天体"或"类星射电源"（Quasi-Stellar Radio Source）。这个名字比较拗口，所以后来被缩写为类星体（Quasar）。

　　起初，没有人能证明射电信号真的是来自那颗星。但 Caltech 的荷兰裔美籍天文学家马尔滕·施密特（Maarten Schmidt，1929—2022）为了排除这个可能，特意拍摄了该"恒星"的光谱。他的发现告诉我们，在科学中按部就班、全面而不急于下结论是多么重要。对于 200 英寸口径的望远镜来说，这颗星过于明亮了，他在第一次尝试拍摄时就曝光过度了。他没有放弃，在第二次尝试中就发现 3C273 并不是一颗普通的恒星。它的光谱中有发射线，表明存在热气体。有一些能量活动正在进行，这大概就是这颗"星"是射电源的原因。为了进一步更精确地研究，施密特试图确定发射线的属性，以便弄清楚到底发生了什么。尽管他尝试了几种不同的方法来解释，但发射线与他之前看到的任何东西都不匹配。施密特向其他世界级的专家展示了该光谱，但依然没有人可以确定它是什么。

在与哈泽德合作撰写关于 3C273 的工作中，施密特试图用图表来系统化这些发射线的波长，他突然发现其中 4 条发射线组成了一个序列，而这个序列让他想起了氢的光谱。但相较于后者，前者的波长红移了很多倍。在将同样的因子作用于光谱上的其他谱线时，他马上就识别出了这些谱线的规律。当谱线发生前所未有的大幅度红移时，这一切就说得通了。

天文学中最大的红移就是宇宙膨胀的结果。如果那就是红移的起源，那么 3C273 正在以破纪录的速度后退。施密特发现 3C273 并不是一颗恒星，而是一个遥远的星系。它看起来像一颗近处的恒星，但实际上它距离我们相当远，以前所未有的功率辐射能量。施密特通过识别 3C273 解决了一个问题，但同时又产生了另一个问题：这种能量的来源是什么？除此之外，还有一个问题有待解决。从照片上看，3C273 非常小，像恒星一样，而事实证明它确实很小。1963 年，美国天文学家哈伦·史密斯（Harlan Smith，1924—1991）和多丽特·霍夫莱特（Dorrit Hoffleit，1907—2007）通过回顾哈佛大学天文台的天空照片档案，发现以年为粒度来看，与 3C273 重合的"恒星"的变化非常明显。这意味着它的直径大小最多是光年级别，而正常星系的直径大小则是数万光年。

出乎意料的明亮，难以置信的遥远，不可思议的渺小。尽管离谱，但所有这一切只能有一个解释：那就是类星体其实是超大质量黑洞。超大质量这个形容其实并不夸张，星系中心最大的黑洞的质量可以是太阳质量的数十亿倍。

类星体之所以明亮，是因为它们的黑洞就像引擎一样，可以将落入其中的恒星和气体转化为向外辐射的光。这些向外辐射的光加热了黑洞周围的气体和尘埃。距离黑洞最近的物质位于环绕黑洞的轨道之上，这条轨道是一个圆盘，其大小与太阳系的大小相当，物质正逐渐螺旋而下落入黑洞，过程中被剧烈加热，由此释放出 X 射线：太空中的 X 射线望远镜看到的许多"恒星"实际上都是类星体。类星体释放的能量相当巨大，以至于我们可以从很远的距离观测到它们。现代针对类星体的调查有着广袤的研究空间：已经确定了的类星体数量有数十万个。2020 年，利用盖亚太空望远镜收集的数据（见 P.123—P.126）编制出来的目录列出了 160 多万个类星体。类星体地图绘制的实际上是宇宙最遥远部分的地图。强大且无处不在的类星体开启了宇宙黎明，且仍在继续掌控着宇宙。

碰撞星系

黑洞中的短暂爆发可能源自某颗恒星或某块气体云，当它过于靠近黑洞时导致了个别的偶然性事件，至于它为什么会靠近黑洞，这个问题通常都迷失在往昔的迷雾里无从考证了。当黑洞反复吸收周边物质时，也会出现更大、更频繁、持续时间更长的爆发，这些爆发可以由两个星系互相经过时，近距离地相遇而触发。

甚至可能是两个星系发生了碰撞，而在碰撞过程中不仅可以激发星系中的超大质量黑洞，还可以引发星爆。在星爆中，每一个星系都会诞生一批新的明亮的恒星。超大质量黑洞被唤醒时，明亮的恒星随之诞生：宇宙黎明正稳步走来（见 P.100）。

如第三章中所述，宇宙网是由空洞形成的，这些空洞被丝状体和星系团所包围，星系聚集于其中。如果一切都是均匀分布的，那么星系之间发生碰撞的概率就会很小，但由于宇宙网中有一些格外密集的区域，那里的星系有时就会发生碰撞。相较于星系中恒星彼此的距离，恒星自己其实是相当渺小的存在，所以恒星本身发生碰撞的概率很小，当两个星系互相穿插而过时，彼此间的恒星并没有接触，就像列队游行的乐队成员一样。但与乐队成员不同的是，恒星之间确实通过引力作用相互吸引着。随着星系碰撞的发生，星系的形状开始变得杂乱无章。有些恒星甚至会被抛离母星系，进入孤独的星系际空间中。

我们不妨做一个有趣的假设：当你生活在一颗行星上，而这颗行星所环绕的恒星位于一个碰撞的星系之中，你将会看到什么呢？由于这场碰撞将会持续数亿年，任何个体似乎都无法完整地理解整个事件。碰撞开始时，逼近的星系将在夜空中的一角隐现，与行星居民们所看到的正常银河系是分开的。银河系环绕着银河赤道展开成一个大圈，但在碰撞星系中的银河则会在夜空中扭曲回旋，在来势汹汹地入侵星系的引力作用下，被拉扯成歪歪扭扭的形状。在碰撞的中间阶段，整个天空都将繁星闪烁，掩盖住更遥远的星系。如果你所在的恒星不幸被逐出家乡星系，那么你回头看，便可看到两个星系在天空中的某个部分交会，然后逐渐远离你的视线。夜空从此暗淡无光，群星消散无踪。而你，将在星系际空间的黑暗中孤独地度过余生。

根据两个星系碰撞的情况，它们有可能会黏在一起，然后合并成一个星系。其发生方式与汽车刹车的原理有些相似。正如刹车会将汽车的动能转化为热能并让汽车停止运动一样，两个星系之间的碰撞可能会加热其中的恒星，但不是使它们直接变热，而是通过让恒星移动得更快来加热。有了额外的速度，恒星就能运行在离母星系更远的轨道上，两个星系由此实现了扩张。由于碰撞造成了恒星轨道的波动，所以这种星系的扩张并不是刀砍斧刹般整齐。恒星的震荡在星系的外缘区产生了波动效果，就像贝壳表面的纹路一般上下起伏。

星系间的碰撞是星系随时间成长的方式。哈勃太空望远镜开始着手相关的研究，了解这种成长是如何发生的。它对两三个天区进行了深度曝光，这些区域在当时既没有恒星也没有已知的星系，调查它们是为了研究哈勃太空望远镜所能看到的最微弱的星系。通常在天文学的定义中，更暗就意味着更远，而更远意味着更古老，所以哈勃太空望远镜在这些天区里能看到的星系都非常遥远，也就是回溯到了很久很久以前，离大爆炸已经非常近了。这些图像被统称为哈勃超深场（见图Ⅰ）。通过哈勃超深场人们发现，在宇宙生命的初期，星系确实比现在小，数量比现在多。照片中星系出现的时间在从黑暗时代到大爆炸后5亿年的范围内。由于当时星系的数量比现在更多，所以更容易发生碰撞，表现出的形状也更不规则，在被甩入太空的位置上会有恒星组成的尾巴和弧形结构。随着宇宙演化至今天，这些不规则星系经过合并基本上已安定下来，形成了我们现在周围看到的更大、更规则的星系。

星系之间的碰撞不光会导致星系的合并和扩张，也可能造成星系的转变，改变其外观和接下来的演化过程。如果一个小星系和一个大星系发生了碰撞，我们称其为小碰撞。50亿年前就发生过这样一次小碰撞，但对于我们而言，其中最重要的结果，就是太阳的诞生（见 P.134、P.152）。不过，小星系不会引起什么波澜，毫无意外地直接被大星系吸收了。如果是两个大星系发生的大碰撞，那带来的变化可能是天翻地覆的，整个星系的性质都会随之改变。比如，两个旋涡星系撞击后可能会变成两个椭圆星系。银河系未来就会这样，从一个旋涡星系变成一个椭圆星系的一部分。

星系大体上可以分为旋涡星系和椭圆星系两种类型。旋涡星系和银河系一样，是扁平的、带有旋臂结构的旋转系统。这是缓慢旋转的星系际氢气云解体后造成的结果。氢气云越变越小，于是越转越快，离心力将云甩成一个圆盘的形状，旋臂就诞生于其中。这个过程下来，就形成了一个旋涡星系。

要想维持旋涡星系的壮美形态，它的身边是不能存在另一个极近的旋涡星系的。想象一下，如果两个旋涡星系的自转轴之间大角度的夹角，沿着注定要碰撞的路径向对方而去，当二者靠近时，它们的旋臂便会首先被对方拖曳而出，星系随之开始变形。随后星系中的气体发生碰撞，形成一些密度超高的区域。恒星就在这些区域中诞生。由于撞击的速度很快，两个正在合并的星系会变得十分明亮，伴随恒星的诞生，耗尽其中所有的气体。随着时间的推移，两个星系合二为一，其间诞生的恒星杂乱无章。它们没有特定的行进方向，所以合并后的星系也不知道该朝着哪个方向旋转。它失去了一切旋涡星系该有的特征，发展成为一个椭圆星系，即星系的第二种类型。这里的椭圆指的是星系在二维平面上的外观。星系本身其实是一个三维的、类似球体的形状。它也许是一个球体，但更有可能是个椭球体：像橄榄球（长椭球形）或两极平坦的地球（扁椭球形）一样。它的形状也有可能更奇怪，并且根本就没有旋转对称性——像一个三轴椭球。

如果星系本身存在于一个较拥挤的区域中，那么就更有可能发生碰撞。在这些区域形成的旋涡星系很可能已经发生了碰撞并产生了形变，所以如今在星系团中，椭圆星系是更常见的。星系团的外部区域和宇宙网的丝状结构没有那么拥挤，因此在这些空间区域中，更容易看到旋涡星系。

碰撞也许是星系成长和演化的主要途径，但就我们目前所知的情况而言，它并不能解释所有星系的存在。星系团的中心部分也有一些异常巨大的椭圆星系，这些星系的存在很难用合并来解释。NASA 的斯皮策太空望远镜和智利的阿塔卡马大型毫米/亚毫米波阵（ALMA）望远镜（见 P.216）曾观测到藏匿于黑暗时代的星系，星系团中心的这些椭圆星系也许与它们有关。斯皮策太空望远镜发现了一系列暗淡的星系，这些星系在 100 亿光年之外，即使用哈勃太空望远镜望向最深处也无法观测得到，而 ALMA 望远镜则可以对其中的一半进行更为详细的研究。经 ALMA 望远镜观测结果证实，这些星系的质量巨大，且正在形成恒星，它们产生恒星的效率是银河系的一百倍。这些星系是 100 亿年前宇宙中占多数的大质量星系的代表，而那些大质量星系大部分至今仍未被发现。它们的数量出乎意料地丰富，远远超过了理论模拟的预测。

这些星系在宇宙形成的最初十亿年就出现了。至今，人们依然无法解释这么大的星系究竟是如何迅速形成的。

星爆和类星体爆发

星系之间的碰撞能让星系变得更亮，这个过程让宇宙从黑暗时代走向宇宙黎明。

在星系合并的过程中，恒星因个头太小且分隔较远，从而避免了彼此间的碰撞，但星际气体云很大，它们就会发生碰撞。当星际气体云碰撞时，位于碰撞接触区域的气体会被挤压，在一些特别致密的地区，云中的气体发生坍塌继而形成恒星。如果我们能拍到两个星系碰撞的照片，将会看到那些新生的恒星是以星团的形式出现的，明亮、炽热，发出蓝色的光芒，周围的气体被紫外线激发，闪烁着耀眼的光辉，就像是一团星云。这样的情形我们称之为星爆（见图Ⅵ）。纵览一个星系中的所有恒星，天文学家就可以确定每一次星爆发生的时间段，而每一次的星爆都是由一系列碰撞引发的。这些活跃的星爆事件，为我们描绘出了星系及其恒星的生命历程。

每一次星爆后不久，也许就是数万年到数百万年的时间，这些新生恒星开始爆发成为超新星，于是就会有一波突如其来的超新星爆发。其间诞生的超新星会比平时多出一百倍。星系中超新星爆发的频次一般为每世纪一次，而此时将暴增至每年一次。

作为超新星爆炸源的恒星，在它们的演化过程中充分成长，已经经过了从氢到氦的燃烧过程。它们将氦燃烧成碳，碳燃烧成氧，氧燃烧成氖，然后再燃烧成镁、铝、硫、氩、钙和铁。爆炸将这些元素抛撒到太空中，其中一些元素凝结成了尘埃颗粒——由碳组成的石墨颗粒、由硅和氧的硅酸盐化合物组成的砂状材料以及铁颗粒等。早期碰撞的星系产生出的尘埃相当大，是因为第一批恒星的体积大、演化快，在成为超新星爆炸前已经积累了足够多的相关元素。尘埃遮蔽了剩余恒星的光和热。尘埃本身又由于吸收了光能而变得更热。这些热尘埃能够释放红外辐射，使得红外望远镜得以探测到它们的存在。除了红外辐射，波长在毫米范围内的微波辐射也能够携带尘埃这类"热物质"的热量：智利的 ALMA 望远镜刚好能探测到这种毫米波长的辐射。那些哈勃太空望远镜根本无法看到的、被不透明尘埃所遮蔽的星系，ALMA 望远镜可以探测到。

　　另一个由碰撞带来的影响，则是每个星系中的恒星和气体的运动都受到了干扰。恒星与气体不再以近圆形的轨迹环绕星系中心运行，星系失去了圆对称性。如果是一个旋涡星系，那么它可能会在星系中心演化出一个由恒星组成的"棒"，其旋臂从棒的两端延伸而出（见 P.127）。单个恒星和气体流被重新引导回环绕星系的轨道上，它们不仅绕着星系转，还可以从星系中穿过。而这就提高了它们经过星系中心超大质量黑洞附近的概率。恒星面向黑洞的一侧受到的引力大于另一侧，这是一种潮汐力（见 P.139）。在潮汐力的影响下，这颗恒星可能会被撕裂，物质将重新汇入星际气体流，流向黑洞。

　　黑洞并不在意它们具体需要"吃"什么才能形成类星体。坦桑尼亚塞伦盖蒂公园里的狮子和鳄鱼，它们等待牛羚、黑斑羚和斑马的年度大迁徙时，会囫囵吞下任何东西，黑洞也如此，它们什么都吃，虽然一般都是气体和尘埃，但是被抻长撕裂，"意大利面化"的恒星也是很美味的。当这样一颗恒星坠入星系中心的黑洞，在一种被称为吸积的过程中，恒星的质量相较于平常会更多地流向类星体。通常，物质流的流量可能会很大，导致黑洞无法一下子都将其吞噬进去，所以恒星撕裂后产生的物质会环绕黑洞运行，形成吸积盘，一点一点地把物质"泄漏"到黑洞之中。流向黑洞的物质流的增多，使得类星体的亮度也增加了。但类星体的这种变亮是偶发性的，因为只有在超大块的物质落入吸积盘，继而进入黑洞时亮度增加才会发生，这时会有短暂的爆发，同时还整体伴随着长时间的能量输出的增加。这些效应体现在我们眼中就是一个明亮闪耀的类星体。

几乎所有的星系都有一个位于中心的超大质量黑洞。如果是两个星系合并，那么合并的星系就会有两个黑洞。像 NGC 6240 这样的星系就有一个双核心，是来自双黑洞的辐射能量亮点，其中每一个黑洞都在吸引它周边的物质。超大质量黑洞们都在各自吞噬着气体和恒星。

在与恒星以及其他黑洞的相互作用下，黑洞也逐渐在互相靠近，在极近的距离下共同吸噬周边物质，直至吞噬掉彼此。这两个黑洞相互吸引和环绕，形成一对双黑洞，搅动并消耗着附近徘徊于附近的气体和恒星。当双黑洞沿轨道运行时，就会释放出引力波。双黑洞系统随之失去能量，轨道速度加快，导致引力辐射功率增强。两个黑洞由此越来越近，这个过程可以持续数千万甚至数亿年之久。类星体 OJ 287，似乎就已经演化到了这个状态。

在过去的至少 130 年时间里，它每隔 11.12 年就会发出两次闪光。其中一种解释是，OJ 287 是一对双黑洞。两个黑洞的距离很近，以至于在我们看来，它们就像是在一个更暗、更融合的星系中明亮的核。小黑洞围绕大黑洞的轨道周期是 12 年，在每一圈环绕过程中，小黑洞会两次撞进大黑洞周围的吸积盘，碰撞和短暂的吸积过程就会形成两次闪光。

两个黑洞最终将越靠越近，直至在引力波能量疯狂但无声的渐强节奏中融合到一起。经过长时间的积累后，黑洞最终合并的速度是很快的，它们会在一次短暂的爆发中释放巨大的能量。只要使用合适的引力波探测器，在宇宙的任何位置都能探测到这场爆发。与无线电天线一样，根据运行频率的范围不同，引力波探测器的大小也不同：小型天线对于短波（即高频段）更敏感。像激光干涉引力波观测站（Laser Interferometer Gravitational-Wave Observatory，LIGO，见 P.201）这样的地面引力波探测器，由于远远小于地球的尺寸，只能在不合适的频率范围内工作，以求探测合并的超大质量黑洞。太空探测器则可以做得更大（如P.306—P.308 中所描述的，太空引力波探测器 eLISA 计划建造成地月距离六倍的大小），它们将可以探测到这些事件。

超大质量黑洞的合并似乎也会产生其他形式的辐射，如 X 射线和无线电波。引力波本身几乎不与物质相互作用，它们产生的能量很少通过物质直接转化为光波和无线电波。然而，堆积在黑洞附近的物质会受到强烈扰动，它们释放出的辐射是与引力波相关的。当引力波探测器捕捉到一个合并事件时，加上其提供的方向信息，天文学家的目光将会被吸引，他们会沿着该方向追寻事件，直至找到发生合并事件的那个星系。如果这个星系已被证实拥有两个黑洞，那么定位它当然就更容易了。一种理论推测 OJ 287 最终的合并大约会发生在一万年后，所以前期准备工作的时间还很充裕。eLISA 每年可以探测 10—100 个超大质量黑洞的合并，探测距离在 120 亿光年范围内，除此之外，其中 10% 的合并被探测出是 X 射线和射电源。对于 eLISA 科学团队而言，这些探测活动为他们规划精彩的多信使天文学提供了机会（参见第十三章）。

碰撞、星爆中诞生的明亮的蓝色恒星及产生的超新星，还有类星体爆发和黑洞的合并，这些事件都释放了额外的能量。这种释放能量的量级要比正常星光释放能量的量级大得多。对于碰撞产生的合并星系的发展也有着深远的影响。

宇宙黎明

1965 年，马尔滕·施密特在发现第一个类星体后不久，便在 Caltech 做了一次相关的演讲。施密特虽然没有说类星体具体是什么，但他描述了为什么它发出的光会有巨大的红移，并由此推测出它们在宇宙中的距离相当遥远。这使得天文学家得以将类星体作为线索，借以研究它们发出的光所穿过的星系际空间。参与讲座的听众中有两名博士研究生，他们注意到施密特的数据中忽略了一些东西，因为这些东西并不存在于光谱中。这两名学生分别是吉姆·冈恩（见 P.66）和布鲁斯·彼得森（Bruce Peterson）。

冈恩和彼得森发现光谱中有大量的短波长紫外线，但没有任何被吸收的迹象。按道理来说，波长小于 1216 埃的紫外线是很容易被氢原子吸收的，而且宇宙中充满了氢。（埃是长度单位，常用来测量光、紫外线和 X 射线的波长。它得名于一位瑞典物理学家，1 埃相当于十亿分之一米）。那么，为什么我们与类星体之间的氢没有吸收紫外线呢？如果说仅仅是在光谱上呈现得不明显那也是不可能的，因为所有的短波紫外线都应该被吸收。这个分析后来被称为冈恩–彼得森效应。两名尚未获得博士学位的学生发现一项重要的科学效应，而这个效应又以他们的名字命名，这样的情况可不常见。

　　该效应的重要性在于，它向我们展示了星系际空间乃至于宇宙中最多的元素——氢目前的状态。正如冈恩和彼得森总结的那样，一个可能的解释是星系际空间中的氢并不主要以氢原子的形式存在。氢原子被电离成了组成它的电子和质子。根据推测，通常情况下，在目前的星系际气体云里，每一万个自由飘浮的质子中只有不到一个中性氢原子，每个质子都有一个相对应的、自由飘浮的电子。

　　即使在这种低密度下，中性氢原子也确实对类星体光谱产生了一些影响，且随着可用光谱质量的提高，这点细微的影响也开始变得明显起来。我们将光谱中出现的单独的谱线命名为莱曼–α（Lyman-alpha），这是来自类星体的光线经过漫长旅程到达我们这里时，其间经过的一片又一片星系际气体云打上的标记。在与气体云红移相对应的波长范围内，光谱线次第出现。来自类星体的光线像烤肉的铁签穿过肉块一样，穿过一片片星系际气体云。遥远的类星体中这样的谱线非常多，看起来就好像一排排树，因此被称为莱曼－α森林。它们证明星系际空间中充满了氢气云。这些云是宇宙的主要组成部分。恒星、星系和类星体之所以受到更多的关注，只是因为它们发出的光芒更为明亮，吸引人注意的声音也更加响亮。莱曼－α森林在概念上与冈恩–彼得森效应相关：当莱曼－α森林非常稠密时，就会产生冈恩–彼得森效应。

大爆炸时宇宙中的氢被电离，随着宇宙冷却，它结合成原子，这一过程耗费了几十万年。原子状态一直持续到黑暗时代。根据冈恩–彼得森效应，现如今原子已再次被分解成离子。这是什么时候发生的？用天文学的概念来表达，这个问题应该是"原子被再次电离的时代是何时？"，对此科学界至今仍没有精确的答案。就像冬日黎明的曙光一样，宇宙黎明演化得相当缓慢，最初它呈现的是被尘埃笼罩的星体那样无规则的形状，后来才演化出天文尺度上可识别的明亮的星系与类星体。

要研究这个问题，我们可以回溯黑暗时代，通过寻找更远距离类星体中的冈恩–彼得森效应来寻找答案。科学家只发现了极少数的案例。这些案例显示，再电离的过程约开始于宇宙诞生 3 亿年后，并在约 8 亿年后结束。

对于已知最远星系的数据统计也有了类似的佐证。在创作本书的时候，笔者指的最遥远的星系是 GN–z11（尽管争夺这个头衔的大有竞争者在，但它们大多缺乏坚实的证据）。GN–z11 是由哈勃太空望远镜利用其红外功能发现的。该星系要比银河系小得多，但相对于它的大小而言，该星系异常明亮，这是由于它正在以极快的速度生成恒星且恒星很亮，这些恒星之所以如此明亮，是因为它们完全是由氢和氦组成的。

因为 GN-z11 是距离我们最远的星系，所以它也是大爆炸后最先形成的星系，那时大约是宇宙诞生后 4 亿年。在接下来的几亿年中，藏匿年轻星系的尘埃云进一步消散，恒星自内部显现，宇宙黎明在几亿年后完全形成，彻底终结黑暗时代。尘埃的消散同时也揭开了最早的超大质量黑洞的面纱，它们以类星体的面目闪耀登场了。撰写本书时，已知距离最远的类星体是 2021 年 1 月发现的，被命名为 J0313-1806。我们此时见到的是它在大爆炸后 6.7 亿年的景象，那时的宇宙刚刚从黑暗时代进入宇宙黎明。

在再电离时期，很可能可以直接观测到星系际空间中中性氢的出现和消失。中性氢在 21 厘米波长处具有特征清晰的谱线，相当于 1420 兆周 / 秒的频率，也就是 1420 兆赫兹。当我们用射电望远镜回顾宇宙遥远的过去时，必须调谐到更长的波长，也就是更低的频率才能检测到这条光谱线。亚利桑那州立大学的美国宇宙学家贾德·鲍曼（Judd Bowman）带领的"探测再电离时期全局特征实验（EDGES）"，其所使用的望远镜位于西澳大利亚默奇森射电天文台的射电安静区，这是一台小型地面射电望远镜。它注视着头顶上缓慢移过的天空。为了看到过去那个特定时间的中性氢所产生的 21 厘米波长的射电波，必须把它的频率调谐到 50 —100 兆赫兹（波长 3—6 米）。在最长的波长，也就是最大的红移下，它看不到来自宇宙中中性氢的信号。但当把波长朝着再电离阶段减小时，我们可以通过它看到随着宇宙冷却，中性氢的信号出现了，然后随着再电离阶段中性氢的成分消失，对应的信号也消失了。

根据 EDGES 于 2019 年底公布的初步结果，宇宙黎明的第一缕曙光发生在大爆炸后的 2.5 亿年。这个关于宇宙黎明时间的估算与其他方法略有差异，科学家还需要做更多的工作，使所有不同的方法和它们所测量出的结果相互协调，这样才能最终达成共识。

宇宙正午：宇宙最明亮的那一刻

宇宙黎明，即再电离时代，大约开始于宇宙 3 亿岁之时，在之后 6 亿年的时间内基本完成，也就是宇宙 8 亿岁左右。从那时起，宇宙的整体外观就是我们现在看到的这样：一个闪耀在电离氢云中的星系宇宙。了解宇宙黎明之后的宇宙发生了什么，就像了解一个人的成长经历——童年、青春期，接下来一段更长的时期就相当于成年阶段了。之后，宇宙变得成熟，然后步入衰老，这就是我们当前所生活的宇宙阶段。

意大利天体物理学家皮耶罗·马道（Piero Madau）在 1996 年首次成功阐明了宇宙中恒星形成的完整历史。宇宙黎明之后，恒星诞生的频率越来越频繁。宇宙中新恒星诞生的速度在大爆炸后的 35 亿年达到最大值：在这个时期的某个时间点，也就是宇宙中星系最成熟的时候，被称为"宇宙正午"。从宇宙黎明到宇宙正午，星系开始变得更大、更亮，有无数明亮的恒星和发光的星云。宇宙处于最明亮的状态，处处闪耀着光芒。

自宇宙正午时代之后，恒星诞生的频率越来越低，随着时间从正午向午后推进，每 26 亿年减半一次。随着年长的恒星逐渐消失，替代它们的恒星越来越少。星系整体上变得越来越暗。大多数明亮且年轻的蓝色恒星越来越多地死亡，曾经闪耀星系际空间并导致其主星系星云发光的光芒已经消散。它们正变成更暗的红色恒星，没有新一代的恒星来取代它们。造成这种变化的原因是反馈机制减少了恒星的形成，超大质量黑洞和超新星辐射的能量分散了星系际氢气（见 P.145—P.147），而上面这两种场景下，氢气都已经不那么丰富了，被早期的恒星耗尽了。与过去相比，现在星系"熄灭"或"饿死"的可能性提高了不少。

其结果就是星系正在变得更红、更接近死亡。目前，宇宙中的平均恒星诞生率已经下降到最大值的十分之一，而且还会进一步下降。在一亿亿年之后，将不再有恒星形成。宇宙黎明之后是宇宙正午和宇宙午后，随后是宇宙的永夜。因为研究近处的宇宙相对容易一些，所以对于宇宙现在和可能的未来状态人们十分清楚：它正在逐渐暗淡，优雅地变老，不可避免地走向黑暗与寒冷的永夜。

但当我们回头，却很难看到恒星最初形成时的细节，更难看到黑暗时代。这需要新的望远镜，比如经过优化可以记录红外辐射的詹姆斯－韦布太空望远镜（Jame Webb Space Telescope），来弄清情况并进一步解决这个问题。目前在建的一系列专业望远镜将会支持这项工作，如平方公里阵列 (SKA) 望远镜，还有一些巨大的光学望远镜，如欧洲南方天文台的超大望远镜 (ELT)，以及美国机构运营的几台稍小的望远镜。这些望远镜将研究黑暗时代，使天文学家得以观察宇宙童年时的模样。

第五章

我们的星系：诞生和吞灭

　　我们所在的银河系，为什么会变成如今这个样子？解答这个问题的过程，颇像凭借考古遗址去辨读历史。我们拥有的基本数据都是关于银河系中的恒星的，包括它们的位置分布、运动状况和年龄等，其中有些数据显得十分微妙，暗示着某些恒星并不是诞生在这个星系里的。这里与考古发现类似的是，我们可以探究宇宙中的某个区域如何通过一系列的碰撞、合并而发展——好似一支军队可能在某个时代入侵过某个地区，导致后来又有外来的平民迁居到这里，并且归化于当地的社区。

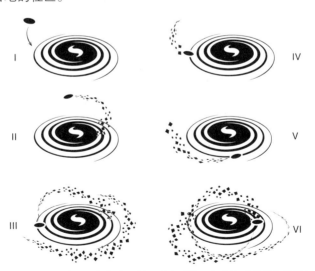

星系合并在一起，彼此逐渐变大，并且改变形状。有些星系曾经绕着银河系运行，最终与银河系合并了。它们留下的一些外来的恒星可以作为我们追溯历史时的线索。

银河系的诞生

　　银河系是太阳所在的星系。太阳和其他许多恒星一起，都是银河系的成员星。英语通常直接用"星系"（the Galaxy）一词来称呼银河系——只要把首字母 G 大写即可。很显然，银河系非常古老，但是要想准确推断它的年龄，难度又高得令人咋舌。天文学前辈们尝试解答这个问题的思路是，追踪银河系里最古老的恒星，因为这样可以知道银河系的年龄不会小于这些恒星的年龄。但是，这种方法有一个缺陷：即使你发现了一颗很古老的恒星，你也不知道银河系内的其他地方会不会有更老的恒星，又或者这颗恒星其实只是从银河系之外闯进来的"异乡客"。不过，就算其他星系曾与银河系合并，这种事件也大都发生在星系历史的早期，所以前辈们的这个方法可以说还是颇具可信度的。可这又引出了另一个独立的问题：在发现了一颗老恒星之后，我们用来估计它年龄的各种方法都不很精确。这个问题比刚才那个更棘手。

　　在尝试确定恒星的年龄时，最容易开展详细研究的对象，是那些最亮的恒星，也就是那些我们能直接在夜空中看到的恒星。既然它们足够明亮，可知它们大都离我们不太远，与太阳处在同一片区域——换言之，它们同样在银河系的圆盘状结构之内。这个区域的恒星大部分是相对年轻的，所以天文学家费了相当大的功夫才从中找出了几颗正在途经这个区域的老恒星。从整体上说，在银河系更外围的"星系晕"即银晕中，才是一些"残余"的恒星，它们来自数十亿年前与银河系合并的星系，那些星系最后都解体了，留下了它们。所以，在银晕的区域内发现一些最古老的恒星可谓理所当然。

银晕也是球状星团大量存在的区域。与单独的恒星相比，球状星团是银河系中最具辨识度的几种天体之一：这种密集的星团含有数十万颗恒星，这些恒星可追溯至银河系历史早期的"化石"。球状星团这个称谓源于这种星团的整体形状都是球形。球状星团看起来像是微型的星系，而从某种意义上说，它们也确实是微型星系。大多数的球状星团都位于距离银河系中心相当遥远的地方，换言之，它们几乎处在星系之间的空间，却蓄积着大量的恒星。其中，有一个繁星群集的球状星团非常醒目——即使它不是离我们最近的球状星团，也肯定是从我们的位置看起来最亮的球状星团。它远在15 800光年之外，因此显得相当小，视力一般的人直接看时，会误以为它只是一颗恒星，但只要用了望远镜，就立刻可以发现并非如此。当然，也正因为这一点，它还拥有一个与普通恒星类似的名字——半人马座 Ω。

它是地球的夜空中最漂亮的球状星团，而且无论你的望远镜是大是小，都可以感受到它带来的视觉冲击。天文台那些昂贵的大型望远镜通常不允许用来做"无聊"的事情，比如纯欣赏性质的观星就不行。不过，笔者有一次在科研过程中遇到一些外部问题，当时为了完成计划，不得不先等待外部问题解决，所以就在等待期间获得了"天文旅游"的机会：用口径4米的英澳望远镜观察了半人马座 Ω 星团。我把传感器从望远镜的相机上拆了下来，坐在观测椅中，静静地看着这个星团的群星浮现在我膝盖上方的照相机焦平面上。我看着它们悬浮在太空中，仿佛正在乘坐星际飞船从它们身边飞过。地球大气的隐隐抖晃，让它们的图像也微微颤动，给人一种它们是活物的错觉。我离它们真的很近，很近。我可以很轻松地从中分辨出各种颜色的成员星，特别是那些明亮的红色巨星。这无疑是一派让人备受震撼的迷人景象。

鉴于这些成员恒星都非常老，显然可知球状星团能够持续存在很久。可是，它们依然无法永存。它拥挤的内部区域确实被其他成员星紧密地裹着，而且持续了数亿年，然而它外围的恒星赖以与之结合的引力却相对较弱，所以当星团绕着银河系运行并穿过银河系的群星时，这些外围成员就可能受到随机的扰动，从而剥离出来。诚然，半人马座 Ω 星团现在有着辉煌的外观，但其实它已经失去了不少外围的恒星。在过去，它曾经更加壮丽，就像被大利拉剪掉头发之前的参孙一样[①]。

从半人马座 Ω 星团流失出来的一些恒星已经与银河系原有的恒星混合在了一起，其中有 309 颗恒星进入一条名为 Fimbulthul 的星流（这个名字与北欧神话中混沌初开时宇宙中的 11 条河流之一同名，意近"至尊"）中。这道弧形的星流在夜空中跨越 18 度以上，距离银河系的中心最近处 5000 光年，最远处 21 300 光年，而这 309 颗恒星的运动路径也跟随着半人马座 Ω 星团。因此，半人马座 Ω 星团似乎本来是一个矮星系，它落入银河系之后，目前只剩下最中心、最密集的部分，而且它的成员星还在不断脱离它，进入 Fimbulthul 星流。作为一个球状星团，半人马座 Ω 星团并非

---

① 这个典故来自《旧约全书》中的神话：英雄参孙有非比常人的神力，但他的头发一旦被剪掉就会失去这种神力，不过无人知道这个秘密。后来他爱上了大利拉，而大利拉却被敌人暗中收买，在与他聊天时套取了这个秘密。被剪掉头发的参孙没了神力，遭敌人俘虏，受尽折磨，双目失明，无比悔恨。他在心中向神请求再使用一次神力，神应允了他，于是他抓住机会突然将敌人的大殿推倒，与殿中众多敌人同归于尽。——译者注

银河系的"原住民"，而是"外来户"。

　　要想估计球状星团的年龄，可以分析它们年迈的众多成员恒星。其中，某些成员星属于"白矮星"。大部分白矮星都是已经走完了"一生"的恒星，因此它们变得又小又暗，但是温度很高（有足够的高温才能发白光，这也是白矮星一词的来源）。它们不断向外释放能量，最终自身会越来越冷。这些能量不但包括光和热，也包括中微子。白矮星的降温过程是缓慢的、渐进的。笔者在一部美国西部题材的电影中看到过一种场景：当地的原住民侦察员看到即将熄灭的篝火余烬时，可以根据其温度来估计点火的人是在多久之前离开的。我认为，这种方法是切实可行的。与之类似，我们也可以通过测量白矮星的表面温度，来估计它的年龄。随便哪个球状星团，在它的整个历史中，白矮星都是逐渐出现的，所以星团的年龄不可能低于其中最老的白矮星的年龄，而最老的白矮星也就是最冷的白矮星。2004年，加拿大的天文学家哈维·里彻（Harvey Richer）利用这一思路，估算出球状星团M4的年龄为127亿年，且有 ±7亿年的误差。

　　另一种估算球状星团年龄的方法是，把理论上推算的恒星演化过程与真实的星团成员星的亮度和温度模式进行拟合。这种方法也给出了许多球状星团年龄的可能范围。这些年龄数值分布颇宽，其中最古老的星团可能已有126亿年的历史。

　　而如果要在不属于球状星团的芸芸众"星"里，找到那种非常古老的、在银河系内穿行的恒星，就有一定的难度了。不过，也有方法来做到这一点，那就是使用一种快捷的技术来大批量测量恒星的光谱，找出其中的"贫金属恒星"。贫金属意味着金属元素含量相当少，而宇宙中的金属元素是靠一代代的早期恒星慢慢积累才多起来的。近年来，借助自动化望远镜，人类已经有能力对数百万颗甚至数亿颗恒星进行快速测量。这种测量会产生海量的数据，但随着更具通用性的计算机技术的发展，就连工业大数据分析和社会大数据预测都已经变得不在话下，所以这个领域也可以筛选出一个相当简短的重点关注对象列表，列出的都是乍看上去最古老的恒星。通过更细致的后续研究，就可以证实其中哪些恒星确实特别古老。可是这个细化研究的过程比较耗时，就好比为了认出那位变成青蛙的王子，你免不了要先亲吻很多真的青蛙。以这种方式发现的最古老的恒星是 2MASS J18082002-5104378 B——这么复杂的编号说明它并不起眼，混迹在许多看起来差不多的恒星之中，但事实证明它虽然个子很小，却是罕见的"老寿星"，其诞生于 135 亿年前，属于极度缺乏金属元素的恒星。

另外，从理论上说，还有一种方法可以非常精确地测定恒星的年龄，即观察每颗恒星还剩下多少钍、铀之类的元素。钍和铀都属于放射性元素中的长寿者，它们会随着时间的推移而逐渐减少，而且减少的速率非常稳定，可以当作标尺来用。所以，只要观察恒星拥有的其他元素的量，由此推断出放射性元素本应具有的量，然后再跟实际观测到的量相比，就可以显示出此恒星度过了多长的岁月。在理想情况下，这种计算方法可以排除所有的不确定性。但可惜的是，它在应用时要面对一个实实在在的问题：我们很难从恒星的光谱中测出足以用于推算的元素，因为恒星上通常没有太多的重元素。然而，还是有两种放射性的同位素非常有用，即钍 -232 和铀 -238，因为它们的衰变时间久到与银河系的年龄相当，而且能在恒星的光谱中留下相对较强的痕迹。钍 –232 的半衰期达到 140.5 亿年，铀 –238 的半衰期也有 44.68 亿年。这门使用核物理技术来推算天文事件发生时间的学问，被称为"核宇宙年代学"（nucleocosmochronology）。将这种名字很长的方法应用在恒星 CS 31082–001 身上，可以推算出其年龄约为 125 亿年，误差 ±30 亿年；而恒星 BD+17° 3248 的年龄为 138 亿年，误差 ±40 亿年。

上述各种用于探索银河系年龄的数据都不是完全确定的，而且彼此还有难以调和之处，所以天文学家要想搞清这个课题，未来仍有很多工作要做。但目前我们至少已经确认，银河系确实非常古老，大概诞生于 130 亿年前。它诞生时，宇宙的年龄为 10 亿至 50 亿岁，距离黑暗时代的结束并不远。

银河系的形状

最初的银河系是一块气体云，最老的一批恒星就在这团云气中慢慢地凝聚成形，并且呈现出独特的旋涡状格局。想要弄清银河系的形状并非易事，因为我们就生活在银河系内部，所以无法直接看到它的整体结构。但是，这个任务并非绝对不能完成。

我们来做个类比。我家的二楼是我的书房，当我透过书房的窗户向外看时，就能看到我所住的这座城市的一小部分面貌，看到其他的房子在大地上铺展开来。据此可以推断，这座城市建在一片平坦的土地上，大家的房子也同处一个平面，并朝着各个方向水平地分布着。仅凭这样的观察，我们无法知道这座城市有多大，因为越来越远之处还会建有许多房子，但只要距离超过了一个特定的限度，远处的房子就会被比较近的房子挡住。我虽然能辨认出自己视野中最远的房子，但并不知道它离我有多远。尽管我相信这座城市一定有其边缘，边缘之外就没有房子了，但我看不到这个边缘。我还可以看到离我最近的房子跟我家的房子形成一排，以及还有一排房子与我家所在的这排房子平行。我发现，要给更远处的房屋绘制分布图是有难度的，恐怕我只能在那些远处的屋顶上找到一些烟囱，然后使用激光测距仪来测量那些烟囱的距离，再在街道地图上把它们的分布标出来，以便知道它们是如何沿着附近的各条街道排列的。而如果我把视线抬高一些，又能在地平线的上方看到一些很远处的房子，它们聚集在了一起——那是因为在那个方向上有一座山，山上有一座小镇。我也可以看到，在小镇中的某些区域，房子也是成排的。因此，我可以猜测自己所在的城市也有一些特征会与那座远处的小镇相似。既然房子是沿着街道排列的，于是我也能借助这样的观测来构建出我自己所在城市的大致地图。

　　天文学家通过观察宇宙（也即历史）为银河系绘制"地图"，并呈现恒星在银河系内的分布。他们所用的观测方式与笔者刚才说的方式很相似：一部分依靠研究银河系本身，一部分要依靠观察那些与银河系类似的星系。若是在没有人造光源干扰的地方，银河会是夜空中最明显的特征之一：它由海量的恒星聚集而成，堪称最璀璨的群星阵容。因此，对了解银河系的形状而言，第一条线索就来自简单的观察，也就是观察银河系在夜空中呈现的这条弧形光带。

克罗狄斯·托勒密（Claudius Ptolemaeus，英文 Ptolemy，约 90—168）是已知最早对银河系作出明确的科学描述之人。他是古希腊的天文学家，曾居住在埃及的亚历山大。那里有名垂青史的亚历山大图书馆，他可能是那座图书馆的管理员，而且曾经使用馆藏的资源编写了许多教科书，其中包括一本天文学著作，我们现在称之为《天文学大成》（Almagest）。这本书通过阿拉伯文的译本流传下来，在接近长达 1000 年的时间里一直是关于天文学的权威著作。托勒密在该书中写道："银河非止一圆环，且乃一天区呈牛乳之色，故亦称'奶路'。其形不尽整，其体不尽均，宽窄有变，深浅有差，疏密有异，路向曲折。"

如今我们已经知道，银河系之所以有"牛奶状"的外观，是因为它由许多恒星组成，且这些恒星太过密集，光线又微弱，仅用肉眼无法分辨开来。早在公元前 5 世纪，古希腊的哲学家德谟克利特（Democritus）就率先推测出了这一观点。而在 1609—1610 年的那个冬天，意大利天文学家伽利略·伽利雷（Galileo Galilei，1564—1642）通过望远镜证实了这一推测。1610 年，伽利略在其著作《星际信使》（Sidereus nuncius）中描写银河系时说道："实非何奇，乃无数之小星，群集成团而已。若持远镜，随兴观之，虽信马由缰，所见亦皆星海苍茫，恍如云也。"然而，关于银河系为什么呈现为环绕天球的带状，伽利略并没有给出解释。

对这个问题的科学解释，要从关于恒星分布的几何学模型入手。最早给出接近这一水准解释的是英国的文物专家威廉·斯图克利（William Stukeley，1687—1765），他不仅研究天文现象，还研究过英国著名的巨石阵。他在 1757 年的《回忆录》（Memoir）

中提出，那些离我们比较近的（也就是可以用肉眼区分出来的）恒星组成了一个有限的、圆球形的星团，外面还有一些星星组成了一条扁平的环带，像土星光环围绕土星那样，围绕着中间的星团。斯图克利认为，我们住在这个星团的中心，银河则正是那条环带，从我们的角度看去当然就成了环绕天球的光带。

关于银河系结构的现代思想，起源于托马斯·赖特（Thomas Wright，1711—1786）提出的一个模型。赖特是一位来自英格兰东北部的天文学家、数学家兼园林设计师，性格古怪。他在1750年出版的一本书中解释了宇宙的结构，他从太阳系讲起，一直拓展到恒星世界。这本书集深刻和独特于一身，其重要性已经超过了书中内容本身的价值——因为德国著名哲学家伊曼努尔·康德（Immanuel Kant，1724—1804）承认，这本书启发了自己关于银河系起源的观点，他也是由此把银河系与其他天体联系起来的人。

根据赖特的银河系模型，从银河系外部看，它像一块由恒星组成的圆板。这块圆板就是银河系的盘面，从盘面之内向外观察，可以看到许多恒星和大量的星光。在盘面之外，银河系的成员星就很稀少了，星光总量也更少。接着，他又修改了自己的模型，猜测这个盘面是由两个直径很大的"球面"交会而形成的，这两个球面上都密布着恒星。因此，离我们比较近的恒星总体上就会呈平面状分布（只要我们相信它们确实在我们附近）。他最终的猜测是，宇宙中拥挤着无数个这样布满恒星的球面系统，银河系只是其中一个。而对于我们附近的宇宙，他猜测道："不妨堪称'极宏之景'中之一局部，又便称'无垠之景'中之一小苑，亦似无甚不妥。"

我们可以不夸张地说，赖特的模型预言了现代科学对银河系的认识，即银河系是一个星系，由许多恒星组成，主体外观呈扁平的圆盘状。类似这样的星系在银河系之外还有很多，直至太空的深远处也是如此。

赖特的观点通过一份报纸上的报道启发了德国的康德。这位以 1755 年的《宇宙发展史概论》一书而举世闻名的哲学家表示：

> 有人说宇宙中的群星，就像磨盘上的谷粒一样杂散无序，但（赖特先生的）新论述让我有茅塞顿开之感，让通透的真理在我的头脑中展开了，由此我无法不拒绝前述的关于群星杂乱无章的猜测，转而坚信天上的诸垣列宿实际上是一个完整的系统……宇宙无比广大，其中各个区域都必有恒星存在，而群星在极多极密处，会组成一道耀眼的光带，这就是银河。漫漫的银河不只是有千万颗像太阳一样的恒星在发光，而且围绕着天球形成了完整的一圈，就仿佛借用工具画出来的一样。我确信，给我们带来温暖的这个太阳，一定也差不多与这个大圈同处于一个平面上。

康德在这本书的第二部分（也是最长的一部分）给出了自己的猜测——"星云假说"，解释了他的太阳系模型的诸多特征，并说明这些特征来源于一块巨大的气体云（即他所说的"星云"）的旋转。他接着提出，整个银河系形成于一块（比这大得多的）旋转着的星云。康德将这一观点与 18 世纪天文学家观察到的云雾状结构（恰好也叫星云）联系起来。最终，此类天体由法国天文学家查尔斯·梅西耶编成了目录，并于 1771 年和 1781 年分批出版（见P.72）。这些天体看起来也很像由恒星组成的巨大圆盘状结构，只不过是在更遥远的太空。

18 世纪末，英国天文学家威廉·赫歇尔（William Herschel，1738—1822）研究了银河系和星云之间的关系问题。他使用自己的 20 英尺（1 英尺 ≈ 0.3 米）望远镜（注意，20 英尺是指透镜的焦距，而不是目前惯用的镜头口径）观察各个方向的夜空，然后统计了看到的恒星数量。由此，他发展出了"恒星统计学"这一学术领域。当时他称这个过程为"恒星计测"（star gaging），这属于 18 世纪的用词习惯。他根据对数百个方向上的可见恒星数量的采样，把这次普查的结果绘成了一幅极坐标图像，呈现了各个方向上的恒星群体规模差异。此图像的纸面是垂直于银河光带的平面的，也就是说，若以银河在天球上的走向形成的那个大圆为基准的话，则这张图纸与之呈正交关系——这是一幅银河的侧视图。最终的图像，在水平方向上的长度是垂直方向上的 3—4 倍。

赫歇尔在分析自己的观测结果时，假设所有恒星的亮度基本相同，没有太大的差距，并且在太空中是均匀分布的，他还假设他的望远镜能够观察到整个恒星系统的边缘以及更远的地方。在这样一套假定之下，恒星的数量完全可以代表恒星系统延伸的限度，而这幅极坐标图像也就是银河（即当时认为的整个恒星系统）的"侧切片"了。这个银河系是扁平的，形状与赫歇尔用望远镜观察到的许多星云差不多——如今我们知道，那些星云其实是侧面对着我们的旋涡星系或椭圆星系。赫歇尔将恒星的这种分布解释为一块平板，太阳在这块板的中心线上，而夜空中的银河则是我们从平板之内向外观察的视觉效果。当然，他也注意到了图中的一个分叉——银河在天鹅座的方向，沿着其长轴裂成了两个部分。目前我们已经知道，这是因为银河系的中心平面上有尘埃云，把更远处的恒星遮蔽了的结果（见图Ⅶ），但当时赫歇尔只能将其解释为那里缺少恒星，所以那一侧的星板由此一分为二。他认为，这应该很像他所看到的星云，形状上难免有一些不规则。

1789 年，赫歇尔建成了一台更大的望远镜，即 40 英尺望远镜。使用这台新设备，他立即发现自己能看到的恒星多于 20 英尺望远镜的所见。所以很明显，他过去没有"看透"银河系的边缘。恒星的分布，看起来是朝太空的深处无限漫散的，超出了望远镜的观测能力极限，所以，他以前画的那幅分布图也不能代表银河系的截面。如果说那张图有什么价值的话，那就是推翻了他原来的一个关键假设——恒星的分布是均匀的。即便如此，赫歇尔画的那幅图还是不断被人复制并传播至今，仿佛它就是银河系的模型，而且在许多方面足以证实赖特和康德的看法。在 18 世纪的最后几年，赫歇尔继续坚持一种定性层面的观点：银河是众多恒星的扁平分布，这与其他星云是类似的。这种宇宙模型已经广为流传。

赫歇尔在研究恒星分布的同时，为了确认我们自己所属的恒星系统的形状，也开始审视一些已知的星云，并发现了一些新的星云，还给它们分了类。他的观测方法就是像"犁地"一样用望远镜一行行扫视天空，且相邻的各行所覆盖的天区之间会略有重叠。他的望远镜建在自家的花园里，这一天，当他又坐在高高的观测位置上时，忽然注意到了目镜视野中的一个特征，所见的细节令他惊呼出声，他连忙让自己的助手（也是他的亲妹妹）卡罗琳把情况记录下来。卡罗琳的记录台位于房子一层的窗户旁边，或者窗外的草地上。她是一位负责的观测秘书，即便是阴天无法观测的夜间，甚至是白天，她也会帮助整理观测数据，编制规范化的天体目录。

赫歇尔一生共发现了 2000 多个星云，其中有许多看起来像扁平的圆盘。他推测，这样的星云有可能是其他的"银河系"。然而，银河系与星云之间到底是何种关系，在接下来的一百年里一直未有定论。直到 20 世纪初，天文学家才得出结论：所谓的星云中有许多都是位于银河系以外的其他恒星系统。这种天体最初被称为宇宙岛（也译"岛宇宙"），后来因为与银河系做了类比，而改称为星系。随着摄影技术的发展及其在天文学领域的广泛应用，典型的星系已经有了更明确的界定，即由恒星组成的、扁平状的、会自转的圆盘状结构。这些星系的中心有一个隆起的核心区，由众多年老的红色恒星组成，外围的恒星则排列成旋涡结构的旋臂，其中不乏明亮的蓝色恒星。而这些结构又全都被包裹在一个更大的、近似球形的光晕之中。因此，要想弄清银河系的起源，就要先解释这种颇具风韵的星系外观。

银河系的诞生，始于由氢、氦和暗物质组成的大爆炸物质之中偶然发生的一次小规模积聚事件。银河系的总质量在其最初的几百万年里快速增加，许多纷乱的物质材料（包括暗物质和气体）都在不停地聚拢到这个团块上，规模越来越大。就银河系的形成过程来说，普通物质起初是和暗物质混合在一起的，但后来就逐

渐冷却了，温度相对于暗物质不断降低。这是因为，普通物质会
向外辐射能量，而暗物质没有这个性质。而这就意味着普通物质
（气体）的运动逐渐减缓，而暗物质的运动不减缓。变慢了的普通
物质逐渐收缩到物质团块的中心，而暗物质则保持在更为巨大的
晕轮结构中。银河系就拥有一个宏大的暗物质晕，它向外延伸达
20万光年甚至更远。这也是所有星系的典型特征：暗物质的分布
要比恒星和气体的分布更广。

　　与此同时，银河系还在持续地吸积新的物质。这样，它在质量
增加的同时，体积会继续缩小，因此自转速度变得更快。这种自转
的初始原因就在最初的团块中，一开始转得是很慢的，而银河系的
收缩会让其转速变快。这里的道理与花样滑冰运动员给自己的旋转
加速的技巧是一样的：她先将手臂向两侧伸展，在开始自转之后，
把手臂垂直举到头顶上方，从而让自己的平面半径明显变小——在
这种效应出现时，出于离心力的影响，可以看到她的裙摆向外张开。
与之类似，银河系中的气体也是一种裙状结构，在自转缓慢时还或
多或少呈现球形，但自转加快后就变成了圆盘状。那些给最早的一
批恒星提供材料的气体物质，仍然和暗物质一起停留在球状的银晕
之中，但后来的恒星（比如太阳）都是从中间那个扁平的、圆盘状
的气体结构中形成的。当我们在夜空下观赏银河时，看到的就是这
个扁平的圆盘状结构，它被"物质晕"笼罩着。

银河系的首次合并事件

　　在大爆炸之后的最初阶段，宇宙比现在致密得多，而星系因

为规模还都比较小，所以总数更多，相互之间的碰撞也就更为常见。较小的星系，会彼此合并成更大的星系。银河系堪称"贪吃鬼"，它是依靠吞噬其他星系逐渐长到这么大的。最早遭到银河系捕获的，是一些含有球状星团的星系，其中的球状星团在合并之后幸存了下来。这些外来的球状星团看上去多多少少跟银河系内原生的球状星团很像，但它们还是有一些特征反映出它们不是原住民，比如它们成员星的构成。在银河系的 150 个球状星团中，有四分之一是从其他星系来的移民，当然它们已经定居在银河系。

虽然外来的球状星团会因为比较致密而能在星系合并之后幸存下来，但它们那正处于形成过程之中的母星系却会被完全打乱，其中的普通恒星成员如今已与银河系内原产的恒星混合在了一起。另外，有些合并进程是时断时续的。比如天文学界所说的"室女座过密度区"（Virgo Overdensity），它是一个圆球形的矮星系的核心区，这个矮星系在 27 亿年前的一次正面碰撞中坠入银河系，并径直朝着银河系的中心冲去，然后很快从银河系的另一边穿了出去，后来又开始落回银河系。在这个过程中，它的成员星不断脱离它，进入银河系，而银河系内的许多恒星的位置也因此被打乱了。许多次这样的冲撞，让银河系的外部物质晕中出现了许多恒星，给银河系增加了一层"外围恒星"。即便如今，也依然有一些规模较小的星系正在落入银河系，把本来在其外围运行的星流和星团遗落在银河系之内。当这些小的星系一次次环绕着银河系运动时，银河系的周边也会不止一次地出现一些星流。

这些星流里的恒星都是被银河系的引力从小星系里拖拽出来的。这些外来恒星组成的残迹，有点像喷气式飞机在高空留下的凝结尾迹，标志着它原来的星系跌入更大的星系中。而且，这种残迹还有一点跟飞机尾迹很相似，那就是其中的星流可能会从它原先聚集的地方稍微漂移开来，并随着运动路径的扩散而逐渐变宽。这样的星流将在接下来的数百万年时间里被拆解掉，其中的外来恒星会由此逐渐与这里原有的恒星混杂成一窝。

一项统计研究表明，银河系自诞生以来所吞噬掉的星系中，成员星超过 1 亿颗的大约有 5 个，成员星在千万至 1 亿颗之间的大约有 15 个（这些数字仅限于有残留痕迹可供识别的吞噬事件）。除了这些"大餐"之外，银河系还吃掉了许多更小的星系。

不过，只凭现有的证据，我们还不知道银河系第一次把其他的星系合并掉是什么时候的事。这有好几方面的具体原因。往昔的银河系比现在的小，银河系的成长过程也是一个有许多星系加入的过程，它由此壮大到了今天的规模。这种合并事件影响巨大，一次次的这种事件也一次次改变着银河系的性质。此外，银河系在那未知的第一次合并之后，还发生了许多别的事情，所以其早期历史极为模糊。

以统计研究中发现的蛛丝马迹作为切入点，可以知道的最早一次此类事件发生于 90 亿至 110 亿年之前，当时有一个星系合并进入质量仅有如今四分之一的银河系。那次合并彻底改变了银河系当时的外观。至于这个已被吞没的星系的踪迹，是两组天文学家各自独立地通过盖亚太空望远镜收集的数据发现的。

盖亚太空望远镜是由 ESA 于 2013 年发射的，该机构的发射场地设在南美洲的法属圭亚那。盖亚这个称呼来自这部航天器最初名字的首字母缩写（GAIA），但后来它的设计概念在开发过程中发生了整体上的变化。虽然首字母缩写已经不再对应了，但为了体现连续性，这个叫法还是留了下来。

正如笔者提到的，这艘航天器目前可能已经进入它服役期的最后几年。在预估的共9年的生命周期内，它已经反复观测了10亿颗恒星和其他天体（比如小行星），收集了它们的位置、运动、内在性质等信息。它在发射三周后就开始从预定的位置上进行观测了，该位置距离地球150万千米，在背朝太阳的方向。在这个名叫"第二拉格朗日点"（L2）的位置上，太阳和地球的合力会让它长年保持在一条相对静止的轨道上，换言之，它与地球、太阳的相对位置是不变的。它的核心部分由非常精密的一些光学仪器组成，所以也安装了一部可以抵消温度变化的隔热屏，用来确保始终隔绝阳光。这样的整体设计，让盖亚太空望远镜成了一台性能卓越的数据收集机。

盖亚太空望远镜可以缓慢地自转，每天四次，顺便用两部望远镜分别观察夹角为106度的两个方向。望远镜拍摄的图像会被送入CCD，变成数据后记录下来。盖亚太空望远镜将106块CCD集合起来使用，总共可以提供10亿像素的精度。与之相比，超高清（UHD）电视摄像机的图像也还不到900万像素，不及盖亚太空望远镜能力限度的1%。这两部望远镜会以一部跟随另一部的方式在天空中一圈圈地扫视，在这个过程中，安放在望远镜的焦平面上的仪器会计量各颗恒星重复经过视野的时间。随着时间的推移，探测器在轨道上的运行就能让它以一排接一排的方式完成巡天，而且反复观察整个星空。盖亚太空望远镜观测时产生的数据量大得惊人。它从第二拉格朗日点用无线电把数据传回分别设在澳大利亚、西班牙、阿根廷的 ESA 地面站，虽然传输功率仅为 300 瓦，但速率可达 1000 万比特 / 秒，这个速率与英国高速光纤宽带互联网相当。盖亚太空望远镜在整个服役期间一共收集了约 100 太字节的科学数据，由此衍生的存档数据总量估计可以超过 1 拍字节，大致能与美国所有研究型图书馆的数据总量比肩。

盖亚太空望远镜一共观测了大约 10 亿颗恒星，其中每一颗都反复观测了约 80 次之多。它的轨道和方位设置，让它能以很高的精度持续进行定期监测，有效地侦测到恒星位置的微小变化。恒星的位置随着时间推移所发生的变化，可以帮我们算出它们的距离，以及它们在宇宙中运动的方式。另外，光学仪器和 CCD 还可以把这些恒星的亮度和光谱记录下来，用于分析它们在以怎样的速度靠近或远离我们。它收集的这些海量的恒星基本数据，堪称天文学家进行分析研究的绝佳资源。在它的数据首次发布后的最初几年内，每年基于这些数据而发表的天文学论文都超过了 1500篇。虽然指标数字并不能充分反映科学价值，但盖亚太空望远镜生产科学数据的能力足以和迄今为止能力最强的天文设施——哈勃太空望远镜相提并论，这足以让整个团队引以为傲。

盖亚太空望远镜得到的规模庞大的恒星数据集，使我们得以从统计学的角度去识别和检验银河系中各类恒星群的性质。银河系盘面内的恒星，运动状况不同于那些位于银晕内的恒星：前者有着环绕银河系中心的圆形轨道，后者则有着穿入和穿出银河系盘面的轨道。

2019 年，在剑桥大学，出生于俄罗斯的天文学家瓦西里·贝洛库罗夫（Vasily Belokurov）和同事从盖亚太空望远镜测得的数据中找到了一组恒星。而在反映这些恒星的组成、轨道速度、位置的图表中，众多的数据点呈现出了一种类似于香肠的总体形状。因此，贝洛库罗夫及同事就称呼这组恒星为"香肠"。根据他的说法，以及由阿根廷人阿米娜·艾米（Amina Helmi）领衔的一支以荷兰天文学家为主的团队的说法，这组恒星占据了银晕靠内的部分，它们属于一个110亿年至90亿年前与银河系相撞的星系的残留物。那个星系的大小与小麦哲伦星云相仿，当时其年龄也只有几十亿岁。

艾米及其同事给这个消失了的星系命名为"盖亚-恩克拉多斯"，这个使用神话人物名字的方案显然远比香肠富有诗意。在希腊神话中，恩克拉多斯是巨人之一，也是大地女神盖亚和天神乌拉诺斯（即天王星的名字）的后代，最后被埋在西西里岛的埃特纳山之下，也是地震现象的原因。与之相似，对这个已逝的星系的认知，是宇宙的造化加上盖亚太空望远镜所代表的智力成果的产物。这个星系与银河系目前的其他伴系相比，体量可谓巨大。如今，它也已经被"掩埋"（即被银河系吞噬，残余的恒星隐藏在了盖亚太空望远镜所收集的数据之中）。它也要对"震动"负责，只不过不是地震，而是银河系的震动。鉴于恩克拉多斯的名字已经被土卫二占用，为了避免混淆，科学家给这个名字加上了盖亚作为前缀，有点像复姓。天文学领域里由此又多了一个来自古代神话的玄奥典故，而且多达6个音节和13个字母，不过学者们觉得这并不要紧。笔者个人认为，这个名字早晚会被缩短，就像1801年发现的第一颗小行星谷神星（Ceres）那样，它最初的名字其实是"谷神费迪南迪亚"（Ceres Ferdinandea）。

旋臂的发展

银河系在经历了早期的各种合并事件的喧嚣后，才得以稳定发展，并保持了一种有序的结构。银河系盘面中的氢气，以及形成于盘面内部的恒星，共同组成了一个非常明确的、旋涡状的结构（见 P.94）。我们深居于盘面之内，所以反而很难看到这种旋涡的纹路，毕竟从一件事物的内部去观察这件事物的整体向来皆非易事。然而，实践证明，我们仍然有可能给银河系绘制一张地图，并从中看出这个星系的两条主要的旋臂：它们始自银河系的中心区域，且都向外转出了完整的一圈。而且，在它们之间，还夹着两条相对比较稀疏的旋臂。

当然，银河系旋臂的起点并不是严格的星系中心点。前述的银河系中心区域其实是棒状的，而旋臂是从这根"棒"的两端延展而出的（见图Ⅷ）。这种称为"棒旋星系"的结构在宇宙中很常见。在所有带旋臂的星系中，只有三分之一的星系旋臂起自中心点；在银河系附近的带旋臂星系中，大约有三分之二在形态上与银河系相似。而在银河系中心棒状结构的内部，恒星都是很老的，其轨道则会在银河系盘面的内外穿进穿出。

此类的星系结构为何会出现？为何不是每个有旋臂的星系都有这种中心棒状结构？答案可能涉及星系盘内的恒星与星系暗物质晕的相互作用。但是，这个问题相当复杂，天文学界也还没有对其确切原理达成共识。

　　然而，银河系中心的"星棒"一旦形成，其盘面中的气体波动就会让很多气体从这个棒的末端开始，以螺线的形状排开。沿着这些螺线，会有很多恒星被这海量的气体所吸引，而气体的浓度一旦高到了一定程度，也会有新的恒星在其中形成。新诞生的恒星是蓝色的，会发出高能的紫外光线，从而让它附近的氢原子分裂成单独的质子和电子。质子和电子一旦重新组合成氢原子，就会发出称为"氢－α"的红光。这样的氢气会组成气体云，并呈现为红色的星云，而它们的内部就是会发射紫外线的恒星。就这样，星系的旋臂被点亮了。旋臂、蓝色恒星和红色星云组成的图案既别致又漂亮。因此，在媒介传播中，带旋臂的星系彩色图片也特别受大众欢迎。

　　哈勃太空望远镜让我们得以通过不同的样本，见证那些典型的星系旋臂是如何在宇宙的大部分历史中演化的。银河系肯定也有过类似的经历。我们所看到的那些最遥远的星系，也就是大爆炸之后仅几十亿年的幼儿期宇宙中的星系，形状或多或少都有些不规则。它们含有一些明亮的、块状的恒星形成区——这一点跟带旋臂的星系类似，但它们却没有旋臂结构。这些早期的星系在接下来的大约 10 亿年时间里，逐渐发展出一种更规整的外观，中心区域出现了隆起。这说明星系自转的效果开始显现，就像水流进浴缸的排水孔时开始旋转一样。当这些星系的年龄达到 30 至 40 亿岁时，两条旋臂就逐渐清晰起来；而再过数十亿年，还会有更复杂的多旋臂结构在星系盘中最薄的部分形成，就像我们在银河系中看到的那样，此时，星系的年龄已经 90 亿岁了。

　　银河系盘面中的恒星会围绕星系中心运行，但旋臂的位置相对于星系中心是保持静止的。同时，旋臂中的恒星是自动轮替的，其原理类似于高速公路上的堵车——在造成堵车的那件事情（例如轻微的事故）处理完毕之后，这个路段还会继续拥堵一阵子。车流的减速始于事故发生，然后形成了拥堵区。事故排除后，排在最前面的汽车可以轰着油门绝尘而去，但同时仍有许多后来的车辆继续进入拥堵区。最终结果是，虽然所有经过这里的汽车都驶离了这个堵点，但是这个堵点却会持续存在一整天。同样，银河系的恒星也会在运行过程中经过旋臂，而这并不妨碍旋臂的位置保持固定。然而，旋臂中的气体会在漫长的过程中被逐渐压缩，最后变成新的恒星，所以说旋臂也会逐渐耗损，直到消失。随着年龄的增长，银河系会变得越来越"虚弱"，旋臂也会越来越细。

吸收小星系：合并与星流

直到目前，仍然有单颗的恒星或者星团，甚或小型的星系继续落入银河系。我们已经知道了大约十几条相关的星流，它们都是近期的此类活动留下的。有一片天区内因为有好几条恒星之流交会，被称为"星流场"（The Field of Streams）。其中，最大的一条星流名叫"人马座星流"（Sagittarius Stream），它是贝洛库罗夫和他的同事于 1997 年在夜空中发现的。这条薄薄的、如绸带般的星流，围绕着银河系延伸了不止一圈，看上去恍如两条星流的组合。

这条星流的成员星来自"人马座矮椭圆星系"——它并不是一个大星系，正如其名称中的矮字所示，它的规模比较小（银河系可能拥有 1000 亿颗恒星，而该星系的成员星可能只有几亿颗，还不到银河系规模的 1%）。它位于银河系的远侧（即与太阳系相对的那一侧）约 7 万光年处，从地球看去跟人马座的方向重叠。人马座是一个庞大的星座，有很多明亮的恒星，还有大量的其他恒星密集如云，位于银河系中心的隆起部分。所以，在我们的位置上看，这个矮椭圆星系的成员星跟我们之间隔着银河系的中心区，所以也就跟银河系内的众多恒星在视觉上混杂于一处。如果想将它们分辨出来，同样需要大量的工作。正因为如此，这个矮椭圆星系直到 1994 年才被剑桥大学的天文学家罗德里戈·伊巴塔（Rodrigo Ibata）、迈克·欧文（Mike Irwin）和格里·吉尔莫（Gerry Gilmore）发现。

同时，它也是离银河系第二近的星系，而且正在绕着银河系运行——这一运行情况是 1995 年由英国天体物理学家唐纳德·林登－贝尔和化学家露丝·林登－贝尔（Ruth Lynden–Bell）提出的。这个矮椭圆星系从 50 亿年前开始就被银河系吸了过来，并已经环绕银河系走了好几圈。在这个过程中，它不断地沿途丢弃自己的成员星，从而在其运行轨道上留下痕迹。其中，最后两圈半的痕迹至今仍然可见，也就是前文说到的人马座星流。

加那利天体物理研究所的天文学家托马斯·鲁伊斯·拉拉（Tomás Ruiz Lara）表示，这个矮椭圆星系已经三次穿过银河系的平面了：第一次是 50 亿年前，第二次是 20 亿年前反向穿回，第三次则是 10 亿年前。他的团队在研究盖亚太空望远镜从银河系恒星取得的数据时，发现银河系恒星的出生率在历史上共有三个激增的时期，每个都持续数亿年，而三个增速最高峰分别出现在

57 亿年前、19 亿年前和 10 亿年前。这些数字几乎与上述的矮椭圆星系三次穿越银河系的时间点完美贴合。其中,第一个高峰期正好包括了太阳诞生的时间。所以,太阳的诞生或许就缘于这个矮椭圆星系的"坠落"。

目前,这个外来的矮椭圆星系正在完成它绕银河系的最后一圈运转——它的主体正在被大麦哲伦星云打散,后者是个质量巨大的星系,正逐渐接近银河系并将首次掠过。碰巧的是,它将会从距这个矮椭圆星系相当近的地方经过,届时三个星系会相互绕转而"共舞"。但是,这种舞蹈产生的涡流也将使这个矮椭圆星系中的恒星全部离散,形成一股连续的、没有任何明显集中倾向的星流。

2006 年,贝洛库罗夫和澳大利亚天文学家丹尼尔·祖克(Daniel Zucker)的团队合作发现了"星流场"中的其他恒星流,其中包括尚未确定来自哪个星系的"孤儿星流"(Orphan Stream),以及从球状星团"帕洛玛 5"中剥离出的一串恒星,它的外观颇像半人马座 Ω 星团拖出的星流。

科学家使用 SDSS(见 P.66)的光谱数据,从"星流场"中把光谱性质类似的恒星分别挑选出来,然后根据是否在三维空间中呈弧线状排列,将它们分组。这样的分组方式可以反映出哪些恒星之间存在更紧密的联系,由此将它们与银河系中的其他恒星区别开来,从而确定它们才是这片天区中属于星流的成员。随着时间的流转,在这仅有的几条绕银河系运行的轨道上,所有的星流都会变得越来越稀散。因此,待时间足够久之后,这种辨认恒星来源的方式也会变得极度难用。

银河系的伙伴

　　夜空中有两个发光的区域，在肉眼看来就像银河的碎片，但它们实际上是大麦哲伦星云和小麦哲伦星云两个星系，也都是银河系的伴系。南半球的原始居民，比如澳大利亚的先民早就知道这两个天体的存在，但这两者首次被载入书面历史还要等到"大航海时代"的早期，当时在南半球的海洋上探险的欧洲人注意到了它们。如今能看到的最早的此类星图是意大利探险家安德里亚·科萨利（Andrea Corsali）于1516年绘制的，他是美第奇家族的"双重代理人"。在一次前往印度寻找合适商业机会的旅途中，他报告说："吾辈睹南天极上方之夜空，有星云两片，面积颇大，其光卓然，不升不降，恒绕天极，周行不断，轨迹正圆。"

　　这两个天体最后都以领导了欧洲的第一次环球航行（1519—1522）的葡萄牙船长费迪南德·麦哲伦（Ferdinand Magellan，葡萄牙文姓名为 Fernão de Magalhães e Sousa）的名字命名。麦哲伦在环球旅途的最后几个月期间，于菲律宾被杀，没有机会亲自回港讲述他们的探险故事。在麦哲伦的环球之旅中随行的意大利航海家安东尼奥·皮加费塔（Antônio Pigafetta）这样描述："天球南极不似其北极之星点满布，但可见众多小星聚集成片，观之如云两朵，颇暗且彼此相去颇近，二者间只有稍亮之星一两颗耳。"

　　大、小麦哲伦星云其实都是星系，也是银河系最大的伴系。大麦哲伦星云的直径为 14 000 光年，总质量是银河系的 1%；小麦哲伦星云的规模则不到大麦哲伦星云的一半。这两个星系分别距离地球 20 万光年和 15 万光年，还一度被认为是离银河系最近的两个星系。总之，它们的位置绝对算得上是银河系通往星系际空间的"岗哨"，而且它们也明显受到了银河系潮汐力的影响。这两个星系作为物质的来源，提供了一条环绕银河系运行的物质流，不断"饲养"银河系，其中小麦哲伦星云尤其如此。这股物质流横跨了地球上的半个天空，并且可以呈现出一道微弱的中性氢气体弧。

银河系附近已知的伴系大约有 60 个，而且其中的大多数看起来似乎从一开始就是这种角色。少量的伴系可能会在接近银河系时被后者捕获，另外一些伴系可能会因与其他的伴系合并而从我们的视野中消失。它们与银河系边缘的最大距离约 100 万光年，规模通常很小（即所谓的矮星系），其中有些伴系的直径只有几百光年甚至更小，成员恒星甚至不到 1000 颗。这些小到一定程度的伴系，假如身处银河系的边界之内，就可以改称为星团了。它们之所以被冠以星系之名，主要是因为它们在太空之中是孤立的。所以说，伴系和球状星团这两个概念之间并没有明确的分界，而是属于一个连绵的概念谱系。

这些伴系本身也是一个谜——这不是因为它们的数量太多，反倒是因为这个数字明显比理论计算的结果要少。仙女座大星系的已知伴系数量与银河系相仿，都是大约 30 个。而千禧模拟（见 P.67—P.68）表明，在像银河系、仙女座大星系这样的系统周围，应该有 500—1000 个伴系在绕其运转。这个数字大约 10 倍于实际发现的数字。看来，我们只能用暗物质的属性对这种差异进行一些解释。而关于给银河系做伴的矮星系，我们还有一个困惑：它们中有几个所含的暗物质特别多，其总量惊人。

在过去的几十亿年里，与银河系合并的星系都是规模不大的。而在不太久远的将来，似乎也不会有任何进一步的合并事件发生。因此，银河系在过去的 90 亿年里一直保持着完整的旋涡状结构，其常规状态每次受到干扰之后都会恢复。银河系将在未来 45 亿年内保持平静，然后跟一个比自己更大的星系合并，其结果将是银河系现有的形状完全被摧毁，两者合并变成一个椭圆星系，而太阳系大概率会被抛进星系际空间（参见第十二章）。太阳的诞生本身就缘于银河系与另一个星系之间的碰撞，而其生命的结束恐将取决于另一次星系碰撞。

银河系中心的超大质量黑洞吞噬了一颗恒星，正处于"大餐"后的休息阶段

掠过和并入银河系的星系所产生的扰动，对银河系中的黑洞产生了很大的影响。前者以气体和恒星为"贡品"，抛入后者的引力"胃口"之中。这个黑洞很可能是在银河系刚开始向中心坍缩时诞生的，而且从那时起，它的"食欲"就让它越来越大。它虽然被归类为超大质量黑洞，但与其他星系中的类似黑洞相比，它的大小其实算是中等，质量只有太阳的 400 万倍。早期的射电天文学研究发现，它的位置就在银河系的正中。

这个黑洞的发现，要从无线电波说起。天空中有来自天体的无线电波，发现这一事实的人是美国的无线电工程师卡尔·央斯

基（Karl Jansky，1905—1950）。他于1928—1932年在美国新泽西州的霍姆德尔为贝尔电话实验室工作，负责调查有哪些干扰源可能影响跨大西洋的电话通信。他建造了一部有矩形木框的天线，框架中张挂着导线。这部天线的底部安装有轱辘，可以在专用的轨道上运动并旋转，因此被昵称为"旋转木马"。1932年，央斯基发现了一个静止的、天然的无线电噪声信号，根据他的描述，这个源发出了非常稳定的嘶嘶声，其信号强度最大的方向与银河在天穹中的走向是相同的。

虽然由于老板的商业决策，央斯基不得不在1933年放弃天文研究，但他的这个发现吸引了另一个人进行跟进：同为无线电工程师的格罗特·雷伯也是美国人，业余时间喜欢研究天文学，还在伊利诺伊州的惠顿建造了一部圆盘形的射电望远镜，吸引了不少当地居民好奇的目光。曾经有一架轻型飞机在环绕这部射电望远镜飞行时，因引擎突发故障不得不紧急降落。这件事让当地的一些人认定，雷伯的这部设备其实是一件武器，会发射某种带有破坏性的神秘射线。

雷伯在1939—1942年利用测得的电波，绘制了无线电波段上的银河图像，成为最早完成这项测绘的人。他的图像显示，这种天然无线电噪声的强度在人马座的方向上达到了顶峰。这个无线电信号源也由此被称为"人马座A"，其中字母A表示它是该星座中第一强的信号源。不久，科学家就发现人马座A的结构不简单，它包括两个主要部分，分别称为"人马座A西部"和"人马座A东部"。其中，西部的位置正好就是银河系中恒星最为密集的天区。1959年，国际天文学联合会做出决议：以地球为基点观察银河系时，应将人马座 A 西部作为银河坐标的基准点 [①]。这个选择激发了更多的相关研究，1974 年 2 月，美国天文学家布鲁斯·巴里克（Bruce Balick）和罗伯特·布朗（Robert Brown）在人马座 A 西部的内部，发现了一个几乎呈点状的无线电信号最强区域。他们在 1974 年的《天体物理学》杂志上总结道："这处亚角秒结构有着不寻常的性质，还与星系核内部直径仅 1 秒差距的中心核区位置显著重叠。这说明，这个点状信号源与银河系的几何中心在物理上是相关的（更直接地说，它定义了银河系的中心）。"

这个特别强的信号源被命名为"人马座 A*"（星号标记也要读出来，所以这个名字读作人马座 A 星）。它的"真身"已被证明是那个银河系中心的黑洞。既然是黑洞，就注定了我们无法看到它，因为任何的光线或无线电波都会落入它的引力场，而且逃不出来。但是，紧邻黑洞周边的区域是可以观察到的，因为那里的物质呈现为一个旋转的圆盘结构。那些物质正要落入黑洞之中，就像浴缸里围绕着排水孔转动的水流。这个坠落过程会释放出能量，所以我们侦测到的无线电波和其他辐射其实都来自这个圆盘结构。围绕着这个圆盘的，则是一个由几十颗恒星组成的星团，这些恒星分布在仅约"50 光时"的距离之内 [②]，大约是太阳系大小的 10 倍。再更外边一点儿，是一个成员星达数千颗的星团，它延伸到了星系中心的几光年之外，规模与球状星团相当，但成员星之间的密近程度远远超过球状星团。同时，还有一些气体云与这些恒星交织在一起。

---

① 即银道坐标系的银经 0°。——译者注

② 即光线在 50 小时内走过的距离，对银河系来说，这个距离很小。——译者注

　　有好几个团队研究了黑洞周围这些恒星的运动状况，其中一个团队由德国天文学家赖因哈德·根策尔（Reinhard Genzel，1952—）领衔，还有一个团队来自美国洛杉矶的加州大学，带头人是安德里亚·格兹（Andrea Ghez，1965—）。在 20 多年的时间里，他们多次使用欧洲南方天文台建在智利的望远镜，以及位于美国夏威夷的凯克天文台双子望远镜，对银河系中心区域的恒星进行了成像研究，并且见证了它们围绕人马座 A* 运行的情况——其绕转速度可达 1400 千米 / 秒（504 万千米 / 时）。这样的高速度缘于人马座 A* 的强大引力，我们可以据此估计出人马座 A* 的质量约为太阳的 460 万倍。格兹和根策尔因在这个课题上的成就而荣获 2020 年的诺贝尔物理学奖。

　　可是，在这些围绕人马座 A* 运行的恒星中，有一颗恒星的轨道特别细瘦狭长，它离人马座 A* 非常近，还不到 45 个天文单位（即地球与太阳距离的 45 倍，这个长度仅略大于太阳与冥王星的距离），却不会撞上人马座 A*。这就说明，质量达太阳 460 万倍的人马座 A* 的半径一定小于 45 个天文单位。这么巨大的质量在什么情况下才能聚集在这么小的空间里呢？说得通的理由只有一个：推算显示，如果人马座 A* 是个黑洞，那么它就可以在半径仅为太阳半径 17 倍的前提下拥有这么大的质量，这样也就很容易躲在星团之内，不与哪怕最邻近的恒星轨道相交。

　　不过，围绕人马座 A* 运转的恒星已经比以前少了。有一颗已经离开该星团的恒星，它曾经是一个双星系统（即两颗恒星彼此环绕运行）中的一颗。这个双星系统曾在星团内的其他成员的摄动下，过度接近了人马座 A*，进入了危险的区域，结果被迫与后者展开了一场引力拉锯战。由于人马座 A* 的质量是上述双星系统的 100 万倍，所以结果不用猜也知道，人马座 A*"赢"了——在大约 480 万年前，这个双星系统被拆开，抛出了其中的一方，另一方变成了一颗高速恒星，它在银河系中的运动速度比一般的恒星快很多。1988 年，当时任职于美国洛斯阿拉莫斯国家实验室的天文学家杰克·希尔斯（Jack Hills，1943— ）研究出了黑洞是如何造成这种结果的，这一发现因此也被称为"希尔斯机制"。

2019 年，那颗被抛出来的恒星被辨认了出来，它在某个目录中的编号为 S5-HVS1，目前位于天球的南半部，在银河系中心的下方，已经处于整个星系的远端，距离地球 29 000 光年。它在恒星分类中属于 A 型，这意味着它的质量约为太阳的 2.4 倍，物理性质相当普通，跟其他许多恒星是一样的。我们熟悉的牛郎星、天狼星和织女星，也只是夜空中三颗性质相似的恒星而已。根据澳大利亚新南威尔士州英澳望远镜正在实施的一个调查项目显示，这颗恒星的运动速度很快，因此才与其他恒星区别开来。它正沿着银河系的径向，以 1755 千米 / 秒（631.8 万千米 / 时）的速度远离人马座 A*。相比之下，太阳环绕银河系中心运行的速度只有 225 千米 / 秒（81 万千米 / 时）。通过追踪这颗星，并反向复原它的运动轨迹，可以确认它"出发"于人马座 A* 附近；而它当年的伴星可能仍在围绕人马座 A* 运行的星群之中，也可能已经被吞噬了。

那颗被抛出来的恒星速度非常快，以至于将在 1 亿年之内离开银河系，再也不会回来。它生命的第一阶段是与另一颗恒星紧密相伴的，以双星系统的形式度过，在大约 480 万年前从中分离出来。也就是说，它的中年期是在拥挤的银河系中，以众多恒星中的普通一员的身份度过的。至于它的晚年期，注定要消耗在银河系之外那寒冷、黑暗的星系际空间之中。当它离银河系达到几百万光年之后，会在一段相对短暂的时间内演化成一颗红巨星，然后再变成一块虽然美丽但我们也无法看到的行星状星云。在经过那一段时间之后，它将安静而孤独地走向自身演化的终点。

S5-HVS1 是我们找到的第一个关于希尔斯机制发挥作用的明确案例。当初它被抛离人马座 A* 附近时，速度可能达到了8000 千米 / 秒（2880 万千米 / 时）——这几乎相当于光速的 3%，可以说它是被狠狠地踢出来的。这可以比作宇宙中的一记棒球全垒打或者板球 6 分球①。它的速度之所以降到目前的水平，是因为人马座 A* 和银河系也有引力作用，消耗掉了它原有速度中的一大部分。

当一颗恒星（或者一块云气）非常接近黑洞时，它贴近黑洞的一侧和背向黑洞的一侧可能会面临相当不同的引力环境。离黑洞较近的一侧肯定比远侧承受了更猛烈的黑洞引力，而这是一种潮汐力，也就是说，其机制与太阳和月亮引起地球上的海洋潮汐相似。假如恒星离黑洞较远，那么它自身的重力就足以让远近两侧保持一体；但如果离黑洞太近的话，恒星的近侧就会被抬离"躯体"，换言之，恒星此时会被来自黑洞的潮汐力拉伸并扭曲，外形变得像一条细绳，或者说成为气态的碎片。这个过程被戏称为"意大利面化"（spaghettification）。

---

① 在板球比赛中，打者每一次击球可能得到的最高分即是 6 分，条件是球必须直接从空中飞出边线之外，中间不得落地或被防守队员接住。——译者注

这种效应如果强烈到了极端的程度，恒星（或云气）就会被彻底粉碎，其物质碎片会穿过环绕着黑洞的物质圆盘，落入黑洞之内。物质的突然增加会激活黑洞，黑洞会因此短暂而突然地发出大量的光波、无线电波和 X 射线，这种现象在专业上被称为"潮汐瓦解事件"（Tidal Disruption Event，TDE）。最近的（也是研究得最深入的）一次此类事件被编号为 AT2019qiz，它开始于 2019年 9 月，亮度在 10 月达到最大，并在 5 个多月之后逐渐消失。这次潮汐瓦解事件发生在一个距我们 2.15 亿光年的旋涡星系中，肇因是那个星系里一个质量约为太阳 100 万倍的黑洞。

曾有一颗与太阳类似的恒星不幸与人马座 A* 亲密接触。它被扯成了碎片，一半被该黑洞吸入，另一半被搅进了周围的空间。这些物质在人马座 A* 周围形成了一道不透明的"墙"，使我们无法观察事件的最后阶段。一般来说，类似这种"物质墙"的结构，会让我们很难发现潮汐瓦解事件。由于黑洞经常会在我们看不到的情况下悄悄吞掉恒星，所以此类事件发生的频率其实明显高于我们所见。

据估计，每 5 万年左右，就会有一颗恒星落入人马座 A*，从而意大利面化，产生一次大规模发亮现象。一部分此类事件可能会在天空中形成极为耀眼的亮点，但见证这种奇观的说不定只有史前动物那困惑不解的眼神，或者远古祖先那充满敬畏的目光。

银河黑洞的一次闪光

在仅仅300年前，人马座A*就有过一次轻度的爆发。1994—2005年，由京都大学的乾达也（Tatsuya Inui）带领的日本天文学家团队收集了一系列来自X射线波段望远镜的观测结果，显示出了人马座A*附近的一团气体对这次爆发的反应状况。在这块称为"人马座B2"的气体云中，有一些区域在近12年的时间里不断变亮又变暗。人马座A*输出的X射线本身就在变化，而这些射线要花300年的时间才能到达人马座B2，所以后者的反应其实针对的是300年前的变化事件。只要测量这种以光的形式出现的"回声"的强度，就可以知道300年前人马座A*的放射强度是目前的100万倍。然而即便如此，肉眼仍无法看见人马座A*的真身。可以确认的是，人马座A*当时只是在享用一次"小吃"——被它吞噬的或许只是一颗在太空中穿行的小彗星。如果人马座A*出现一次可以从地球上看到的爆发，那它需要吞噬的物质至少要等于一颗完整的恒星。而像那样的一顿"丰盛的大餐"，很可能需要一次相当于480万年前那对双星遭遇人马座A*级别的事件。

纵观近期发生的人马座A*吞噬天体事件，规模基本都很小，只引起了无线电波段和X射线波段的轻微爆发。其中相对最大的一次，是2013年由NASA的钱德拉X射线太空望远镜观测到的，当时人马座A*的X射线发射量增加了400倍。2014年，一块被称为"G2"的气体云与其相遇，二者"擦肩而过"，引发了天文学界的极大兴奋。根据预测，这块气体云在离人马座A*足够近时，将会被后者破坏掉，虽然它本身不会直接撞进其中，但它的一部分物质会被人马座 A* 撕扯进去。不过，那一次人马座 A* 最终依然没有亮起。或许，是有一颗大质量的恒星嵌入了这块气体云，该恒星自身的引力足以帮助气体云抵消人马座 A* 的引力，使其在与人马座 A* 擦肩时保持了完整。就这样，G2 掠过了人马座 A*，但距离仍不足以引发壮观的闪光，让此事最终以天文学家的失望和扫兴收场。

如果与其他星系中的黑洞相比，人马座 A* 并不是很显眼。究其原因，首先是它的质量不够大，比一些超大质量黑洞差得远，后者随便找个例子，其质量就能比它大出 1 万倍。另一个原因是，目前尚没有太多的物质落入这个黑洞，看起来人马座 A* 似乎把自己周围的气体都清空了，只不过还有一些物质如涓涓细流般融入一个绕它运行的圆形物质盘，最终会被它吸入而已。对人马座 A* 发出的无线电波产生响应的物质，只是它周围的星团中那些离自己较近的恒星所发出的稀薄气体。而对人马座 A* 来说，这些气体根本算不上"饭"，只是"茶点零食"罢了。如果不考虑这些程度轻微的持续补充，我们就可以说：人马座 A* 在享用了最近的一次"意大利面"盛宴之后，正在休息。

第六章

祖先、兄弟姐妹和孩子：恒星与太阳

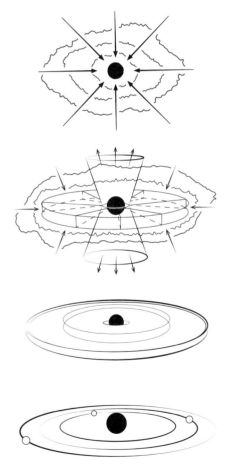

太阳并非独自从一团气体云中诞生，而是一个恒星家族的一员，所以它有兄弟姐妹。太阳也有祖先，那就是形成太阳的气体云。太阳也有孩子，也就是太阳系的行星。因此，太阳位于一个庞大的家族树中，上可以追溯到宇宙黑暗时代的恒星，下可延伸至包括地球在内的子孙后代，甚至可以说，包括我们自己。

在每个星系的气体和尘埃云中，诞生了新的恒星。恒星生命的循环将一些物质还回太空，有些则留在了扁平的圆盘中，在轨道上绕着恒星旋转。这些物质迅速聚集成行星系统。

银河系初代恒星和星团的诞生

正如银河系本身一样，其中的恒星也是在坍缩的气体云中形成的。每一个坍缩的气体云都破碎并形成了不止一颗恒星——可能只有几颗恒星，也可能多达成百上千颗恒星，它们都是同时诞生的，所以这一群恒星基本上都有相同的生日。它们最终形成了星协或者星团。

银河系中最古老的星团（球状星团除外）是 NGC 6791 和 Be 17，它们已经 100 亿岁了。星团中的恒星质量差距悬殊，最小的只有太阳质量的百分之几。通常情况下，最小质量的恒星数量最多，质量最大的恒星数量最少。就像沙滩上很少有巨石，但小石子却很多，而沙粒更是数不胜数。因此一个星团中，包含少量大质量恒星，大多数都是小质量恒星。

当星团刚刚诞生时，较大的恒星比较小的恒星更亮更热。所以，一个典型的年轻星团中有几颗明亮、炽热的蓝色恒星，和大量与太阳亮度、温度相同的白色或黄色恒星，以及更多暗而冷的橙色或红色恒星。一个年老的星团中可能含有一些明亮的红色恒星，它们是从蓝色或白色恒星演化而来的，因此那些质量最大的恒星数量并不多。

年轻星团的照片看上去像一群宝石的组合，其中有一些蓝宝石、许多白色钻石和散落的红宝石。NGC 4755 就是这样一个星团，它也被称为宝盒星团，得名于 19 世纪英国天文学家约翰·赫歇尔（John Herschel），他描述道："望远镜中的这个星团就像一件极其精美的珠宝。"该星团位于南十字座，是由法国天文学家尼古拉·路易·德拉卡耶（Nicolas Louis de Lacaille）在 1751 年发现的。它主要由蓝色恒星组成，但有一颗星呈现出显著而明亮的红色。

有时，形成恒星的气体云坍缩只是因为气体云变得稠密，在自身重力下坍缩。而有的坍缩则要由外部因素触发。例如，在两个星系的相互作用中，一个星系中的气体云可能会与另一个星系中的气体云发生碰撞，从而挤压在一起。这会同时产生很多恒星，这个星系就称为星爆（见 P.92）。这些形成恒星的触发因素可能发生于宇宙伊始，尽管那时的气体云中只含有氢、氦和暗物质（就像宇宙刚开始时一样），这足以在 130 亿至 120 亿年前在银河系中开始形成恒星。一旦一些恒星形成，它们就能够影响更多恒星的产生。

如第四章所述，最初形成的恒星只包含两种轻元素（氢和氦），它们不会过多地阻碍辐射从发生核反应的中心向外流到表面。第八章中提到，恒星因向下的重力和向上的辐射压力而保持平衡，因此初代恒星的这种力的平衡与现在的恒星有所不同。总的来说，与现在的恒星相比，初代恒星的质量更大，产生的能量也更多。包裹着恒星的气体云被强烈地加热和膨胀。膨胀的气体像活塞一样被挤压到周围的气体中，在气体界面处压缩。这引发了第二代恒星的形成，同样的机制不断重复，今天仍在银河系中上演（见图IX）。

星系生态系统

由于银河系中的初代恒星质量如此之大，辐射如此之强，它们演化得很快，只消几十或几百万年就结束了生命，不像如今的恒星，典型的寿命是数十亿年。它们变成了超新星，爆炸后又回归到周围的环境中，这样便进一步为气体云添加了能量，既有辐射又包括恒星向外扩张的运动，进而促进了新一代恒星的形成。然而，这些造成更多恒星形成的事件创造了太多的恒星，以至于通过反馈过程抑制了进一步的恒星形成。

注入银河系的这些能量将星际气体向外推到银河系的晕中，导致气体沿着银河系的自转轴向上流动，这种现象称为"星系风"。对伽马射线敏感的空间望远镜已经探测到了这种从银河系中心垂直于银盘向上流动的热气体。这种向外的流动最初减少了银盘中用于形成新恒星的原材料。然而，银河系外围附近的星系际空间中的氢气也能够进入银河系，这补充了银河系中的星际物质，并开始了新的反馈循环。

这些循环过程形成了以银河系为中心的生态系统，包括子系统，如星际氢云、恒星和超新星的循环。在生态学中，生态系统是相互作用的生物及其物理环境的生物群落。推而广之，就像在这里，这个词表示复杂的网络或互相连接的系统。在天文学中，地球本身形成了一个包含其磁场的生态系统。太阳系是一个生态系统，包括太阳和延伸到冥王星之外的太阳风，还有以流星体（太阳系轨道上的碎片、破碎的行星和小行星）的形式交换着岩石物质的行星。银河系中的恒星和星云形成了气体循环的生态系统。星系这个生态系统包含由恒星、气体和星系的其他成分构成的子系统，物理环境就是星际空间。星系团更大，恒星、气体和暗物质在其中相互作用并交换能量。

除了遍布恒星之间的氢（星际介质）之外，星系之间也有气体（星系际介质）。将氢从星系际介质转移到星系中的星际介质，然后转移到恒星，然后再转移到从星系逃回星系际空间的气体的循环过程，并不是一个完美的再生循环。基本原料是大爆炸中制造的氢，它存在于银河系周围的星系际空间中，并且正在逐渐被耗尽。其中一些完全逃到太空中，到了银河系的生态系统之外。一些氢被转化为其他元素，在普通物质流动中被带走，不知流向何方。一些氢最终成为死星——中子星、白矮星和黑洞，它们仍留在母星系中。一些质量的氢转化为能量并辐射到太空中。然而，从银河系中流出的部分甚至可能是大部分的氢，还会通过银河系循环回来，可能很多次。

我们没有银河系生态系统规模的直接证据，因为很难从我们所处的位置判断生态系统的规模。然而，天文学家已经能够绘制出和银河系类似的邻居——仙女座星系的生态系统，它的半径约为 100 万光年，因此可以推测银河系的生态系统大小与其大致相同。考虑到仙女座星系距离银河系 250 万光年，两个星系的生态系统很可能是在中间相互接触的。如果两个星系再接近些，它们很可能在中间交换气体物质。这种情况在拥挤的星系团中时有发生。

地球的陆地生态系统，例如动物、树木、二氧化碳和大气中的氧气之间的关系，在银河系生态系统中的循环和子循环中运行。地球的陆地生态系统与银河系生态系统的相对大小，和病毒与地球的相对大小相同。正如人们所预料的那样，我们在银河系运行中的作用是完全微不足道的！

银河系人口老龄化

像人类的数量不断增加一样，银河系中恒星的数量也是逐渐增加的，而随着恒星与周围环境相互作用，恒星周围环境可显示出恒星数量逐渐变化的证据。在人类历史上，人类数量的变化时断时续。人类为了自己的利益而改变了环境，逐渐优化了环境，使之为人类服务：于是人口数量增加了。人类还过度开发了他们的环境并造成了多次饥荒：人类的数量又减少了。因此，人口的规模在总体上增加的趋势之上循环往复。同样，在银河系的历史中，随着时间的推移，恒星变老、死亡，银河系的恒星越来越多，引发了新恒星形成的浪潮。此外，由于与其他星系（例如人马座矮椭圆星系）的连续相遇而引发了爆发式增长，即星爆（见P.96）。

恒星慢慢地移动着星际气体，将它们收集到自己的身体里，并最终在死亡时将其封存在自己的遗骸中，这已经耗尽了星际气体。留在银河系空间中的气体的化学成分已经变得不同，已被恒星的核反应和超新星等爆炸事件产生的新元素改变，变得富集或被污染（取决于你怎么看这个问题），并以各种方式，如外流或爆炸，扩散到太空中。详细来说，恒星就是个核熔炉，在核聚变过程中燃烧氢，将氢转化为更重的元素，包括氦、碳、氧、铁等。最终，每颗恒星中的核燃料都用完了，恒星宣告死亡。它们变成黑洞、中子星和白矮星，逐渐凋零。在生命的不同阶段，它们会以风的形式向外吹出，或者爆炸成某种形式的超新星或千新星，因此无论如何它们都会将部分物质送回星际空间。它们喷出的物质富含重元素，并与银河系中的星际气体混合。星际气体起初是大爆炸后的原始气体，仅由氢和氦组成，但逐渐富含新元素。在这种富集的物质中形成了新一代的恒星，并且循环往复。

在这样的循环过程中，年轻的恒星比年老的恒星拥有更多的重元素。天文学家为此使用了一种简单方便的速记法，将恒星分为两组（还有第三组：见 P.151）。恒星的族群按照它们出生的相反顺序编号。星族 I 由氢和氦组成，并明显富含较多的重元素。较老的星族 II 同样由氢和氦以及少量的重元素组成。重元素的数量足以影响恒星的外观和结构，而且不需要太多工作，我们只要通过简单的方法就可以区分这两个族群。星族的划分与银河系和其他星系的构造方式相关。在一个给定的星系中，相同星族的恒星是聚集在一起的。一个直接可见的结果是星系的颜色因地而异。在旋涡星系中，旋臂的恒星是蓝色的，而晕中的恒星是红色的。以这种方式对恒星进行分类是在 20 世纪 40—50 年代发展起来的，由德裔美籍天文学家瓦尔特·巴德提出的。

巴德出生在德国并成了一名天文学家，1931 年移居美国来到了加利福尼亚州的威尔逊山天文台。他开始办理入美籍手续，但在一次搬家的过程中弄丢了证件。他不喜欢官僚的办事程序，没有重新办理新的证件。结果，当第二次世界大战开始时，他仍然是德国公民，因此被视为敌国侨民并被限制在有限的区域内活动。不过，加利福尼亚州帕萨迪纳市当局的态度比较宽容，其中就包括威尔逊山天文台。就像布雷尔兔被布雷尔狐扔到了荆棘丛里一样[①]，威尔逊山天文台正是他想去的地方。天文台的其他天文学家已被征召入伍，去远离天文学的地方执行任务了，因此巴德可以随心所欲地使用 2.5 米口径胡克望远镜。他认真对待天文学家的工作，在用望远镜观测时，他总是穿着正式的夹克和领带。如今，大多数天文学家观测时都是穿着牛仔裤和 T 恤，外面再套一件保暖的外套或帽衫，就像去乡间远足一样。

2.5 米口径胡克望远镜是 1917—1948 年间世界上最大的望远镜，巴德用它来研究不同类型星系中的恒星。加利福尼亚州海岸的战时条件还为他使用望远镜观测创造了更好的条件。1942 年 2 月，一艘日本潜艇向圣巴巴拉发射了炮弹，表明沿海城市已在海上攻击的范围内。对空袭的恐惧让人们更加警惕，因此，洛杉矶盆地对人工照明的使用进行了限制。于是天空黑暗下来，这种大气条件有利于研究遥远星系中暗淡的恒星。

通过用大型望远镜观测黑暗的天空，巴德第一次辨别出 M 31（仙女座星系）及其两个伴星 M 32 和 NGC 205。到了 1944 年，他已经发现了 M 31 旋臂中蓝色恒星和与之形成对比的伴星系及 M 31 核心中的红巨星的区别，并分别将它们称为星族 I 和星族 II。依此类推，M 31 中两种恒星的区别与银河系中两种恒星的区别类似，因为银河系也是一个旋涡星系。

---

① 源自美国文学作品 Brer Fox, Brer Rabbit and the Briar Patch，狐狸为了惩罚兔子，把它扔到了荆棘丛里，但荆棘丛正是兔子出生和长大的地方。——译者注

到了1957年，巴德已经意识到这并不是一个简单的分类——从一个星族到另一个星族的恒星是连续变化的，但天文学家在做简单讨论时，仍然使用这个简单的分类办法。它与历史是一致的，根本原因与恒星诞生的先后顺序有关。早期的恒星在合并过程中被甩到银河系的晕中，但后来的恒星则在银河系的盘面中诞生。较晚形成的恒星中仍然包括明亮的蓝色恒星，而晕中的恒星已经存在了很长时间，它们变成了红巨星和白矮星（见P.190）。星族II的恒星很老，晕中发现的都是这种恒星；星族I的恒星很年轻，发现于盘面中的旋臂附近。

晕中星族II的恒星含有较少量的重元素，虽然不多，但可以推测出它们不可能是初代恒星。大爆炸后立即形成的恒星一定是完全由氢和氦组成的，因为宇宙中只有这些材料可用——它们是我们现在在星族II的恒星中看到的重元素的来源。这些恒星先于星族I和星族II存在于银河系的一个发展阶段中。这些最早的恒星被称为星族III，但从未被发现过。它们诞生于很久以前，比其他两个星族的恒星质量更大、更亮，这意味着它们可以辐射出惊人的能量，并且会更快地消耗核燃料，因此它们早已死亡。当天文学家有了可以回看黑暗时代的望远镜时，他们一直希望能找到一些星族III的恒星。

对恒星进行族群分类与我们人类息息相关。我们生活在一个由重元素组成的固态行星上，这些元素是由太阳诞生之前的恒星创造的，也是我们在生物化学中使用的元素。如果在银河系的历史中诞生得太早，太阳就不可能与地球这样的行星形成行星系统，人类也不可能进化。太阳诞生于45.5亿年前，是银河系生命周期的三分之二节点，属于星族 I。如果不是这样，我们就不会在这里讨论这个问题了。

太阳是如何诞生的？

太阳诞生于星际气体云之中。当星际气体云变得不稳定时，也就是其中将云拉到一起的内部引力大于向外的内部压力时，太阳就诞生了。这并不是无中生有，而是一个触发事件和一系列其他因素共同促成了太阳的诞生。如 P.129—P.131 所述，这个触发事件很可能是由于人马座矮椭圆星系向银河系坠落。它穿过银河系的盘面，扰乱了星际气体云，它的气体在盘面周围旋转。部分云团被压缩而变得十分致密，然后不可阻挡地坍缩，形成一个星团。

星团中的大质量恒星演化迅速。其中一颗成为超新星，并在剩余的气体云中造成进一步坍缩，最终形成了太阳。超新星在气体云附近爆炸，距离为 10 光年至 20 光年，并压缩了气体云的边界。我们之所以知道这一点，是因为超新星爆炸在陨石中留下了蛛丝马迹，阿连德陨石就是其中之一。它是由太阳系形成时保存下来的材料构成的，从而揭示了自身的历史。

阿连德陨石的收集工作主要是通过史密森学会两位科学家布莱恩·梅森（Brian Mason，1917—2009）和罗伊·克拉克（Roy Clarke，1925—2016）以及 NASA 的地质学家埃尔伯特·金（Elbert King，1935—1998）的共同努力完成的。金的工作是编写分析阿波罗登月计划宇航员从月球带回的月岩的程序，他曾在得克萨斯州休斯敦的载人航天器中心为宇航员进行过地质学培训，从那时起他已经开始研究陨石，用来作为开发合适技术的一种方法。

阿连德陨石坠落在得克萨斯州埃尔帕索以南560千米处，是墨西哥奇瓦瓦州的阿连德村的一片区域。1969年2月8日，一颗明亮的流星划破清晨的天空，当地人形容陨石坠落时发出雷鸣般的巨响，石头从天而降。这颗陨石最初有一辆轿车那么大，但在穿越地球大气层时碎成数百块，散落在一片长50千米、宽12千米，面积250平方千米的椭圆形区域中。超过2吨陨石被发现，最大的一块质量约为110千克。较大的一块落在阿连德村的邮局附近，只差10米就砸到邮局了。陨石通常以离坠落点最近的邮局命名：这就是这块陨石名字的来历。

金在他的著作《月球旅行》(Moon Trip, 1989)中，描述了他听说有陨石坠落在得克萨斯便去寻找，然而却一无所获，在这个过程中了解到原来陨石坠落到了墨西哥的阿连德。金联系了伊达尔戈–德尔帕拉尔当地的一位报纸编辑鲁本·罗沙·查韦斯(Rubén Rocha Chávez)，他向金讲述了当地人描述半夜发生明亮火流星的事情，并介绍了他办公桌上的几块陨石。金立即赶往那里，在坠落后36小时到达了阿连德。当他看到查韦斯办公桌上的两块大陨石时大吃一惊，其中一块陨石的重量超过了15千克。

金和NASA的团队以及史密森学会的科学家获得了一些阿连德陨石的碎片用于科学分析，其中许多碎片是由当地居民捡到的，其中一些人将它们保存在以前存放过食物的塑料袋中，这些被污染的标本已经失去了很多科学意义。史密森学会的科学家组织学校的孩子寻找陨石并指导他们如何做科学处理，即如何将陨石保存在未使用的冷冻袋中。孩子们的报酬是瓶装饮料。当地人在接下来的一年里继续寻找陨石，其中一些很大。小片的陨石陆续被发现，其中很多被制成了珠宝。

阿连德陨石是一种重要且稀有的陨石类型。碰巧的是，恰逢阿波罗 11 号登月准备工作接近尾声，宇航员有望带着月球岩石返回进行分析。这引起了人们对它的关注，并且随着越来越多科学家拿到了陨石样本，阿连德陨石已成为有史以来被研究最多的陨石——它的特性在 16 000 多篇科学论文中被提及或引用。

阿连德陨石包含毫米大小的球粒（见 P.160—P.162）和主要由钙和铝氧化物组成的厘米大小的不规则矿物块。经过分析，证明这些碎片有 45.68 亿年的历史，并且含有镁 –26。1977 年，这个了不起的发现促使核物理学家阿拉斯泰尔·卡梅伦（Alastair Cameron，1925—2005）和詹姆斯·特鲁兰（James Truran，1940—2022）提出了以下观点：造就这块陨石的核反应过程源于一颗超新星，正是这次超新星爆发诱发了太阳的形成，两颗恒星诞生在与人马座矮椭圆星系碰撞而坍缩的同一气体云中。这颗超新星距离太阳约 10 光年。超新星在爆炸过程中产生了铝 –26，并将其抛射到太空中。由爆炸的恒星本身形成的膨胀外壳向外猛冲，在大约 100 年内到达了一片致密的气体云处，并带来了铝 –26。这部分气体云坍缩到太阳中，剩下的物质变成了太阳系，包括地球和陨石。同时，由于放射性，铝 –26 衰变成镁 –26，半衰期为 720 000 年。从超新星爆发到陨石形成只用了不到 100 万年。这颗陨石在太阳系中旅行，在超过 45 亿年的时间里将它的历史保留得很好，直到 1969 年坠落到地球上。

太阳的旋转

　　银河系在旋转，但它不是一个刚体。银河系的中心部分比外部旋转得更快。在银河系的任何位置，气体云的一侧都会比另一侧移动得更快，这意味着气体云也在旋转。此外，当产生太阳的气体云被附近的超新星爆发推动时，不会恰好对准气体云，而是会斜擦而过。就像用手拨动地球仪一样，这会导致气体云旋转。无论如何气体云都会旋转，哪怕是以很慢的速度。

　　气体云直径可能有 10 光年大小，其中一块致密的部分称为太阳星云，直径大小约为 1 光年，最终形成了太阳。太阳星云坍缩成太阳导致它旋转得更快，这是角动量守恒的必然结果。角动量本质上是物体的质量乘以其旋转速度，这个乘积是守恒的，即物体在变化期间，角动量保持不变。因此，如果太阳星云减小，它的旋转速度就会加快。在银河系形成过程中也发生过类似的事情（见 P.120—P.121）。太阳成了一颗快速旋转的恒星，自转周期可能只有一小时左右。这与现在为期一个月左右的太阳自转周期不太一样。这就像旋转的溜冰者的裙子由于离心力而向外张开一样，一个由太阳物质构成的圆盘从太阳的赤道扩张开来。溜冰者的裙子几乎没有重量，但太阳星云的圆盘却很大，因此可以有效地使太阳星云进一步变大。按照角动量守恒原理，太阳自转速度减慢下来，直到今天的速度。

新生的太阳

靠近太阳星际云的超新星以不规则的方式挤压云中的气体——有些部分变得比其他部分更致密，一些致密区域比其他区域更重。有些部分的质量和大小刚好能够在"金斯坍缩"过程中变得不稳定，该过程以英国天体物理学家詹姆斯·金斯爵士（Sir James Jean，1877—1946）的名字命名，他在1902年描述了这种现象。云中致密部分的尺度超过阈值，该部分便会坍缩，这个阈值如今被称为金斯长度。不同质量的致密部分产生不同质量的恒星。无论何种情况，坍缩都是一个失控的过程，随着重力克服星际气体中的压力，呈指数级加速。金斯没有解决的问题同样亟须解答，就像加速下坡的滑雪者亟须解决如何停下来的问题。1961年，日本天体物理学家林忠四郎（Chushiro Hayashi，1920—2010）弄清了这一部分的太阳诞生史。

太阳诞生的母气体云中的一小块区域迅速坍缩，形成太阳共花了大约50万年时间。在这段时间里，太阳是一颗原恒星。坍缩从原恒星的中心开始，逐渐延伸到整个坍缩的气体云。原恒星的核心是首先被制造出来的。来自坍缩的气体云外部区域的物质随后进入，落在核心上，增加了它的质量。坍缩中释放的引力加热了原恒星，原恒星发出亚毫米和长波红外辐射。尘埃和气体云凝结在原恒星周围，如雨水般下落的同时产生湍流并快速移动。一些没有形成原恒星的物质逐渐在扁平的圆盘中旋转。这就是原太阳系。这个圆盘最终将成为太阳系行星的公转轨道平面。

圆盘中的物质从外边缘向内流向中央原恒星。未被原恒星吸积的物质在圆盘中碰撞，以喷流的形式向外喷出，喷射到圆盘的两极。圆盘上方可能存在残留的气态物质。如果有的话，喷流物质就会被吹入气体中并发出红外线和可见光辐射。如果能够回到过去，观察这个坍缩开始后10万年左右的原太阳和原太阳系，我们会看到一颗发射红外线的恒星，周围环绕着暗盘，喷流向外涌出，在喷流的末端不远处，有一个赫比格–阿罗天体。

赫比格–阿罗天体是美国天文学家舍伯恩·韦斯利·伯纳姆（Sherburne Wesley Burnham）最初发现的星云。该星云的重要性被两位天文学家发现，即美国人乔治·赫比格（George Herbig，1920—2013）和墨西哥人吉列尔莫·阿罗（Guillermo Haro，1913—1988），他们先是独立工作，后来合作。赫比格在8岁时就开始学习天文学，在加州大学的天文学研究结束后直接到加利福尼亚州汉密尔顿山的利克天文台工作，直到退休前才搬到了夏威夷。相比之下，阿罗是学法律出身，职业生涯最初是一名记者，直到他采访了墨西哥托南钦特拉天文台台长时才对天文学产生了兴趣。他迅速晋升，并于1950年被任命为继任台长。赫比格开始对发射红外线的恒星及与之相关的星云产生兴趣。他在1949年召开的一次学术会议上遇到了阿罗，并得知他也对同样的事情感兴趣。他们一起工作，阐明了赫比格–阿罗天体的特性，其不同寻常之处在于，它们不是被炽热的恒星激发，而是因与其他快速移动的气体碰撞而激发的。后来发现，这种气体是由附近的一颗原恒星喷发出来的。

大约50万年之后，原恒星的温度接近4000摄氏度。它吹散了周围的茧状物质，使自己可以从遥远的宇宙中被观测得到。它旋转得很快，置身于气体和尘埃环境中，一切都在快速移动。

这个阶段的太阳是一颗金牛座 T 型星，是一种变星。如今已经发现了很多星际云之中的类似恒星。英国天文学家约翰·罗素·欣德（John Russell Hind，1823—1895）发现了此类变星的原型金牛座 T。在十几岁的时候，欣德就开始了他作为一名计算员的天文学生涯，在格林尼治皇家天文台，他在令人生畏的皇家天文学家乔治·艾里（George Airy）的领导下进行艰苦的数学计算。1844 年，21 岁的欣德终于摆脱了这种苦差事，受雇于富有的酒商乔治·毕晓普（George Bishop），他在伦敦摄政公园拥有私人天文台，欣德开始寻找扰动天王星运动的行星。他的方法是将天空与黄道区域的星图进行比较，这是他在工作开始时准备好的。1846 年，德国天文学家约翰·戈特弗里德·加勒（Johann Gottfried Galle）率先发现了海王星。欣德将搜索的目标重新定位为小行星。当时，人们认为小行星与海王星一样有趣。此后，欣德发现了 11 颗小行星和一些彗星。

1852 年 10 月 11 日晚上，欣德用望远镜扫描金牛座靠近昴星团和毕星团的区域，此前他已经发现了 6 颗小行星。他注意到天空中的一颗星在他的星图上并不存在——这对欣德来说意味着他成功找到了第 7 颗小行星，一颗移到这里伪装成一颗恒星的小行星。正确的解释是它实际上是一颗恒星，一颗亮度可变的恒星。编制星图时它太暗了无法看到，但当欣德观测时它已经变得足够亮。在星座中它以字母 T 作为标识。

欣德注意到不远处有一个小星云，10 年后却消失了，金牛座 T 及其周围环境对天文学家来说变得更加富有吸引力。该星云在

19世纪90年代短暂出现又消失，在20世纪30年代之后全面回归。它被编号为NGC 1555，但更广为人知的名称是"欣德变星云"，它反射金牛座T的星光。不仅金牛座T变星使星云的亮度发生变化，在两者之间的空间中有不透明的云流，也会在星云上形成阴影。

在金牛座T和它的星云中，我们有一个关于新生太阳从气体云中开始坍缩一百万年后第一次发光的模型。恒星从不透明的包层中脱颖而出，从尘埃与气体环境中显现出来，在光学波段下变得可见。就像金牛座T一样，由于太阳大气中的剧烈活动以及移动的尘埃和气体云，太阳的亮度也会迅速变化。

在原太阳中，向下的引力逐渐被内部能量向外流动增加所引起的向上的推力所抵消。随着原太阳变得越来越热，它对辐射流变得越来越透明。它开始产生核能，进一步增加它的辐射量，因此向下的引力恰好与向外流动的辐射产生的向上的推力平衡。此时，原太阳稳定下来，变成了现在的太阳，成为一颗成熟的恒星。

从附近的超新星物质撞击引发原恒星开始坍缩，到原恒星变成太阳，大约用了100万年。在此期间，太阳星云演变成圆盘状，在中心的太阳作用下，产生能量并使星云内部变暖。

太阳星云的组成

1969年9月28日，快到11点的时候，一颗流星在澳大利亚维多利亚州的默奇森上空爆炸。它惊吓到了牧场的奶牛，并引起了那个星期天早上去教堂的人们的注意。由于事发时间特殊，有不少目击者看到了这颗流星，它碎成了陨石，散落在整个小镇上。（在太空中运行的石头称为流星体，穿过地球大气层的石头是流星，到达地面的石头是陨石。同一块石头可能在几秒钟内改变三次身份！）

10 岁的彼得·吉利克（Peter Gillick）和 11 岁的金·吉利克（Kim Gillick）兄弟正在自家后院给他们的雪貂搭笼子，这时流星在他们头顶爆炸了。爆炸引发了他们的浓厚兴趣，他们因此成了陨石猎手。一颗陨石砸穿了一个干草谷仓的屋顶：它显然是从天上掉下来的，这正是他们要找的东西。它非常独特——黑色、易碎并散发出烈酒的气味。

孩子们绘制了发现的陨石的地图。他们很快意识到，小的碎片行进的距离更短，落向地球的速度更快，而较大的碎片受空气阻力的影响较小，可以继续前进并落得更远。他们从地图中推断出更多值得搜索的区域。流星朝向一个叫作 Waranga Basin 的湖泊落去，最大的一块很可能仍在水下。在接下来的 12 个月里，孩子们在陆地上找到了很多陨石。在已经收集的 80 多千克陨石中，两个孩子找到了大约三分之一。这家人将他们发现的一些陨石捐赠给了澳大利亚的研究机构和博物馆，并将其余的大部分卖掉，赚到的钱足以支付孩子们的大学学费。

陨石碎片被及时收集并小心保存在干净的塑料袋中，因此它们没有受到污染，非常适合进行科学分析。与阿连德陨石一样，默奇森陨石也是一种碳质球粒陨石。

陨石是来自小行星的碎片，小行星是太阳系的天体，过去被称为小型行星（minor planet），这个名字准确地表达了它们的含义。与其他行星一样，小行星也是由太阳星云形成的。一些小行星是在自身引力作用下形成的大而圆的天体。像这样大的小行星，将内部放射性元素产生的热量和来自外部的小行星撞击产生的热量保留住。它的内部是熔融的，在低温下变成液态的矿物质（例如铁）渗透到中央的核心，使更多的岩石物质包裹在小行星外层的幔中。小行星"分异"或分离成了不同的区域（参见第十章）。如果这样一颗小行星破裂（因为它与另一颗小行星相撞），这些碎片是由铁或岩石构成的，具体成分取决于它们来自小行星的哪个部分。

很多陨石都如上文所述，但默奇森陨石不是。它起源于另一种小行星，一个从未变得足够大而无法变成球形的小天体。像这样的小行星内部从未熔化，因此构成它们的材料从未分异。太阳星云的物质聚集在一起，融合成固体，但从未遭受过高压或高温，尽管它可能已经达到足以改变其矿物成分的温度和压力（暴露于水中是可能改变其矿物成分的另一个因素）。小的小行星可能永远不会与其他小行星高速碰撞。然而，这么小的小行星现在可能会遇到地球并作为陨石坠落下来。这样的陨石外观是独特的——毫米大小的独立的岩石小块或球粒融合在一起。球粒陨石就是这样一种陨石：石质中融合着硅酸盐小球体。

球粒陨石还分为许多不同的种类，碳质球粒陨石，如默奇森陨石，属于富含碳和有机化合物的类型。碳化合物使陨石变黑。默奇森陨石的异味非常强烈，坠落时轨迹下方都能闻见，从陨石碎片本身也可以闻到。气味来自构成陨石的材料中的有机分子，例如氨基酸、糖和与乙醇相关的化学物质。这些有机分子可能是地球上形成生命的种子，在遥远的过去由类似的陨石带到地球上。这些分子不是由生物体产生的，但地球上的物质与它们结合并产生了类似生物的结构，再由这些结构演化出生命。

人们的想法是，这些分子最初是在太阳星云（参见第九章）中产生的——与诞生太阳的气体云成分相同。云的成分主要是大爆炸产生的氢和百分之几的氦，但它同时富含恒星爆炸时产生的碳、氧、二氧化硅和铁等元素，包括由附近的超新星制造的元素，如由铝 –26 的放射性衰变形成的镁 –26。它还包含数十亿年前垂死恒星形成的元素。随着恒星年龄的增长，它们内部的核反应会产生碳、氧、硅和钙等元素。恒星也会改变结构，这些变化将较重的元素从内部区域移动到表面。这些元素被吹到周围环境中，然后冷却并结合成分子。当太阳形成时，这些分子在太阳星云中凝结成固体颗粒以及当时正在形成的行星和太阳系中的其他物体，包括阿连德陨石和默奇森陨石。正如 P.154 所述，根据它们所含放射性元素的特性，可以确定最古老的颗粒有 45.68 亿年，这就是太阳和太阳系的年龄。

太阳前颗粒（presolar grains）是太阳形成前太阳星云中的小固体碎片，默奇森陨石是我们所知此类颗粒最丰富的来源。在阿连德陨石的一块碎片中也发现了类似的尘埃颗粒，在专业上称为富钙铝包体（CAI）。该包体被芝加哥大学的科学家命名为"好奇玛丽"，2016 年，他们在其中发现了锔元素（以居里夫人的名字命名），这个名字是双关语，是对这位著名女科学家和诺贝尔奖获得者的致敬。2020 年，圣路易斯华盛顿大学由奥尔加·普拉夫迪夫切娃（Olga Pravdivtseva）领导的科学家团队确定 CAI 在太阳系形成之前就已存在。

　　默奇森陨石和阿连德陨石中的太阳前颗粒都来自其他恒星。它们形成于一颗垂死恒星的外层，并被恒星辐射到周围环境的压力推开。它们成为星际介质的一部分，在银河系中穿行。这样，形成太阳的气体云就被尘埃污染了，这些尘埃起源于太阳形成之前存在的其他恒星。这些尘埃进入太阳星云，然后进入了行星和我们称之为陨石的行星碎片。

　　随着时间的推移，落到地球上的太阳星云尘埃已经面目全非，被地质和生物活动碾碎并重塑。它们已被重新混合到新的化学物质和新的结构中，例如山脉、树木和人。也就是说，人类身体的物质组成可以追溯到太阳星云。当然，人类身体中的物质和太阳星云之间的联系是一个复杂的关系，由很多环节组成，从人类生物学上很难得出关于太阳星云的结论。但也有来自太阳星云的天体没有经历过如此激进的过程，而且更为原始：它们就是球粒陨石，如阿连德陨石和默奇森陨石。在球粒陨石的构造中，太阳星云的尘埃被挤压成固体，但只是被轻轻地挤压，成分没有太多改变。球粒陨石是我们所拥有的最接近原始太阳系的物质。

太阳家族经历了什么？

　　太阳诞生于45.5亿年前——从那时起，它就离开了家园，与家人失去联系，并逐渐成熟。

　　现在尚不确定太阳诞生时是否是一个由多达1000颗恒星组成的致密星团的一部分，星团的直径大小约为10光年，这是一个经常被谈及的话题。无论如何，很少有恒星是孤立形成的。因此，太阳很可能曾经是一个家庭、村庄甚至城市的一部分。

事实上，太阳家族中的所有恒星都会形成一个行星系统。这些恒星最初距离很近，每颗恒星与相邻恒星的平均距离可能只有1光年，甚至可能更近。在那种情况下，一颗恒星的行星有机会进入另一颗恒星的行星系统。每颗恒星的行星系统都可能是由它自己的行星和从别处捕获的行星组成的。

太阳系可能就是这种情况。太阳系的大多数行星似乎是在与太阳形成的同一过程中形成的，尽管可能有一些小行星是外来的。其中一些小行星在外行星之间以倾斜的轨道运行：这些小行星统称为半人马型小行星。它们的成员鱼龙混杂，有一些行星的轨道已经追溯到它们诞生的时候，远远超出了太阳系最远的成员，并横跨其余行星的轨道平面。它们可能是从诞生太阳的那个星团中的另一个行星系统进入太阳系的。

虽然出生在一个紧密联系的家庭，但太阳和太阳系现在却是独立生活的。最近的恒星比邻星距离太阳4.22光年，相当于40万亿千米，太阳最近的邻居实际上非常远，而且离一颗明亮的恒星很近，即南门二，它是一颗双星。最亮是南门二A，有一颗名为南门二B的伴星。它们有"共同的高自行"，也就是说，它们在天空中移动的速度非常快，并且一起移动。这些迹象表明A和B是一个双星系统并且它们距离不远。一般来说，越近的东西看上去位置变化的速度越快。如果我们仰面躺在草地上，飞过鼻尖的蜜蜂瞬间就穿过了我们的视野，而远处的一架喷气式飞机却像是在天空中爬行。与其他恒星相比，这两颗恒星距离我们非常近，离地球"仅"4.37 光年，即 41 万亿千米。

在研究南门二的过程中，在南非工作的苏格兰天文学家罗伯特·英尼斯（Robert Innes，1861—1933）发现了一颗相当暗弱的恒星，它的运动与南门二相同，看来它是它们的旅伴，是南门二系统的一部分，事实上的确是。对英尼斯来说，这是他一生中最重要的发现，这或许可以解释为什么当时他对此过分吹嘘。

英尼斯曾在都柏林求学，其间他表现出过人的数学天赋，但作为家里 12 个孩子之一，他不得不早年辍学。后来他从事商业方面工作，但仍然最终自学成才。1890 年，他与新婚妻子搬到悉尼，成为一名成功的酒商，这意味着他可以沉迷于天文学了，尤其是双星的发现和测量以及其他数学问题。1896 年，由于商业上的成功，他获得了南非皇家天文台行政人员的职位，并承诺参与其科学工作。虽然有一些是有偿的，但他在业余时间完成的大部分工作都是无偿的。

1903 年，他被任命为约翰内斯堡新成立的联合天文台的创始台长，并开始对南半球的天空进行研究，在高自行恒星周围区域寻找类似的恒星。他的目标是寻找较近的双星和三合星，并在 1915 年发现了南门二系统中的第三颗星，即 A 和 B 的伴星，最初，简单称之为 C。英尼斯和荷兰天文学家琼·武特（Joan Voûte，1879—1963）独立测量了 C 的距离，表明 A、B 和 C 确实都是同一个三星系统的成员。A 和 B 相距较近，运行周期为 80 年。C 在一个周期为 50 万年的椭圆形轨道上围绕它们运行，并且与两者之间的距离相当大，目前是地球与太阳距离的 13 000 倍。

武特在英尼斯之前发表了他关于 C 的距离的数据。英尼斯的数据表明，C不仅靠近南门二A和B，而且比这两者都更靠近地球，因此他在武特之后赶紧发表了这一说法。他的结果并不能真正证明这一点，因为同所有数据一样，英尼斯的数据也是有误差的。虽然他的说法可能是正确的，但不确定性很大，或多或少也有可能是不正确的。在没有仔细分析数据准确性的情况下，英尼斯抓住了机会，将这颗恒星命名为Proxima[①]，并因此广受赞誉。多年来更准确的测量表明，他的猜测实际上是正确的，比邻星被公认为除太阳之外距离地球最近的恒星。

当然，"近"在天文学语境中是一个值得玩味的词。比邻星的光以299 800千米/秒的速度行进，需要4.24年才能到达我们这里。这个三合星系统正在接近我们，在27 000年后，比邻星距离地球仅仅3.0光年。同时，它将失去最近恒星的称号，因为它的轨道将把它带到南门二A和B的远侧，然后这两颗恒星将轮流成为离太阳最近的恒星，因为它们彼此绕转的周期是80年。

南门二系统还包含三颗行星（b、c和d），它们都围绕比邻星运行。比邻星b在大小和质量上与地球非常相似，但比地球更接近其母星。比邻星是一颗相当暗的恒星，但由于比邻星b离它比较近，它的温度也与地球大致相同。因此，这颗行星的表面环境与地球非常相似，这使其成为天体生物学（宇宙生命科学）研究的一个有趣目标。那里可以存在生命，甚至外星智慧吗？鉴于它离我们很近，我们可以与外星人交流吗？一个人的想象力很容易变成乐观的预测！

回到现实，南门二C是否配得上比邻星这个名字，它真的是

---

① 意为最近的星，中文名为比邻星。——译者注

离太阳最近的恒星，还是可能有更近的恒星，但尚未被发现？有时，天文学家试图通过比比邻星更近的恒星的影响来解释太阳系的某些特征。例如，1982年，芝加哥大学古生物学家杰克·塞科斯基（Jack Sepkoski）和大卫·劳普（David Raup）研究了大规模灭绝（导致许多物种同时灭绝的全球性灾难），并注意到明显的周期性，这表明某些灭绝事件是反复发生的。几乎同时也在做这项研究工作的美国物理学家阿德里安·梅洛特（Adrian Melott）和古生物学家理查德·班巴赫（Richard Bambach）将周期性确定为在过去5亿年中，每2600万年发生一次，后来修改为6000万年。

1984年，天文学家丹尼尔·惠特迈尔（Daniel Whitmire）、阿尔·杰克逊（Al Jackson），以及进行独立研究的马克·戴维斯（Marc Davis）、皮特·胡特（Piet Hut）和理查德·穆勒（Richard Muller），试图解释地球灭绝是小行星和彗星撞击地球的结果，例如6400万年前撞击墨西哥希克苏鲁伯的小行星造成了恐龙的灭绝（参见第十一章）。他们假设，撞击是由太阳系中小行星的周期性扰动导致的，这是由一颗未被发现的恒星引发的。他们进一步假设，这颗恒星处于周期性的高度椭圆轨道上。当它接近太阳时，就扰乱了太阳系，这个位置被称为近日点。如果周期为2600万年，那么目前这颗恒星的距离只有1.5光年。后来，这颗恒星被命名为涅墨西斯，即以复仇女神命名，根据电影《星球大战》的命名法，它也被普遍称为死星。

如此接近但仍未被发现，涅墨西斯一定是一颗暗淡、冰冷的褐矮星。褐矮星可发出红外辐射。天文学家已经对发射红外辐射的恒星进行过几次一般性调查，有些调查专门为了寻找复仇女神，但并没有探测到距离 1.5 光年那么近的恒星。复仇女神的存在，以及地球上史前生命史中周期性大规模灭绝事件，仍然是推测性的，甚至可能最终是错的。

因此，据我们所知，太阳是孤独的。那么，与太阳一起诞生的同伴发生了什么呢？

有时可以发现所谓的"移动星群"，其中的恒星以相同的轨道在银河系中运行。一个移动的星群开始于星团，其中的恒星已经"记住"了星团的原始轨迹。美国西华盛顿大学的天文学家玛丽娜·昆克尔（Marina Kounkel）和她的同事利用盖亚太空望远镜观测了超过 10 亿颗恒星的运动轨迹，发现银河系中有近 2000 个移动的星群，远至 3000 光年。这些恒星中约有一半排成长长的线状结构，并作为一个整体移动。

在银河系中幸存下来的移动星群是由年轻的恒星组成的，因为仅仅几百万年后，恒星就失去了与原始家族的联系。原因是，随着时间的推移，星团中的恒星会排出它们形成后的所有残余气体，并减弱将恒星束缚在其起源星团上的引力。这在很久以前就发生在太阳及其兄弟姐妹身上。在它们一生中已经绕银河系转了 20 圈，不仅失去了将它们联系在一起的气体，而且还被随机遇到的其他恒星和气体云推动。如此一来，太阳星团中的恒星就逐渐分离了。太阳的兄弟姐妹混入了银河系其他恒星中，就此失去了家庭联系，成了无名无姓的恒星。

第七章

太阳：一颗成熟的恒星

太阳是人类消耗的所有能量的来源（核能除外，它来自大爆炸或以超新星爆发结束的死去已久的恒星）。它对我们的重要性值得让其有自己的一章。除此之外，太阳是一颗非常典型的恒星，与其他恒星一样，对于宇宙历史的发展至关重要。

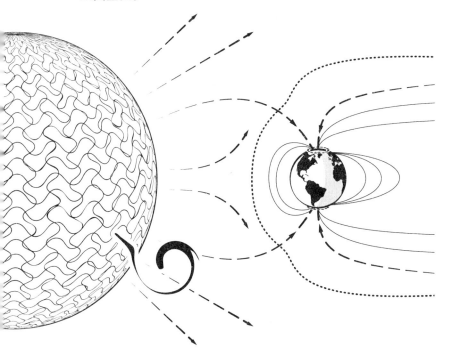

太阳及其高能粒子风支配着包括地球在内的行星周围的空间。然而，地球表面受到磁场的保护，可以免受太阳粒子的影响。

太阳能量的起源

当太阳还是一颗年轻的原恒星时，它辐射能量的来源并不唯一，例如从星际介质云中坍缩成恒星所消耗的引力能，在 19 世纪的一段时间里，天文学家认为这可能仍然是太阳能量的来源。德国物理学家赫尔曼·冯·亥姆霍兹（Hermann von Helmholtz）和加拿大天文学家西蒙·纽康（Simon Newcomb）计算出，如果上述说法正确，太阳可能已经存在了数百万年，这段时间被认为长得不可思议。然而，在 20 世纪，科学家开始意识到地球甚至比这还要古老得多，并且由于地球依赖于太阳，所以太阳一定与地球一样古老或更古老。

20 世纪关于地球年龄的结论基于法国科学家亨利·贝克勒耳（Henri Becquerel）、玛丽·居里（Marie Curie）和皮埃尔·居里（Pierre Curie）新发现的放射性科学。英国物理学家欧内斯特·卢瑟福（Ernest Rutherford）爵士开发出一种利用放射性衰变来测量岩石年龄的方法。一位年轻的美国化学家伯特伦·B. 博尔特伍德（Bertram B. Boltwood）发现一些岩石的年龄高达 10 亿至 20 亿年，而我们现在知道的岩石年龄是它的 2—4 倍。这对于太阳形成的引力能量来说太长了，是无法持续这么久的。那么，太阳何以照耀如此长的时间？

答案是由德国哥廷根大学的两位物理学家——弗里茨·豪特曼斯（Fritz Houtermans，1903—1966）和罗伯特·德斯库·阿特金森（Robert d'Escourt Atkinson，1898—1982）发现的。1927 年夏天，他们一起徒步旅行度假时，谈到了太阳能量的来源。英国天体物理学家阿特金森知道亚瑟·斯坦利·埃丁顿爵士（见 P.20）刚刚确定了太阳内部的物理条件以及如何保持其大小：它的密度和温度在太阳内部产生高压，从而抵消了将自身物质紧紧拉在一起的重力。太阳在这些向上和向下的力之间保持平衡。压力和温度的自动调节使平衡十分精确。如果太阳由于某种与自身结构无关的原因膨胀，压力和温度就会下降，它就会收缩。反之亦然，它总会导致重新恢复平衡。

压力来自两方面。构成太阳的气体自身就会产生压力，除此之外，核心产生的辐射会向上流过太阳。这两种压力都与重力相抗衡，支撑着太阳免于坍塌。

阿特金森知道，太阳内部的高密度和高温意味着有可能发生当时所谓的原子嬗变。太阳中心的原子（或者，我们现在所知的碎裂的原子核）会经常发生碰撞。如果碰撞将一些原子从一种转变为另一种，在这个过程中失去质量，就会产生当时所谓的原子能（我们现在更准确地称之为核能）。"这可能就是太阳能量的来源。"阿特金森认为。"让我们解决这个问题，好吗？"核物理学家豪特曼斯说。太阳是如何发生这件事的？两个人很快就在一张纸上解决了这个问题。豪特曼斯能够向他未来的妻子吹嘘他们两人在傍晚散步时看到的闪闪发光的星星，并告诉她："我昨天已经知道了它们为什么会发光。"对于这句话，她似乎一点儿也不为所动。也许她不相信，也可能她对这件事毫无兴趣。

这两位年轻的科学家发现了如何将轻元素融合成重元素来为太阳提供燃料的事实。在这样的反应中，4个氢核融合成1个氦核。

氦核的质量小于 4 个氢核，损失的质量转化为能量，通过爱因斯坦著名的质能等价方程 $E=mc^2$ 即可计算出来。太阳在其核心的聚变燃料消耗量巨大：每秒 6.2 亿吨氢转化为 6.16 亿吨氦。因此，每一秒，太阳都会将超过 400 万吨的物质转化为能量。太阳是如此之大，以至于它在这种损耗率下可以维持数十亿年生命。太阳作为原恒星的时间只有 50 万年。它将氢聚变成氦共需要大约 100亿年，到目前为止已经过去 45 亿年了。

太阳内部发生了什么？

中微子（核过程中释放的微小粒子）的探测以惊人的准确性证实了太阳内部发生的事情的细节，这些中微子从太阳内部开始传播，科学家可以在地球上通过使用专门建造的中微子探测器探测到。

当透过薄雾或在尘土飞扬的大气中看太阳时，我们可以看到它有一个表面。用科学术语来说，这意味着阳光来自太阳中的一个薄层——太阳在该层上方是透明的大气层，光线可以穿过该层，但在该层以下，太阳是不透明的。因此，我们无法直接观察太阳的内部。起初，只有太阳的表面特征和它的整体特性，例如它的直径和它辐射的能量，可以通过直接观测来确定，而它的内部则完全看不见。

然而，我们现在知道太阳内部发生了什么。巧妙的数学计算建立了太阳内部的理论图像，计算结果符合太阳的整体特性。对太阳内部运作的理解是现代物理学推理的伟大壮举之一。从 20 世纪 20 年代开始，天文学家通过计算了解太阳内部的物理状况，从

30 年代开始，他们知道核反应是太阳能量的来源。到了 50 年代，人们开始通过对星团的观察来了解恒星之间相互演化的方式。这些计算增强了天文学家对获取太阳内部理论知识的信心。

通过调整计算以适应我们观测到的两种辐射，这些知识得到了进一步的发展。这两种辐射，一种从太阳内部穿越而出，另一种提供了太阳内部区域的线索。它们是中微子和声音，打开了太阳内部运作方式的大门。

中微子是在太阳内部的质子–质子链反应中产生的，正是这种反应为太阳提供能量。因为太阳内部太热了，那里的氢原子分裂成自由电子和质子。由于太阳中心的密度如此之大，质子很容易相互撞击。它们中的两个可能结合在一起，其中一个通过发射中微子和称为正电子的粒子变成中子。当另一个质子黏附在这对质子上时，反应继续进行，形成一个包含一对质子和一个中子的氦核。然后两个相似的氦核发生碰撞，抛出两个质子，留下一个带有一对质子和一对中子的氦核。这条链的最终结果是 4 个质子（p）形成了一个氦核（^{4}He），释放能量、两个带正电的正电子（e^+）和两个中微子（ν_e——中微子共有三种，这是与电子相关的一种）。写成物理公式就是：

$$4p \rightarrow {}^4He + 2e^+ + 2\nu_e$$

中微子以光速逃逸，行进速度如此之快，只需 8 分钟即可到达地球。它们携带少量能量。太阳释放出的中微子数量巨大，据估算每秒穿过地球上 1 平方厘米面积的中微子约有 650 亿个，正常人的体表面积约为 1.5 平方米，则每秒约有 1000 万亿个中微子穿过人类身体。

　　虽然中微子数量巨大，但它们非常安静，很少与任何东西发生相互作用，我们对它们没有任何感觉。一个典型的中微子可以穿过一光年（10 万亿千米）的物质，而不会以任何可检测的方式与其相互作用。与直径数千千米的地球都没有发生什么反应，更不用说人类那几十厘米厚的肉身了。

　　尽管中微子具有惊人的速度和难以捉摸的特性，但还是有可能建造出能够捕捉到一些太阳中微子的探测器的，因为它们并非完全油米不进，而且数量如此之多，总会有极少数发生相互作用。第一个太阳中微子探测器是由美国布鲁克海文国家实验室的美国物理学家小雷蒙德·戴维斯（Raymond Davis, Jr, 1914—2006）根据意大利籍物理学家布鲁诺·庞蒂科夫（Bruno Pontecorvo, 1913—1993）和美国物理学家路易斯·沃尔特·阿尔瓦雷斯 (Luis Walter Alvarez, 1911—1988) 的技术建议建造而成的。

　　戴维斯与美国天体物理学家约翰·巴考尔（John Bahcall, 1934—2005）合作，后者坚持认为尝试捕捉中微子是切实可行的，因为虽然被探测器捕捉到的可能性很小，但太阳是在不间断地释放着大量中微子，因此是可能探测到的。位于南达科他州利德的 Homestake 金矿内部，在地下深处足以避免宇宙射线干扰的地方，戴维斯安装了一个装有 615 吨四氯化碳的水箱，四氯化碳是一种通常用于干洗的溶剂。（这个量相当于 380 000 升——一个大型游泳池的水量。物理学家开玩笑说，如果实验不成功导致他们失业，他们还可以搞清洁产业。）

　　太阳中微子被溶液中的氯原子捕获并转化为放射性氩原子。这些氩原子每隔几个月就会被冲洗出水箱，并在它们通过发射放射性粒子而衰变时进行计数。（这种计算氩原子的方法是将探测器置于地下，宇宙射线中存在可能与氩原子混杂在一起的放射性粒子，这些粒子会被实验装置上方 1478 米厚的岩石吸收，从而将它们的数量保持在最低限度。）

巴考尔最初估计戴维斯每次只能从水箱中捕获 17 个氩原子，但事实上，在 1968 年的第一次实验（持续了 6 个月）中，观察到的中微子数要少得多，约为计算值的三分之一。虽然经过仔细核对计算后改进了设备，但再次进行的实验仍然得到同样的结果。问题是丢失的中微子去哪里了？这被称为"太阳中微子问题"。戴维斯的实验可以探测到中微子，但不能说明它们来自哪里。

日本天体物理学家小柴昌俊（Masatoshi Koshiba，1926—2020）建造了另一个中微子探测器，名为神冈。神冈能够确定捕获到的中微子的轨迹，并且可以沿着它们的路径回溯，进而证明它们来自太阳。因此，神冈在 1989 年证实戴维斯确实探测到了来自太阳的中微子，而且数量少于预期。

萨德伯里中微子天文台（SNO）位于加拿大安大略省 Vale 公司的克雷顿矿地下 2100 米处。它不是通过与四氯化碳的相互作用，而是通过与一大罐"重水"的相互作用来检测太阳中微子的。与普通水一样，重水是由一个氧原子和两个氢原子构成的水，但每个氢原子都由一个围绕原子核运行的电子组成，而原子核不是由一个质子构成，而是由一个质子和一个中子构成。这样的氢原子称为氘，符号为 D。水的化学式为 H_2O，重水是 D_2O。

重水被用作控制核反应堆的减速剂。它存在于自然界中，但很少见——在天然存在的水中，大约两千万分之一的水分子是重水分子。将重水与普通水分离成本高昂，为了检测中微子，SNO使用了价值约 3 亿加元的重水，这些重水来自加拿大原子能公司用于制造 CANDU（加拿大氘铀）反应堆的库存。重水并没有在这个过程中用完，所以 SNO 只是借水，并在 2006 年实验结束后还了回去。SNO 同样发现来自太阳的一些中微子消失了。

起初，一些物理学家认为观测与理论之间的差异是因为天文学家关于太阳内部的标准计算有缺陷。他们认为，没有丢失的中微子，而是因为天文学家不知何故高估了太阳产生的中微子数量。天文学家拒绝承认这一点，部分原因是他们找到了另一种观察太阳内部的方法，以检验他们关于太阳构成的理论。

这种方法被称为日震学——研究太阳中的振荡，类似于地球上地震学家研究的地震。太阳内部热物质的运动产生声波，通过共振穿过太阳。太阳的表面上下震动，像沙粒流在铙钹上沙沙作响。当然，声音不能在真空中传播。它穿过太阳到达表面，天文学家以此测量太阳表面的位移，就像电铃在振动一样。

1960 年，Caltech 物理学家罗伯特·莱顿（Robert Leighton，1919—1997）使用威尔逊山天文台的 60 英尺口径太阳塔望远镜第一次发现了太阳振荡。他测量了大约 5 分钟的主振荡周期，但数据中还有其他周期，取决于声波穿过太阳的路线和所需时间。20 世纪 70 年代，加州大学洛杉矶分校的物理学家罗杰·乌尔里克（Roger Ulrich）提出，这些振荡的持续时间、频率和音调可以为了解太阳的内部提供线索。太阳中不同区域的成分、温度和密度各不相同，这些条件会影响声音穿过太阳所需的时间。因此，声波将有关太阳内部的信息传递到表面，就像地球表面的地震振动传递有关其内部结构的信息一样——这就是地质学家了解地球的存在和性质的方式。

尽管地球上的望远镜发现了太阳振荡，但这些望远镜能够发现的东西有限。太阳每天晚上消失在地平线以下后，一个单独的望远镜就无法继续观测太阳，这限制了天文学家计算数据中声音频率的准确性和完整性。因此，天文学家在世界各地建立了地面太阳望远镜网络，以持续跟踪太阳。这些网络包括美国国家太阳天文台的全球振荡网络组（GONG）、伯明翰太阳振荡网络（BiSON）和高强度日震网络（HiDHN）——但技术问题和恶劣的天气仍然对观测有一定的影响。

太阳和日球层探测卫星（SOHO）是 ESA 和 NASA 的联合项目，位于空间轨道上，这就避免了上面提到的局限。自 1995 年发射以来，它一直在太空中不断地注视着太阳。该任务原定持续 2 年，但已经持续了 25 年，而且很可能会持续更长时间。SOHO 的全面观测提供了关于太阳内部温度的新数据以及太阳内部旋转速度比表层慢，从而在太阳内部产生了一个热层，这是太阳表面特征的根本原因。SOHO 还证明，用于测量太阳内部不同深度声速的标准计算准确率为 99.9%。结论是天文学家计算的太阳产生了多少中微子相当准确，而戴维斯所说的"丢失的中微子"并不是计算错误的结果。

假设天体物理学家知道太阳内部物质的状态，核物理学家知道会产生多少中微子，那么物理学家就必须集中精力研究为什么许多中微子从戴维斯的探测器中消失了。中微子离开太阳后显然发生了一些变化。在戴维斯 1968 年首次发现太阳中微子差异仅一年后，著名物理学家布鲁诺·庞蒂科夫（他也因叛逃加入苏联核计划而声名狼藉）首次提出了这一解释。

中微子有三种不同的种类或"味道"，每种都与另一种粒子有关，它们是电子中微子、μ 中微子和 τ 中微子。当它们穿越太阳和地球之间的空间时，会在 8 分钟的旅程中从一种味道变成另一种味道。戴维斯的中微子探测器只能捕捉和探测一种味道的太阳中微子——太阳深处产生的味道。当中微子到达地球时，它们中的许多已经从那种味道"震荡"成了另一种，因此它们绕过了探测器而消失了。日本神冈和加拿大 SNO 发现了这种情况发生的证据，并在 1998—2001 年及以后变得越来越有说服力。

令天文学家感到自豪的是，他们对太阳的细致研究促成了粒子物理学的新发现：中微子振荡。因为这个发现，小柴昌俊和雷蒙德·戴维斯被授予 2002 年诺贝尔物理学奖，以表彰他们对天体物理学的开创性贡献，特别是对宇宙中微子的探测。SNO 的负责人、加拿大天体物理学家阿瑟·B. 麦克唐纳（Arthur B. McDonald）也因该实验对中微子振荡发现的贡献而分享了 2015 年诺贝尔物理学奖。

年轻太阳暗淡问题

在太阳中微子问题引发的日震学的严密检验中，对太阳的计算经受住了考验，因此，可以认为对太阳结构的判断在其生命周期中的此时此刻是正确的。但是，太阳不可能在整个生命周期中都具有相同的结构——它正在耗尽其燃料，同时辐射能量，因此内部也会相应地发生变化。除此之外，太阳的光度也会发生变化。

太阳正在逐渐变得越来越热，因为在核心中形成的氦原子所占的体积比聚变的氢原子所占的体积小。因此，核心正在缩小。由于太阳的各层离中心越来越近，它们受到的引力也越来越大。为了保持太阳内部压力与向下的引力之间的平衡，内部压力增加，进一步提高了内部温度和压力，从而加快了核聚变的速度，产生更大的能量输出。所以现在的太阳比40亿年前亮了20%—30%。

目前，太阳的内部结构已经被太阳中微子的结果确定得很好了，以至于可以认为这就是事实而不是理论。在某种程度上，这并不意外，因为这个理论是精确的物理学的组合。这是太阳通过在其核心将氢核聚变成氦来产生能量的方式，以及它的引力与内部气体压力之间的平衡的结果。所有这些过程的计算都非常可靠。因此，很少有人怀疑太阳光度在过去更暗的判断。将这个关于太阳物理学的结论与早期地球气候的已知情况相比较，就产生了所谓的"年轻太阳暗淡问题"。在20亿年的时间里，年轻的太阳太暗弱了，它辐射出的能量并不会让地球上的冰融化。然而，从大约40亿年前开始，地球被海洋覆盖（见P.260—P.262）：当时地球上还没有人，但如果有的话，人们会看到风暴和雨水拍打在波涛汹涌的蓝色海面上，而不是暴风雪落在闪闪发光的白色冰面上。地球本应处于绝对的冰河时代，但事实并非如此。

天文学家和地质学家为什么这么肯定呢？在年轻太阳暗淡问题中，太阳这边的情况似乎比较好确定。然而，对于地球气候如何变化，却存在相当大的疑问，甚至在几十年内的变化都说不准，当前的气候与人为排放产生的二氧化碳的关系都存在争议，又有什么证据能证明很久以前的气候呢？

地球上一些最古老的岩石是沉积岩，它们是带状铁矿层的一部分，嵌在格陵兰岛西南部一个叫作 Isua 的绿砂岩中。绿砂岩中的锆石已通过放射性技术测出其年龄为 38 亿年。Isua 带状铁矿层的某些矿物只能在地表水下形成。这些岩石的沉积过程与当今在海水中沉积石灰石的过程类似。

Isua 带状铁矿层还含有枕状熔岩，这些熔岩呈边长一米大小的块状，看起来像枕头，这种结构在热熔岩流入冷水的过程中形成，现在水下火山等地方仍有发生。它们出现在 Isua 带状铁矿层的事实表明，地球表面至少在 38 亿年前就存在大型湖泊或海洋。因此，古代岩石中有迹象表明地球在 40 亿年前是潮湿的，尽管太阳那时候很暗弱。有某种东西弥补了缺失的能量，虽然很难说到底是什么，但一定对地球上生命的起源产生了影响。

大多数研究表明，这个"某种东西"是能够增强温室效应的一种额外覆盖层。在地球历史的这个早期阶段，在植物生命进化到向地球大气层注入氧气之前，氨气、甲烷以及二氧化碳等气体更为普遍，很可能导致比现在更强烈的温室效应（参见第十一章）。或者，虽然来自太阳的总辐射比现在更微弱，但一些关键波长却更强，从而以某种重要的方式影响了地球大气层的透明度。

另外一些理论则基于地球自转方向和自转速度变化的可能性。现在，地球每24小时绕自转轴旋转一圈，自转轴的倾角为23.5度。倾角和自转周期的变化都不会直接影响从太阳接收到的平均能量，但理论上却可以改变地球上的能量分布。这会影响冰川覆盖的范围和分布。较大的自转轴倾角已被证明会导致气候变暖，如果倾角为 65 度—70 度，就可以弥补早期太阳的暗弱。我们从地球磁场的记录中了解到，在过去的 25 亿年里，地球的倾角一直非常小且稳定。这个证据并不能说明 40 亿年前的情况，但理论表明月球使地球自转轴倾角保持稳定，因此它可能一直保持现在的数值。

众所周知，由于潮汐的摩擦作用，地球的自转周期发生了相当大的变化，这导致月球逐渐远离地球，地球的自转随着时间的推移而减慢。在原行星撞击地球胚胎形成月球时（参见第十章），地球的自转周期约为 5 小时。据估计，地球在 40 亿年前的自转周期只有 14 个小时。快速旋转会增加赤道和两极之间的温差，因为这会改变大气中的中纬度涡流：自转速度越快，这些涡流越小，因此向两极传输热量的效率越低。原则上，这种效应可以防止低纬度被冰川覆盖。

年轻太阳暗淡问题已为人所知半个世纪，经过数十年的研究，它仍然"拒绝被破解"[气候学家格奥尔格·福伊尔纳（Georg Feulner）2010 年引用地球科学家詹姆斯·卡斯廷（James Kasting）的话]。由于这好像不是天文计算的问题，因此要解决它必须仔细考虑一下地球这方面的原因。目前，地球历史这本大书的这些页面还处于关闭状态，我们无法阅读这些内容。地球以及其上的生命进化居然取决于一种神秘的事物，这实在令人不安。

太阳的领域

太阳中心的密度为 150 克 / 立方厘米，温度约为 1600 万摄氏度。发生在核心的核反应功率并不高——每立方米与一只冷血动物或堆肥产生热量的效率差不多——但太阳是巨大的。它庞大的体积是其巨大能量的来源。太阳的核心延伸到太阳半径的 25% 左右，在这里密度和温度已经急剧下降。太阳的大部分物质由热等离子体（原子电离构成的气体）和辐射组成，辐射从炽热的核心向上流向较冷的表面。

虽然单个光子以光速运动，但光子在太阳内部撞来撞去，几乎没有向外运动。因此，虽然太阳的半径只有 2.3 光秒长，但流动的太阳能潮缓慢向外移动，大约需要 3000 万年才能穿过太阳，从中心来到表面（这种测量行程时间的方法称为开尔文-亥姆霍兹时标）。因此，我们不仅能看到 8 分钟前的太阳表面（光穿过 1.5 亿千米从太阳到达地球所需的时间），而且通过开尔文-亥姆霍兹时标，还能感受到 3000 万年前的太阳内部。

在大约 70% 的太阳半径之上，物质以柱状形式上下循环，进出太阳表面，就像地球大气层中因对流形成的积云一样。从高空的飞机上看，云层顶部形成斑驳的图案，遮住了下面的地面。同样，在太阳表面可以看到太阳对流柱的顶部呈斑驳状，这就是米粒组织。

太阳物质的循环产生了一个磁场，遍布太阳，并延伸到周围的太阳系。它通过米粒组织向上运动，在某些地方将对流柱弯曲并将它们顶到一边。这些区域表现为太阳黑子，即米粒组织明亮的顶部之间的暗区。太阳黑子通常成对出现，其中一个是磁场从表面射出的地方，另一个是磁场返回表面的地方。产生太阳磁场的机制时强时弱，周期为 11 年。太阳黑子的丰度遵循相同的周期，在太阳黑子极大期（磁场强度最大的时期）会出现很多大黑子，而在太阳黑子极小期则很少或根本没有黑子。

太阳黑子周期并不绝对规律。1645—1715 年，太阳丢失了整整三个周期，这一时期被称为蒙德极小期，当时很少看到太阳黑子。这与被称为小冰川期的现象吻合，当时欧洲陷入异常寒冷的冬季，河流结冰，积雪颇深。众所周知，太阳会影响气候——例如，小麦价格的波动与 11 年的太阳黑子周期一致，这一相关性可以解释为小麦价格和收成大小，与天气和太阳活动之间的联系。然而，小冰川期和蒙德极小期的同时发生可能仅仅是巧合。

蒙德极小期一词来自英国天文学家爱德华·蒙德（Edward Maunder，1851—1928），他于 1890 年和 1894 年发表了关于这一主题的论文。尽管事实上他并没有完成他所描述的工作，但蒙德极小期这个名字仍然当之无愧，因为他的妻子，天文学家安妮·蒙德（Annie Maunder，1868—1947）负责这项工作并有了这一发现。这是又一个女性科学合作者抢占先机获得成功的案例。安妮曾在剑桥吉尔顿学院接受数学教育，并一直想在格林尼治皇家天文台找一份工作，担任太阳系的"女性计算员"，但这一职位配不上她的才能。她嫁给了在天文台研究太阳课题的蒙德。按照当时的惯例，她不得不辞去工作，但她利用家里的资源继续从事太阳天文学研究，并与丈夫一起发表成果。

太阳表面的温度为 6000 摄氏度。太阳的大气在表面上方稍微凉快一点，但随后又逐渐变热，在称为日冕的区域达到数百万摄氏度的惊人温度。日冕是在日全食时，当太阳表面的明亮光线被月球遮住时，围绕太阳四周的皇冠状光晕。日冕散射阳光，就像地球的蓝天一样，但除此之外还有强烈电离的原子发出的辐射，这些辐射暴露了日冕的高温。自 1869 年以来就知道这是一种之前从未见过的辐射，在 1940 年被证明是由铁原子产生的，铁原子的 26 个电子中的 13 个被剥离。铁的这种高能状态非常罕见，以至于在当时十分确定这种辐射来自一种未知的元素，这种元素被命名为"coronium"，但事实证明这种元素并不存在。太阳的日冕何故如此高温仍然是一个谜。

太阳耀斑："空间天气"和卡林顿事件

日冕被太阳的磁场穿过，常有从一个太阳黑子连接到另一个太阳黑子的弧或桥，以及延伸到太空中的洞和柱（见图 X）。等离子体组成的发光云沿着磁场线被放大，就像纠缠在一起的松紧带一样，磁力线也会打上紧紧的结，然后突然松开，产生太阳耀斑。与耀斑相关的是喷射出来的等离子云，这些等离子云从太阳射入太空，就好像太阳打了个喷嚏一样。这些就是所谓的日冕物质抛射。它们可能会飞向地球并将地球包裹在电子云中，伴随着放电和发光现象。这类事件会影响地球的磁场环境，造成干扰，这称为地磁风暴，或者更通俗地说是"空间天气"。小的此类事件经常发生，但与太阳黑子周期一样，发生频率也会先升高然后降低。通常在太阳黑子极大期，耀斑也更强烈。

太阳耀斑用字母来分级：A、B、C、M、X，接下来是 X1、X2、X3……，每高一级强度就翻倍。X 级耀斑每年大约发生 10 次，X10 级耀斑在每个太阳黑子周期发生几次。自 1976 年卫星开始对太阳进行科学观测以来，记录到的最大太阳黑子耀斑是 2003

年 11 月 4 日发生的 X28 级太阳耀斑。

有记录以来最大的地磁风暴发生在 1859 年 9 月，当时太阳发生了明亮的耀斑。这是有史以来第一次观测到的太阳耀斑，也是最强大的一次。1859 年的耀斑估计是 X50 级，是一次"超级 X 级耀斑"，比 2003 年的耀斑强了 400 万倍。值得注意的是，它被人类历史所知，因为它只影响了太阳的一小部分区域，只持续了几分钟，而且没有比人眼更好的观测设备。幸运的是，一位业余但知识渊博的英国天文学家理查德·卡林顿（Richard Carrington，1826—1875）看到了它，他花了很多时间通过望远镜观察太阳，这个独特的发现算是对他的回报。

作为一家啤酒厂老板的儿子，卡林顿最初的计划是进入教会并到剑桥大学学习神学，但他在科学和数学方面的天赋促使他最终进入天文学领域，毕业后他在杜伦大学的天文台工作。他在那里和主管闹翻了（他喜欢争吵，类似的事情在他的生活中经常出现），在父亲啤酒厂（他不得不管理啤酒厂）的经济支持下，他搬到了萨里的红山，在那里建立了一个天文台。他使用制作精良且价格昂贵的望远镜来测量恒星的位置，同时对太阳产生了兴趣，并指出之前的观测者没有像观测恒星那样对太阳黑子进行同样精确的观测。

卡林顿和一位同事制订了一个日夜班时间表，来执行他的太阳和恒星观测计划，并设定了从 1853 年开始的完整的 11 年太阳黑子周期中监测太阳黑子的目标。该计划最终提前结束，因为用肉眼观察太阳的方法已经过时，他病倒了，生活中发生了一系列痛苦而戏剧性的事件，导致他悲惨地死去。但在悲剧开始之前，即 1859 年 9 月 1 日，卡林顿完成了他对太阳的早间观测，然后注意到一大群太阳黑子中有两个非常明亮的斑点。1860 年，他在皇家天文学会杂志的一篇文章中写道：

> 我……用计时表记下了时间，看到爆发的速度非常快，惊讶得有些慌张，赶紧跑去叫人和我一起见证这场好戏，不到 1 分钟我就回来了，然而却遗憾地发现它已经发生了很大的变化，变弱了很多。

明亮的耀斑只持续了 5 分钟。卡林顿无法迅速找到家里的任何人来证实他所看到的，但另一位业余天文学家理查德·霍奇森（Richard Hodgson）也于同一时间在他自己的天文台观察太阳，并在卡林顿之后的文章中说，他曾在太阳表面看到"一个非常明亮的闪光……十分耀眼"。

卡林顿访问了里士满的乔城天文台，看看他们是否记录了耀斑，他对那天没有观测太阳的记录感到失望。然而，乔城天文台不仅是一个天文台，它还观测地球的大气层。从 1845 年开始，它用自动设备记录了大气的气象和电学特性。该设备采用了一些最早的科学摄影相机。天文台还观测地球磁场，它的磁力计是挂在丝线上的针，指向磁力线的方向，能够指示北磁极的方向和磁力线向下倾斜到地面的角度。照在针上的光会在用光敏纸包裹的旋转鼓上留下痕迹。卡林顿看到了磁力计的记录——在太阳耀斑发生几个小时后，轨迹上出现了一个不寻常的钩形扭结，表明地球磁场受到了扰动。这个巧合让他想到太阳影响了地球磁场。

1859 年的卡林顿事件——我们现在知道它确实是一次地磁和太阳事件——产生的其他影响包括欧洲和北美的电报系统失灵，一些电报系统有接线员触电。在接下来的几个晚上，包括澳大利亚、比利时、百慕大、英国、中国、哥伦比亚、古巴、法国、日本、墨西哥、挪威和美国在内的世界各国和地区都出现了明亮的极光。落基山脉上空的极光明亮得足以让淘金矿工误以为黎明到来而开始准备早餐，人们可以在极光下阅读报纸。

太阳耀斑（见图 X）和相关的日冕物质抛射可以对地球磁场产生电磁干扰。此外，来自耀斑的高能辐射扰乱了大气中带电粒子层中的电子、质子和原子的平衡，该层位于 80 千米至 1000 千米之间，也就是电离层。这些影响会干扰短波通信，导致电力线出现电涌，天空中出现极光，干扰 GPS 导航信号并永久损坏太空卫星中的电子设备。

2003 年的耀斑是太阳在三周内断断续续的一系列事件之一。SOHO、高新化学组成探测器、许多卫星电视和广播卫星服务以及美国国防部的一些卫星都被干扰。一颗日本卫星 ADEOS-2 损坏后无法修复，NASA 火星奥德赛任务中的一个仪器也是如此。国际空间站的乘组人员、指挥官麦克·福尔（Mike Foale）和飞行工程师亚历山大·卡列里（Alexander Kaleri）不得不躲在空间站比较坚固的地方［即俄罗斯建造的星辰号（Zvezda）服务舱的后端］来避开强大的辐射。航空公司和地面管制员遇到了与极地航线的通信问题，将飞机转移到更安全的航线和更低的高度，利用大气层减少乘客和机组人员的辐射暴露，但这样增加了燃料成本并降低了有效载荷能力。由于这次太阳活动，瑞典南部发生了停电事故。

　　根据伦敦劳埃德保险公司和美国大气与环境研究公司的一份报告显示，如果卡林顿事件再次发生并且日冕物质抛射又包围地球，将花费数十亿美元，用 4 年时间修复损失。由于对这种经济损失的恐惧，包括美国和英国在内的几个航天国家号召要像预报城市天气一样去预报空间天气。如果能做到这一点，我们或许可以采取一些措施，来避免服务中断和设备损坏。阻止太阳打喷嚏是不可能的，但我们可以掌握足够多的知识来预测它何时可能打喷嚏，然后转过头来避免地球感冒。

第八章

消亡的恒星：自"大爆炸"以来最大的爆炸

大小对恒星来说非常重要，它决定着恒星的内部结构和寿命。当一颗恒星的燃料耗尽时，产生的能量就会减弱，压力和温度也会随之调整变化。这最终将导致恒星坍缩成白矮星、中子星或黑洞——甚至是完全毁灭。

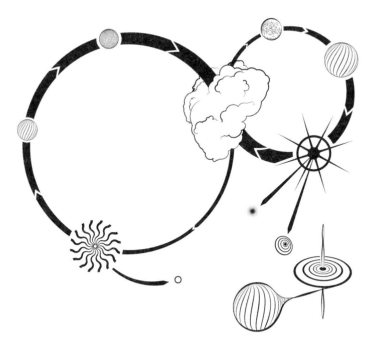

所有恒星都起源于星际云，当恒星死亡时，它们的大部分物质会循环回到星际空间。大质量的恒星会演化爆发为超新星，形成黑洞和中子星（右环）；质量较小的恒星，比如太阳，会形成行星状星云和白矮星（左环）。

消亡的恒星

恒星死亡的方式各有不同，主要取决于恒星的大小，或者更准确地说，是恒星的质量。对于人类来说，是否如尼尔·扬在 *Hey Hey, My My*（*Into The Black*）的某些版本中所唱的那样，"与其消逝，不如燃烧"，关于这一点还有一些争论。而对于恒星，它们会根据自身的参数，在消逝和燃烧中选择一种（不过它们也不会觉得哪一种更好）。和人类差不多，恒星死亡的年龄也因星而异。恒星的质量越大，其核燃料就越多，所以大质量恒星的寿命更长是个顺理成章的推断，但事实却并非如此。恒星的质量越大，支撑自身结构所需的内部压力就越大。当恒星活着时，它会调整温度和密度以提供内部的高压。恒星内部发生核反应的速度很大程度上取决于温度和密度，因此大质量恒星是非常明亮的。

一般来说，恒星质量越小，寿命越长。那些小于约 0.9 倍太阳质量的恒星，它们的寿命比宇宙的现有年龄还长，因此所有这些小恒星从诞生以来一直还活着（那些发生了异常和灾难事件的除外）。0.9—8 倍太阳质量的恒星能够坚持数百万年甚至数十亿年。8 倍太阳质量的恒星能持续 3000 万年。再大质量的恒星存活的时间甚至比这个还要短。

白矮星和Ia型超新星

以太阳为代表的、质量在 8 倍太阳质量以内的恒星，在生命的最后阶段会燃烧其核心产生的氦，变成一颗红巨星。氦转化为碳和氧。这一生命阶段可能会持续10亿年。在那之后，红巨星的外层脱落，形成我们所说的行星状星云。然后，恒星剩余的核心很快变成一颗白矮星，质量通常为0.6倍太阳质量，但最大可以达到1.4倍太阳质量（迄今为止发现的质量最大的白矮星为1.3倍太阳质量）。在这样的恒星中，核燃烧已经停止，它只是因辐射早期核燃烧的剩余热量而发光。它会逐渐冷却下来，最终变成一颗完全看不见的黑矮星。

白矮星转变为黑矮星是一个旷日持久的过程——银河系中可能还没有白矮星走到过这一步。目前已知的最暗的白矮星，其冷却期是90亿年。这些白矮星的前身通常是约3个太阳质量的恒星，花了3亿年左右才变成白矮星。如果我们假设这些最老的白矮星源于银河系中最古老的恒星，那么可以得出银河系的年龄至少是93亿岁。

银河系中有数十亿颗白矮星：95%的恒星都是以这种方式完成了生命的终结。然而，尽管白矮星很普遍，但它们却很暗淡，所以很容易被忽视，直到1910年，人类才发现了白矮星。第一颗被确认的白矮星是波江座40B——字母B表示它是波江座40A的一颗暗淡的伴星，后者是威廉·赫歇尔发现的一颗双星（后来的研究显示它实际是一颗三合星）。

由于波江座40B位于一个双星系统里，所以科学家可以推断出它的质量，结果并不罕见，和太阳质量差不多：0.6倍太阳质量。普林斯顿大学的美国天文学家亨利·诺利斯·罗素（Henry Norris Russell，1877—1957）在对哈佛大学天文台进行例行访问时，向台长爱德华·皮克林（见 P.51）指出，波江座 40B 异常暗淡。他们讨论后认为，这颗星一定是相当小的——小恒星辐射光线的表面积较小，辐射量不大，所以暗淡，因此，波江座 40B 似乎应该是超乎寻常地致密，这意味着这颗星的结构与其他星体大不相同。在讨论中，罗素提到，知道这颗恒星的温度会很有用，这样就可以准确地确定它的大小——恒星单位面积辐射的光量取决于其温度，因此用总光度除以单位面积的辐射光量，就可以估算出恒星的表面积，从而更精确地确定其半径。哈佛大学天文台当时正有一个项目在测量大量恒星的温度。皮克林给他的助手、苏格兰天文学家威廉明娜·弗莱明打了一个电话。罗素回忆道："半个小时后，她走了过来，说'我找到了……'。我几乎是立刻就知道了这意味着什么。"

这颗恒星的温度非常高：达到"白（white）热"。但它也很暗，这意味着它很小——一个小矮子（dwarf）。罗素当时作出了正确的推测：这颗恒星的大小与地球相似，比太阳或其他类似质量的恒星小得多。1922 年，荷兰裔美籍天文学家威廉·鲁伊登（Willem Luyten）提出了"白矮星（white dwarf）"这个名词。

白矮星非常小，密度极高——一个装满白矮星材料的火柴盒会重达 1 吨，它们表面的引力也会非常强大。白矮星的物质很难再被压缩，因为它必须要承受恒星在自身重量下坍缩的趋势。1925 年，年轻的英国物理学家拉尔夫·福勒（Ralph Fowler，1889—1944）利用新兴的量子力学发现，白矮星物质是"退化的"，或者说"简并态"的：物质中的所有电子都尽可能紧密地聚图 I：哈勃超深场。哈勃太空望远镜瞄准了当时还是一无所有的这一小块区域，对其进行了多次深度曝光成像，揭示了 10 000 个最暗、最远的星系。这组照片讲述了星系在 132 亿年的宇宙时间里进化的过程，包括它们的婴儿期、青少年期和成年期，并确定了星系之间的暗空，证明了宇宙并非无限古老。

图 II：宇宙微波背景。普朗克卫星制作的最详细的 CMB 图像显示了温暖和冷却的斑块（红色和蓝色），这代表了大爆炸物质在最初爆炸后约 38 万年的团块凝结情况。

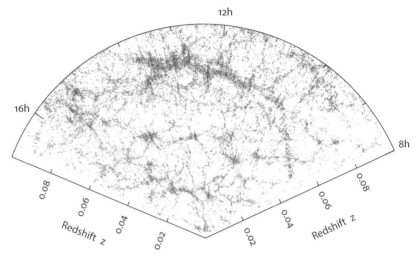

图 Ⅲ：宇宙网。一幅狭扇形天区的星系图，以地球为中心，延伸到 13 亿光年外。星系呈团块、细丝和片状，与气泡和隧道形状的巨洞交织在一起。

图 Ⅳ：阿贝尔 1689，已知最大的星系团之一，距离地球 24 亿光年。这张照片不仅显示了星系团中的星系，还显示了一个条纹和弧线系统，这些条纹和弧线是背景中远处星系的扭曲图像，被星系团中所有物质的引力透镜效应放大了。图中的蓝紫色代表物质，包括普通物质和暗物质。

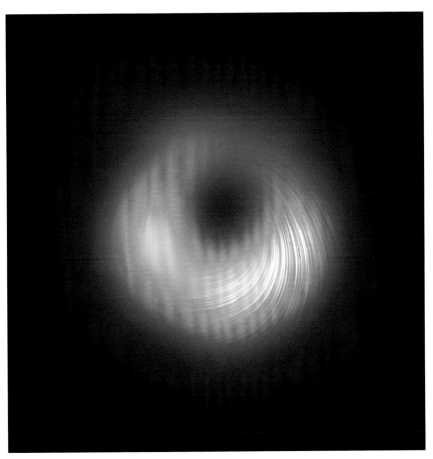

图 V：黑洞。在 M 87 星系中，一个由热物质组成的圆盘围绕着超大质量黑洞旋转。在字面意义上，圆盘中心的黑洞是一个缺少物质的空洞（这些物质已经落在黑洞上了），而在其中心，物理黑洞包围了视界内的一个区域，没有辐射能从中逸出。螺旋状的条纹反映出了黑洞产生的磁场。

图 VI：天线星系。NGC 4038 和 NGC 4039 是旋涡星系，但在数亿年前，它们开始剧烈碰撞，将恒星抛入星系间空间，并互相引发了对方内部明亮的蓝色恒星爆发，将气体云激发成明亮的粉红色和红色。最终，混乱将归于有序，这两个星系将合并为一个大的椭圆星系。

图 Ⅶ：银河。在智利的拉西拉天文台，朝向银河系中心的星云划过黎明的天空。恒星之间的那些黑色空洞，实际上是由尘埃粒子组成的云，阻挡了它们后面的光线。橙色辉光显示了太阳在地平线下的位置，从那里向上和向左延伸的三角形白光是黄道光。黄道光是太阳系中的尘埃，是由碰撞的小行星和彗星表面形成的。15 米口径的瑞典 ESO 亚毫米望远镜矗立在前景中，指向金星的方向。

图Ⅷ：M 83。这个旋涡星系是银河系的模仿秀。它有两个主要的旋臂，从中心的恒星棒状结构的末端伸出。黑暗的尘埃云和粉红色的星云勾勒出旋臂的内部边缘。

图Ⅸ：创生之柱。气体和尘埃形成的柱状结构从鹰状星云中伸出。它们的尖端里隐藏着新形成的恒星。附近年轻恒星产生的强烈辐射和宇宙风暴冲刷着柱状物中的气体和尘埃，将柱状物的表面侵蚀成宇宙尘埃的细丝和象鼻形状。

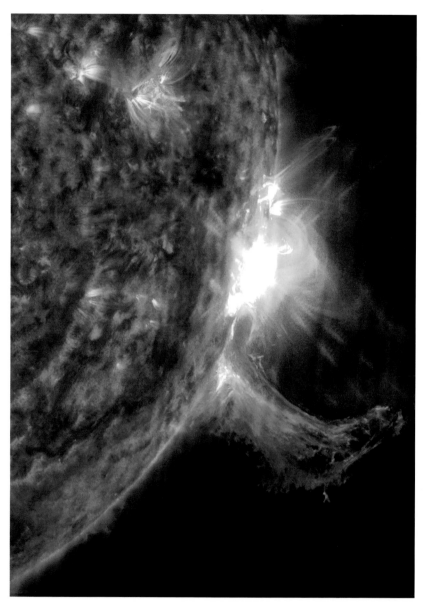

图 X：太阳耀斑。2014 年 10 月 2 日，太阳爆发了一次中级耀斑，NASA 的太阳动力学观测站记录下了这次明亮的爆发。从照片中耀斑的下方可以看到，这次太阳表面的爆发也将太阳物质以日珥的形式喷射到了行星际空间。

集在了一起，近到量子力学定律已经阻止了它们的进一步靠近。尽管有强大的引力在向星体深处拖拽，但已呈简并态的物质中产生的压力成功抵抗住了恒星坍缩的趋势。

福勒的发现被 19 岁的印度数学家苏布拉马尼扬·钱德拉塞卡（Subrahmanyan Chandrasekhar, 1910—1995）纳入对白矮星结构的计算中。1930 年，钱德拉塞卡乘坐一艘从印度开往英国的远洋客轮，前往剑桥三一学院学习。在这趟环绕好望角的航程中，他用天体物理计算来放松心情，打发船上的时间（我们可以大胆地猜测大多数其他乘客不会这么干）。钱德拉塞卡发现了白矮星的质量和大小之间的关系——他惊讶地发现，质量越大的恒星，尺寸越小。事实上，他发现存在一个质量极限，在这个质量下，白矮星会缩成一个点。所以无论原来的恒星质量有多大，都不可能变成大于这个质量的白矮星。这个极限被称为"钱德拉塞卡质量"，大约是太阳质量的 1.5 倍。

质量是钱德拉塞卡极限的白矮星只占据一个点——一个无限小的体积，或者用数学的语言来说，一个"奇点"。如果自然界发展到接近一个数学上的奇点，它将走向物理学上的不可能。在达到那个不可能之前，它会异化并转入另一种境界。这里所说的新境界是一场爆炸，并且可能是一个黑洞的产生。起初并非所有人都意识到了这一点。1935 年，当钱德拉塞卡向同事展示他的研究成果时，他遭到了当时英国最著名的天文学家亚瑟·斯坦利·埃丁顿爵士（见 P.20）的公开嘲笑，埃丁顿称这一结果为"恒星小丑"。受到羞辱的钱德拉塞卡放弃了在英国的职业生涯，移居美国，在芝加哥大学工作直至去世。他一生的成就为其赢得了 1983

年的诺贝尔物理学奖，"以表彰他对恒星结构和演化的重要物理过程进行的理论研究"。

在极少数情况下，白矮星也会是一个双星系统中的一员。这种系统结构非常紧凑，以至于从另一颗星上飘下来的所有物质都会被白矮星捕捉吸纳。白矮星的质量越来越大，根据钱德拉塞卡的计算，它的体积却变得越来越小。如果吸积得太多，它最终将向一个小点坍缩。这个场景是 1973 年由美国理论家伊科·伊本（Icko Iben）和年轻的英国天文学家约翰·惠兰（John Whelan）构想并提出的，用以解释一些极其明亮的恒星爆炸，即 Ia 型超新星事件。白矮星的坍缩会释放出大量能量，并引发热核爆炸，彻底摧毁白矮星。

还有另一种观点，也能指向相同的结果：双星系统中有两颗白矮星。两颗星可能会接触然后合并，朝着成为一颗超过钱德拉塞卡质量、质量过大的白矮星的方向发展。这也可能产生 Ia 型超新星。

最著名的 Ia 型超新星也是科学家观测到的第一颗超新星。它是由杰出的丹麦天文学家泰格·奥特森·布拉赫·德克努德斯特鲁普（Tyge Ottesen Brahe de Knudstrup）观测到的，他还有个更著名的名字：第谷·布拉赫（Tycho Brahe，1546—1601）。第谷是一位富有的贵族，凭借自身的财富和国王腓特烈二世（Frederick Ⅱ）的财政支持，他沉迷在大吃大喝以及天文学的世界里。他性情古怪，在一次决斗中失去了部分鼻子后，用黄金打造了一只假鼻子。他有一只宠物麋鹿，但它后来喝醉酒之后从楼梯上掉下来摔死了。丹麦统治王室更迭后，第谷失去了财政支持，在神圣罗马帝国皇帝鲁道夫（Rudolf）的资助下，他在布拉格度过了生命中的最后几年。在一次正式的晚宴上，由于不好意思中途离开餐桌，第谷憋尿过度，最终因尿液潴留引发的并发症去世。第谷被埋葬在布拉格教堂，教堂前的纪念碑上，他穿着盔甲，留着大胡子，肥胖的身材和双下巴显示着他的自我放纵。

第谷从十几岁的时候就开始学习天文学，他发现课本中关于行星和恒星位置的表格出现了偏差并对此耿耿于怀。他一丝不苟地制作了当时最好的观测仪器——可以绕轴旋转的带瞄准镜的木尺以及用来测角度的黄铜量角器，并着手通过尽可能精确的测量来改善数据。1572年的一个晚上，大概是晚饭后，第谷坐着马车回家，看见一群农民正在对着仙后座的什么东西惊叹。朝着他们所指的方向，他看到了夜空中一颗新的亮星。第谷在他的著作《新星》（De Nova Stella）中记录了这次发现，在讲述中大肆吹嘘他对恒星的熟悉，却并没有给那些原始观察者记上什么功劳。

其实真正属于第谷的功劳，在于他花了一年多的时间，一开始是在赫雷瓦德修道院的家中，后来在丹麦，反复测量了这颗新星（现在被称为"第谷超新星"）的位置，并且证明了它相对于星座中其他恒星的位置没有发生丝毫的移动。这一点的意义在于，如果一颗恒星离地球很近，随着地球的旋转，第谷将从地球的一侧转到另一侧，这将改变这颗星在夜空中的位置。所以这颗恒星必须远远超过月球公转轨道：事实上，它必须是一颗恒星，而不能是一种气象现象，当时人们认为所有会发生变化的天体（例如，变得看不见然后又重新出现）都是气象现象。第谷和其他人也对这颗恒星的亮度进行了细致的测量，从它于1572年11月1日突然出现开始，一直持续到 1574 年春天其亮度淡出肉眼可见的范围。观测结果将新星的亮度与其他固定的恒星进行了比较，人们得以用这些比较数据来准确地显示出这颗恒星的亮度是如何变化的。亮度变化曲线有一个特征形状，与 Ia 型超新星的现代光变曲线特征相同。

尽管第谷超新星早已暗下来，淡出了人们的视线，但在 2008 年，日本国家天文台位于夏威夷莫纳克亚山上的 8.2 米口径昴星团望远镜成功拍到了它的光谱。这颗超新星的闪光，并不是从超新星直接射到地球的，而是通过反方向上银河系的一片尘埃云的反射，才被人类接收，这束改道而行的光线，比当初直射的光线多花了 436 年。亚利桑那州基特峰国家天文台的 4 米口径马约尔望远镜进行了定向搜索后，发现了这一反射。于是，除了光变曲线这一证据之外，光谱也证明了第谷超新星是由白矮星热核爆炸生成的。

2004 年，西班牙天文学家皮拉尔·鲁伊兹－拉普恩特（Pilar Ruiz-Lapuente）领导的团队证实了伊本和惠兰的设想的真实性，她发现了第谷超新星释放出的那颗伴星。鲁伊兹－拉普恩特使用加那利群岛拉帕尔马岛的 4.2 米口径威廉·赫歇尔望远镜确定了这颗恒星——第谷 G，并用哈勃太空望远镜证实了她的这个发现。白矮星的伴星，也就是为白矮星贡献了额外物质的那颗星，像弹弓里的石头一样被高速释放了出来，就好像把它束缚在轨道上的白矮星消失了一样——事实上它确实已经消失了。这颗伴星是一颗相当普通的恒星，与太阳类似，之所以吸引了天文学家的兴趣，是因为它正以人们所预期的高速远离第谷超新星的位置。

中子星、脉冲星和Ⅱ型超新星

瑞士裔美籍天文学家弗里茨·茨维基（见 P.32）和他的德裔美籍同事瓦尔特·巴德（见 P.149）于 1934 年创造了 supernova 这个词（中文译为超新星）。Nova 是拉丁语，意为新的，在天文学中历来被用来表示新星。茨维基和巴德看到了一些明亮的恒星突然出现在其他星系中，毫无征兆，仿佛是新生的一样。在几天内，这些新星的光芒超过了银河系中其余那数十亿颗恒星光芒的总和。因此，它们是超高能量的爆发，值得加上前缀"super（超级的）"，于是就有了 supernova（超新星）一词来描述这两位天文学家所看到的现象。随着爆炸的消散，这些新星也逐渐地暗淡消失了。

如上所述，Ia 型超新星是白矮星的坍缩产物，是太阳这样的恒星消亡后的遗骸。还有其他类型的超新星——Ⅱ型，那是活体大质量恒星内部核心的坍缩。到目前为止，大多数恒星都以白矮星结束了它们的生命，但对于那些质量更大、超过太阳质量 8 倍的恒星，则会走向另一种更为少见的结局。

一颗核心质量过大的恒星想创造一颗白矮星，这是不可能的——假设真的会生成一颗白矮星，它会发生向心聚爆。坍缩释放的能量会产生激烈的爆炸，把恒星的外层吹离。为恒星提供动力的核反应过程的产物也分布在外层，所以爆炸喷射出来的物质中包含了大量的氦、碳、氧和恒星中的其他元素，以及爆炸过程本身所生成的元素，如铁和镍。这些物质在爆炸位置周围形成了一个大大的外壳，与周围的星际物质发生碰撞。碰撞加热了喷射物和空间中的自由电子，不仅发出可见光，也成了 X 射线源和无线电波源——"超新星遗迹"。超新星遗迹在消散之前能够维持数千年可见。

在银河系这样的星系中，每几十年就会发生一次超新星爆发，但是绝大多数爆发我们都错过了——因为发生爆发的恒星都处在不透明的星际尘埃幕后。在过去的一千年里，有记录的银河系内超新星爆发事件有 6 次。1054 年的超新星爆发被中国天文学家注意到了，记录 1066 年诺曼底威廉公爵入侵英国的贝叶挂毯上对它也有描绘。这颗超新星不仅产生了一个喷发星云，称为蟹状星云（见图XI），还产生了一颗高能恒星，即超新星的恒星残骸，一颗脉冲星。这颗脉冲星是 1968 年由美国天文学家大卫·斯塔林（David Staelin）和爱德华·雷芬斯坦（Edward Reifenstein）在西弗吉尼亚州绿岸镇的国家射电天文台发现的。

脉冲星的英文叫 pulsar，这是一个新词，是短语"PULSating radio stAR"的缩写，顾名思义，是一颗发射无线电脉冲的恒星。第一批脉冲星是 1967 年发现的，当时正在剑桥大学攻读博士学位的英国天体物理学家乔斯琳·贝尔（Jocelyn Bell，1943— ）用射电望远镜发现了它们。她当时的导师是安东尼·休伊什（Antony Hewish）。1974 年，休伊什获得了诺贝尔物理学奖，但是贝尔却没有获奖，这个故事被视为安妮·蒙德的案例重现（见 P.183）。脉冲星的无线电脉冲有着惊人的规律性，似乎是人为造成的，因此，尽管这些星体位于星际空间，但贝尔的同事依然半真半假地考虑了它们是否有可能是外星太空旅行者作为星际定位系统放置在那里的通信设备，就像我们的 GPS 信标那样。实际上，人们已经证实它们是一类小小的、旋转的恒星。它们自转的速度非常快，有时候周期还不到 1 秒，每一圈旋转都发出无线电波扫过地球。蟹状星云脉冲星每秒旋转 30 圈。

形成脉冲星基础的恒星与白矮星有点相似，但前者体积仅为后者的一百分之一，半径可能只有 12 千米，只相当于一座城市的绕城环路，而不像白矮星那样，有整个地球那么大。脉冲星是由中子组成的，是一种中子星，由质量为 8—30 倍太阳质量的恒星核心坍缩产生。和白矮星一样，中子星的质量与太阳相当。如前所述，一个装满白矮星材料的火柴盒重 1 吨，而同样体积的中子星材料则重达 100 万吨。

在浩瀚的太空中，微小的中子星很难被人发现，但它们通过各种方式大喊"看我看我快看我!"，来吸引外界的关注：脉冲星会辐射无线电波，而其他的中子星能辐射 X 射线。如果一颗恒星处在围绕中子星运行的轨道上，随着年龄的增长，恒星可能会膨胀成一颗巨星，然后发生泄漏。一些气体会落到中子星上，并被强大的引力压缩。就像自行车打气筒里压缩的空气会变热一样，这些气体也会变热——温度超过 100 万摄氏度，并发出 X 射线。天蝎座 X-1 就是这样一个双星系统中的一颗中子星，它是 1967 年意大利裔美籍天体物理学家里卡多·贾科尼（Riccardo Giacconi）在天蝎座发现的第一个恒星 X 射线源，贾科尼因此于 2002 年获得诺贝尔物理学奖。

恒星级黑洞

白矮星是形成 Ia 型超新星的基础恒星。中子星产生自 II 型超新星，但它们并不是唯一可能的产物。比形成中子星的恒星质量更大的恒星，其核心坍缩的时候会产生黑洞。这种方式形成的黑洞，质量是以太阳质量这个量级来衡量的，到不了百万或者十亿太阳质量量级，因此，为了把它们与超大质量黑洞（见 P.82）区分开来，这种黑洞称为"恒星级黑洞"。

孤立的恒星级黑洞是在星际空间中漂移的黑暗恒星，是看不见的。但如果有物质（气体）从附近落入它们体内，它们就会显现出来。在这种情况下，气体的引力势能转化，加热了气体本身，可能达到数百万或数千万摄氏度。如果黑洞有一颗伴星，伴星的气体泄漏到黑洞身上，就会发生这种情况：黑洞变成了可见的 X 射线双星。

X 射线双星是一对恒星，它们互相围绕着对方公转，两颗星的距离非常接近，所以公转周期很短（几分钟到几天）。双星中的一颗基本上是正常的恒星。另一颗体积则小得多（但是质量并不小），比如是个黑洞。那颗正常的恒星的物质（气体）通过吸积盘转移到它的致密伴星上：物质向内螺旋下降并落到黑洞上。物质落入黑洞的"喉咙"时会被压缩，发热，释放出 X 射线辐射。科学家发现的第一个这样的黑洞是 1971 年在 X 射线源天鹅座 X-1 中发现的，现在已知的这样的黑洞大约有 20 个。

引力波事件：双中子星和黑洞的合并

　　双星系统旋转运行的时候，周围的引力会发生变化，以光速在太空中传播涟漪。这些涟漪被称为引力波，是爱因斯坦广义相对论的一个特征（见 P.18）。只要物体的质量分布发生变化，就会发出引力波。引力波非常微弱，就算是恒星这个体量的物体发出的引力波也很弱，直到 2015 年科学家才通过两台极其灵敏的仪器探测到它们。这两台仪器一起运作，组成了 LIGO。当然，在早些时候就已经有迹象表明了引力波的存在，有足够的说服力让科学家确定仪器的规格、开发相关的技术，并筹集必要的资金来制造了这些仪器。

　　早在 20 世纪 70 年代末，在对双中子星轨道的研究中就发现了引力波的影响。第一个双中子星系统 B1913+16，是由美国物理学家拉塞尔·赫尔斯（Russell Hulse，1950—）和他的博士生导师美国天体物理学家约瑟夫·泰勒（Joseph Taylor，1941—）在 1973 年用位于波多黎各的阿雷西博天文台口径 305 米的射电望远镜发现的，可惜该望远镜在 2020 年遭受飓风破坏后倒塌损坏了。科学界立即意识到了双中子星对广义相对论的重要意义。这是一个获得了诺贝尔物理学奖的发现，该奖于 1933 年授予这两位科学家，评论说道："因为他们发现了一种新型的脉冲星，这一发现为引力的研究开辟了新的可能性。"

　　赫尔斯-泰勒脉冲双星绕着另一颗中子星运行，它的轨道很小，偏心率却很高，周期很短（8 个小时）。当它运行到轨道的远端和近端时，其脉冲就会提前或延迟到达。时间上的差异使我们能够非常精确地绘制出它的轨道图，并且看到广义相对论是如何对轨道产生影响的。事实上，仅仅两年后，当赫尔斯在1975年撰写论文的时候，广义相对论的影响就已经在脉冲星的时间特性上首次显现了。到了1980年，泰勒就已经可以看到脉冲星所发射的引力波的全部效果了。随着引力波辐射开去，这个双星系统的能量损失已经导致其每运行一圈，轨道就缩短1.5厘米，所以自从这个系统被发现以来，轨道已经缩水了1千米。

在赫尔斯-泰勒脉冲双星之后，人们已经发现并监测了更多的脉冲双星。在所有这些案例中，科学家都不可能直接测量到引力波本身，而只能看到引力波导致的恒星轨道能量流失。观测计算结果与广义相对论惊人地吻合，精度远远超过0.1%。将引力波确定到这种程度，促成了LIGO的实施。

LIGO是第一个直接探测到引力波的仪器，它是由两个仪器组成的，分别位于华盛顿州汉福德和路易斯安那州利文斯顿，与意大利比萨附近的一个类似的探测器Virgo协同工作。第四个探测器，即日本的神冈引力波探测器（KAGRA），于2020年投入运行。在全球范围内分布多个探测器，可以将天体事件与地面振动等局部干扰区分开来。此外，当引力波扫过地球时，会在不同的时刻陆续到达探测器，科学家就能够据此估计出引力波的方向。沿着引力波的传播线反向追溯回去，就能找到它们的发源地。

引力波探测器的原理是用激光测量两个自由悬挂的摆镜之间的距离，整体形成了一台光学干涉仪。当引力波通过时，镜子就像水面上的软木塞一样晃动，两面镜子之间的距离会发生变化。

这就会改变干涉仪中的干涉图像。2015 年 9 月 14 日，LIGO 首次观测到了引力波事件，这也是世界范围内的第一次。这次事件后来被证实是两个黑洞合并所产生的引力波。2017 年的诺贝尔物理学奖授予了美国人基普·索恩（Kip Thorne）、雷纳·韦斯（Rainer Weiss）和巴里·巴里什（Barry Barish），以表彰他们在首次探测引力波中所作的贡献：索恩是引力波理论的专家；韦斯设计了 LIGO 干涉仪使用的激光技术；巴里什则主导了 LIGO 项目的建设和使用。

第一个引力波事件 GW150914（GW 表示 gravitational wave，即引力波；数字是事件发生的日期，格式为 YYMMDD，即用三组两位数字依次表示年月日）的持续时间只有 0.2 秒。这两个黑洞在最后的轨道上相互环绕，随着轨道速度的增加，它们迅速向内螺旋。引力波发出了"啁啾"信号，随着两个黑洞越来越近，轨道周期也减少，其频率从 35 转 / 秒增加到 250 转 / 秒。两个黑洞最终接触，合并成了一个。所产生的黑洞随后振荡了几百分之一秒。

这次引力波事件中的两个黑洞的质量分别是太阳质量的 35 倍和 30 倍。它们合并后，产生的黑洞质量是太阳质量的 62 倍。3 个太阳质量消失了。这些质量通过 $E=mc^2$ 方程转化成了引力波的能量，辐射出去了。这次合并发生在离我们 15 亿光年以外的星系中。所以引力波的能量到地球时，已经分散到 15 亿光年这么大半径的球体表面了，推动 LIGO 里那个"摆锤"的，只是其中很小的一部分能量。后来探测到的引力波事件，其发生地要再远上十倍，所以实际上可以说整个宇宙中很大一部分的黑洞合并事件都在引力波探测器的探测范围之内——当然，前提是合并事件要发生在正确的时间和正确的距离，这样当探测器正在运行的时候，引力波正好到达。

合并产生的引力波的特征完美符合了人们的预期，这使得对观测结果的分析变得简单明了——所有的方法都是事先制定好的，公开讨论了好多年，并已经在业界达成了共识。诺贝尔奖委员会反应如此迅速，从发现到获奖的时间如此短暂，肯定也和这个有关。在那段时间里（15 个月），又有十几个引力波事件被记录了下来，其中除了一个之外，其他所有事件都是黑洞的合并。

但有件事情超出了人们的预期：黑洞的质量太大了——虽然不是超大质量，但已经超过了恒星级。双星系统中的黑洞（按照之前的认识）是来自祖恒星的超新星爆发。简而言之，天文学家在此之前一直认为，超新星爆发只会形成较小的黑洞，他们原以为产生的黑洞会是 5—20 个太阳质量大小，这次发现的 30—50 倍太阳质量的黑洞是他们没想到的。肯定是有什么天文学家们还不知道的东西——但是是什么东西呢？这个问题的答案还有待人们去发现。

所有探测到的引力波事件（截至 2020 年已经超过 50 起）几乎都是黑洞合并。有少数是两颗中子星的合并，还有一起是中子星与黑洞的合并。第一起中子星合并事件，GW170817，发生在 2017 年。在近两分钟的时间内，两颗中子星旋转频率从 24 转 / 秒增加到约 300 转 / 秒，然后以螺旋轨迹形式撞到了一起。这次合并似乎产生了一颗质量高达 3 倍太阳质量的中子星。考虑到中子星只有在其质量小于 2 倍太阳质量时才能存续，这意味着这颗新的中子星是超质量的，是注定要毁灭的。有迹象表明，它很快就坍缩成了黑洞——合并出中子星只是走向湮没路上的昙花一现而已。

可以想象，就像中子星合并一样，白矮星合并后也可能会产生一颗白矮星，其质量会暂时超过它通常可以达到的最大质量。然后这颗白矮星也会迅速坍缩成一个黑洞。这种事件看起来就像一个超高能量的 Ia 型超新星爆发。这种 Ia 型超新星的模型，是 P.194 描述的伊本和惠兰模型以外的另一种可能模型。有一颗名为 WDJ0551+4135 的恒星，似乎就是两颗白矮星合并成一颗白矮星后的结果。它的质量为太阳质量的 1.14 倍，没有达到 Ia 型超新星爆发的质量极限①。对比来看，确实曾经有过异常明亮的 Ia 型超新星，其原因可能就是合并生成了太大而无法存续的白矮星，所以导致了爆发。

黑洞合并本身不会产生明显的光、无线电波或 X 射线能量，但中子星的合并会溅起一些物质，这些物质从合并事件中获取了能量，于是它们的辐射能够被光学望远镜、射电望远镜以及 X 射线望远镜观测到。在 GW170817 事件的引力波爆发两秒后，费米伽马射线太空望远镜和 INTEGRAL（国际伽马射线天体物理实验室）航天器探测到了一次短暂的伽马射线爆发（持续两秒），即伽马射线暴。伽马射线暴也是用字母和日期来编号的，规则与引力波事件编号相同，因此在 GW170817 之后，在相同的地点马上就出现了伽马射线暴 GRB170817。这两个事件编号的日期是相同的，因为两个事件只相差了几秒钟，几乎是同时发生的。11 个小

①　即前文所说的钱德拉塞卡质量，约 1.5 倍太阳质量。——译者注

时之后，在对引力波探测器和伽马射线所指示的区域进行搜索时，科学家在一个星系中发现了一个新的、短暂的点光源。

像这样的事件被称为"多信使"事件，因为天文信息承载在不同类型的辐射中，需要通过不同类型的望远镜才能探测到。每一种辐射像一名信使，为研究带来了不同的机会，把这些辐射综合起来考虑，才能够为可能发生的事情提供最完整的画面。如何充分利用多信使事件提供的机会，这是一件很有挑战性的任务，因为这些信使的出现毫无征兆，可能会在任何时间、任何地点冒出来。多信使事件往往非常短暂，几秒钟就会消失，最多不过几天，所以留给各望远镜的工作人员来协同行动的时间非常少。为了争取到最大的收益，天文学家尽力组织出了不同的小组以应对多信使事件的发生，小组之间协调设备来观测那些短暂的信号。他们构建了复杂的观测网络，小到安装在同一颗卫星上并指向同一方向的两台望远镜，大到数十台望远镜组成的全球观测网络。

在全球观测网络中，一台望远镜探测到的事件会触发其他望远镜开始观测。NASA 于 2004 年发射的空间望远镜尼尔·赫雷尔斯·斯威夫特探测器正在研究伽马射线暴，该探测器上安装了一个自主系统。一旦探测到伽马射线暴，它就会在几秒钟之内通知其他望远镜中断当前的任务，转向爆发的位置，发挥它们的能力开始进行观测。当然了，有一些不可控的自然环境状况会打乱计划——在关键时刻空间望远镜正位于地球的另一侧，或者地基望远镜正在厚厚的云层下望天兴叹，这就是两个经常出现的观测"拦路虎"。

GW/GRB170817 的现象完整地持续了足够长的时间，诸多望远镜相继加入观测，监测窗口从伽马射线波段一直到射电波段，共有 70 台望远镜都成功地完成了观测。在探测到引力波后的数小时、数天、数周内，伽马射线、紫外线、可见光、红外光和无线电信号源绝大部分都消逝了，但即使到了两年半之后，仍然还能看到一些无法解释的弱辐射。研究证实这次事件的发生地是 1.3 亿光年外的椭圆星系 NGC 4993。X 射线、光和无线电辐射来自一个爆炸后快速冷却的物质云，那是从中子星合并中喷出的碎片，引力波和伽马射线就来自这次中子星合并。这种现象被称为千新星（kilonova）。

伽马射线暴 GRB170817 的余辉来自中子星合并事件中产生的重核的放射性衰变。宇宙中比铁重的元素有一半都是由千新星产生的，每次产生的质量大约是地球质量的 16 000 倍。重元素包括金和铂，看着一件黄金或者铂金首饰，比如戒指，想象一下诞生这种元素的时间链，从千新星的剧烈爆发中产生，通过星际空间来到太阳系，落到地球上，又经过了地质变化和人类的处理，最后来到你的手指上，这个过程多么有趣。如果没有千新星的制造，这些元素要比现在更加罕见，更加珍贵。

伽马射线暴

伽马射线暴 GRB170817 是一种爆炸，20 世纪 60 年代美国军用卫星 Vela 首次观测到了这种爆炸。20 世纪 60 年代正值东西方冷战的紧张时期，西方盟国以美国为首，东方集团则以苏联（现在的俄罗斯）为首。双方都在发展核武器，地面核试验生成了危险的核沉降物，这些沉降物在世界范围内漂移，困扰着无辜的世界居民。1963 年，《部分禁止核试验条约》签订，禁止在大气层、太空和水下进行核武器试验（但允许进行地下试验）。为了监督对条约的遵守情况，1967 年，美国发射了 Vela 卫星星座。Vela 的目标就是探测核武器发出的短脉冲伽马射线。令所有人惊讶的是，Vela 刚刚发射，立即就看到了密集的伽马射线爆发，频率约为每天一次，这太频繁了，不可能是核试验造成的。但是出于军事安全的考虑，这一信息直到 1973 年才公开。这些爆发在太空中出现的方向是随机的，很明显它们是一种自然的天体现象。

前文已经提到过，天体伽马射线暴的日期编号以年开始，然后是月和日。如果在一天内发生了多个爆发，当然这很少见，则会在编号后面按顺序加上字母 A、B，依此类推。每个射线暴持续时间最短为千分之几秒，最长一般能持续几分钟。伽马射线暴基本上可以分成两类：平均持续时间为三分之一秒的短暴和平均持续时间约为半分钟的长暴，不过后者有时候也可能持续几个小时以上。伽马射线暴爆发后，尤其是长暴后，通常会出现"余晖"——在光波段和射电波段突然出现一个辐射源，然后缓慢地衰减消失。

通常，一个三分之一秒长的短暴脉冲必定来自长度小于三分之一光秒的物体。否则，光从光源的后端传播到前端这段时间内，这个短脉冲就会被叠加模糊成一个时间更长的脉冲［0.3 光秒是 100 000 千米或者 60 000 英里（1 英里 ≈ 1.6 千米），只有地球直径大小的几倍］。就这样，通过对 GRB170817 的研究，人们揭开了伽马射线短暴的起源之谜：两个中子星的合并。

而伽马射线暴中的长暴，则可能来自"裸露"的超新星。这是因为恒星在早期演化的过程中外层脱落得过深，直至暴露了内核，最终导致了坍缩。Ⅱ型超新星的核心坍缩成黑洞总是会产生伽马射线，但这些射线通常会被恒星的外层吸收。如果外层已经没有了，超新星变成了"裸体"星，伽马射线就会毫无阻拦地发射到了太空中。有的时候伽马射线暴会反复闪烁，闪烁模式很复杂而且明显是随机的。人们认为这一现象与超新星喷出的物质块回落并被新生成的黑洞吞噬有关。

人们发现了伽马射线暴与射电和光波段余晖同时出现的案例，由此证明了长暴与核心坍缩的超新星之间的联系。看到的余晖经常位于遥远的星系中。这证明了这些爆发事件的能量有多大，每一次释放的能量都相当于一次超新星爆发。实际上，从表面上看，它们释放的能量似乎是超新星的数十万倍，因此这种现象的另一个名称是"极超新星"（hypernova）。但是后来人们意识到，伽马辐射的形态是指向性很强的波束，于是对它的能量计算数值就逐渐降下来了。我们要看到爆发产生的伽马射线，前提是地球必须被伽马波束的明亮区扫到。所以如果我们认为这个明亮区对于不同方向都是一样的，那肯定会大大高估爆发所产生的总能量。尽管如此，即使极超新星并没有人们曾经以为的那样强大，但它们的威力也比超新星大上成百上千倍。伽马射线暴是宇宙中已知的最强大的恒星爆炸。要比它再强大，就只有与超大质量黑洞相关的事件，那已经属于星系尺度了。由于我们只有位于辐射波束中才能看到伽马射线暴，所以大部分的伽马射线暴都被错过了，大约每天只能看到一次。而每当发现了一次伽马射线暴，就意味着实际还发生了 500 多次。

光波和射电波段的余晖是由围绕着祖恒星的星际物质受到喷流的刺激而引起的，这些喷流是极超新星释放能量的通道。由于星际物质在不同位置的数量和分布都有所差异，所以不同事件的余晖表现也各不相同。

现有记录中最强大的伽马射线暴是 GRB080916C，这是 2008 年 9 月 16 日由费米伽马空间望远镜观测到的。它释放的能量相当于约 6000 颗 Ia 型超新星爆发。在爆发几个小时后，一台专用的多信使望远镜——智利拉西拉的欧洲南方天文台 2.2 米口径望远镜上的伽马射线爆发光学 / 近红外探测器（GROND）——发现了伽马射线暴的发源地，一个远在 120 亿光年外的星系。

本章中所介绍的这些来自不同类型濒死恒星的事件都具有强大的能量。这些能量来源于恒星坍缩成为中子星或黑洞时，恒星质量释放出的势能。这种能量高达 10^{44}—10^{46} 焦耳，以不同的形式向外辐射到宇宙中，持续时间也长短不一，这取决于爆炸的具体情况。这是非常巨大的能量，相当于太阳在其 100 亿年左右的整个生命周期中所辐射的能量总和。然而，伽马射线暴的爆发是短暂的，就那么几秒钟，因此所有的能量都集中在一个短而强大的爆发中。

如果恒星坍缩或者黑洞合并的能量没有被周围的东西吸收，那么爆发的能量会传播数十亿光年，以一个可探测的数量渗透到宇宙的相当大的部分中。恒星级黑洞的合并就是这种事件中最强大的那种。它们产生的引力波能量的流动几乎不受任何东西的阻碍，并且在 100 亿光年以外的地球生成了一个我们可以看到的事件，甚至我们可以近似地将其描述为发生在宇宙的另一端。这真是自大爆炸以来最大的爆炸了。

第九章

太阳系的诞生

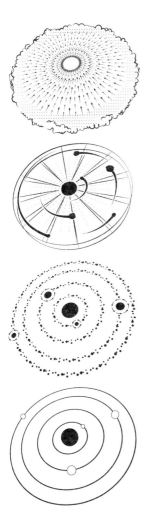

太阳系对我们极其重要，是群生所依怙的家园。在当今这个太空探索盛行和望远镜功能愈加强大的时代，我们对天文的认知以及对家园的了解也在不断扩展。我们对太阳系中诸行星的认识日臻细致，并且能够越来越深入地将它们和绕行其他恒星的行星加以比较。这就为此前对于行星和生命演化的猜想增加了越来越多的确定性。行星科学和天体生物学（研究外星生命的科学）都涉及多门学科，其复杂性和重要性与日俱增。

太阳形成时，环绕在周围的气体和尘埃形成了圆盘状结构。尘埃粒子互相粘连，最终形成了行星。

太阳星云中的冰尘

从宇宙的尺度上看，太阳系和一众星系、恒星比起来并不出众。从宇宙历史上说，它只能算得上姗姗来迟——所以它直到这本《宇宙传记》接近尾声时才出现。本书以一个大爆炸开头，可是对于我们来说，直到现在才开始接近高潮：作为一种宇宙级现象，人类出现了。但这种观点颇有些自以为是，因为如果从更广的角度看，我们所以为的高潮其实影响很有限，持续的时间也很短（参见第十二章）。

在银河系的星际介质中，蕴含着让行星存续、表面承载生命的可能，当太阳在太阳星云中形成时，这种可能在太阳系里变成了现实。在太阳星云中，气体和固态颗粒在新生的太阳周围旋转，运行轨道近似一个个圆周（参见第六章），形成了圆盘状结构。这些气体来自星际空间，绝大部分都是大爆炸时产生的氢和氦，但是也包含一些简单分子化合物，由碳、氧和氮等恒星里生成的元素组成。在这些化合物中，小原子分子更为常见，因为在银河系的真空空间中，生成这些物质比生成复杂分子要简单很多。这些分子包括氢分子（2个氢原子，H_2）、水（2个氢原子和1个氧原子，H_2O）、氨（3个氢原子和1个氮原子，NH_3）以及一氧化碳和二氧化碳（1个碳原子加上1个或2个氧原子，CO 和 CO_2）；更复杂的分子如甲醇（1个碳原子和1个氧原子、4个氢原子，CH_3OH）和乙醛（2个碳原子、1个氧原子和4个氢原子，CH_3CHO）也出现了。迄今为止，在星际空间中发现的最复杂的分子包含12个原子甚至更多，比如苯（C_6H_6），6 个碳原子和 6 个氢原子组成了一个环。巴克敏斯特·富勒烯分子（俗称"巴克球"）只有一种原子，但数量很多：每个分子都有 60 个碳原子，排列成一个网格型的穹顶结构，这种结构的设计来自建筑师巴克敏斯特·富勒（Buckminster Fuller）。

我们可以推测，这些已经是当初太阳星云里最复杂的分子了，直到后来，太阳星云变得温暖、稠密，开始生成更为复杂的东西。这个圆盘状结构的成分和现代太阳系中的彗星成分很类似，本来嘛，生成彗星的材料就来自太阳星云。星际空间是寒冷的，就像彗星那样，上文中提到的那些分子以及诸如此类的东西，最初都是以各种冰的形式冻结在太阳星云的颗粒上，直到在 45 亿年前汇聚成彗星。除非彗星在机缘巧合下冒险闯进了温暖的太阳附近，它的这些成分会因此发生进一步的化学反应，否则它将会继续保持原来的状态，不会有什么改变。

在这些分子向太阳星云中聚集的同时，太阳在星云中心形成了，开始发光，释放出更多的热量。在离太阳最近的地方，那些没有遮挡的星云颗粒变得温热。冰融化然后蒸发了——或者更准确地说，冰在太空里跳过了液体形态，直接从固态变成了气态，"升华"了。（冷冻的二氧化碳甚至在地球上就有这效果，比如在一场哥特式戏剧的舞台上用干冰来模拟雾气。）升华的蒸气汇入太阳星云中的其他气体中，只留下了固态的颗粒。

太阳星云内部区域的大部分冰都蒸发了，而外部区域里的冰还维持着固态。内外区域的交界称为雪线，这个名字来源于地球高山的雪线。高山的雪线是一条等高线，在雪线的高度之上，积雪是常年不融化的。通常来说，像太阳这种年轻恒星的雪线半径相当于地球公转轨道半径的 2—3 倍（我们把地球公转轨道半径定义为 1 个天文单位，即 1A.U.，所以 2—3 个天文单位大概相当于太阳系的火星公转轨道）。在雪线内部，太阳星云变得干燥起来，由固体颗粒组成，冰都蒸发殆尽了。气体分子（主要是氢和氦）受热并从太阳上逸散开去。雪线之外，众多颗粒依旧被冰层包裹，气体分子也得以保持在原地。

其实，不同化合物的雪线位置多少会有一些不同，具体的位置取决于化合物从固态开始变为蒸气的温度。我们所说的"那条"雪线，对应的是水蒸气和水冰的边界。总的来说，随着不同化合物的蒸发，太阳星云的成分逐渐发生了变化。这意味着太阳系天体由于形成位置的不同，其成分存在差异。

原恒星刚刚在原行星状星云中生成的时候，雪线离恒星自身很近，人类目前的望远镜还无法对星云成像，也无法看到雪线边界，但是有一个例外——猎户座 V883。它的图像是 ALMA 望远镜拍下的。该望远镜位于智利安第斯山脉的查南托高原，靠近圣佩德罗–德阿塔卡马，是一台"独一无二"的国际合作望远镜，由欧洲南方天文台运营。

ALMA 望远镜有 66 个高精度天线，工作波长为 0.32—3.6 毫米。这些天线通过干涉仪连接在一起，共同组成了该望远镜。天线可以通过巨大的运输车进行移动，从而实现干涉仪的不同配置。天线间的最大距离为 150 米至 16 千米不等。用来移动天线的运输车有两辆，名为"奥托"（Otto）和"洛尔"（Lore），它们可以把天线从安装平台上抬起来，重新调整位置，精度约 1 毫米。这样，干涉仪就可以利用一台专业的计算机（叫作"相关器"）把不同配置下所有天线收到的数据整合起来，拍摄出天空的细节图像。ALMA 望远镜拍摄的照片比哈勃太空望远镜拍摄的照片更加清晰锐利。

ALMA 望远镜是通过感应毫米和亚毫米辐射来工作的。那些来自太空的信号会被地球大气中的水蒸气大幅度吸收，所以这种天文望远镜必须建造在空气稀薄和干燥的地方。ALMA 望远镜的站址位于阿塔卡马沙漠，海拔 5000 米，是地球上最干燥的地区之一，而且由于高海拔的原因，空气也稀薄。台站的工作人员操作这座"边缘级"天文台的时候必须要使用氧气瓶呼吸，但这是值得的：ALMA 望远镜打开了一扇通向宇宙的新窗口，通过这个窗口，天文学家能够发现银河系外行星系统中的温暖尘埃和分子。遗憾的是，天文学家只能观测到气体和尘埃，而那些比网球大、比行星小的物体，都无法直接看到。所以他们无法观测"星子"从小卵石、小石块（流星体）生长成小行星和行星的阶段。这些小东西至关重要，因为它们才是行星建造的核心，但是它们的具体作用仍是个谜。

尽管 ALMA 望远镜有着惊人的锐利成像技能，但在一般情况下它无法从原行星盘中发现雪线所代表的边界，因为 2—3 个天文单位范围的雪线还在原行星星云的内部深处，ALMA 望远镜无法将其结构与中心恒星区分开。但是上文也提到过，有一个特例。2016 年，恒星猎户座 V883 周围的原行星盘雪线的位置超过了 40 个天文单位（相当于太阳系的海王星公转轨道）。这颗恒星与太阳相似，质量只比太阳大三分之一，但是当时它的亮度比平时高出了 400 倍。它正在经历着一次爆发，大量物质从原行星盘转移到恒星上，激活了原行星盘，继而又激活了恒星表面，使得恒星的温度和亮度都出现了暴增。爆发使原行星盘在短时间内迅速加热，大量分子从其内部区域的冰化合物中释放出来。探测发现这颗恒星 40 个天文单位之内的区域中均有水蒸气分布。其他蒸气态的分子还包括甲醇（CH_3OH）、丙酮（CH_3COCH_3）、乙醛（CH_3CHO）、甲酸甲酯（CH_3OCHO）和乙腈（CH_3CN）。这些更复杂的有机分子分布在 60 个天文单位之内，那就是它们的雪线了。

原行星的形成

太阳星云形成了一个由气体、冰和固体颗粒组成的圆盘，绕着太阳旋转。关于这些固体颗粒是如何堆积成类地行星的，目前还在研究中，有一种可能是这样的：在太阳系诞生大约 10 万年后，这些颗粒依旧很小，小到一个颗粒上携带的微量的静电就足以影响它在其他粒子间的运动轨迹。当带有相反极性静电的颗粒接触时，它们会黏在一起。还有一个场景与这个效果类似：颗粒表面的分子可能会有一个原子断裂出去，从而释放出一个自由的不饱和化学键。如果两个具有自由化学键的颗粒接触到一起，化学键可能会连接上，从而将这两个颗粒连接起来，也会把它们黏在一起。通过这种方式，微小的颗粒不断凝结、生长，成为直径几厘米大小的卵石。

几百万年后，等这些颗粒都变成了卵石，它们生长得就更快了。它们在太阳星云的尘埃和气体中游荡，形成了一种扰动。太阳星云物质在扰动两侧流动，在这些卵石碎块身后碰撞，然后落在碎块的尾部。除此之外，尘埃颗粒或更小的卵石碎块撞击上来时会碎裂成碎片四散开去，最后落在卵石碎块的表面。这些过程称为"吸积"，正是它们造就了卵石碎块的生长。卵石长成了大石头，直径逐渐长到几米到几千米。

这个阶段的这些卵石碎块叫作星子。那些较大的碎块一起运动，在引力的作用下相互吸引，形成原行星。有些原行星会合并形成行星，还有一些会保持原状，这就是现在太阳系里的小行星。柯伊伯带天体阿罗科特（Arrokoth）就是这么一位"幸存者"（这个名字在波瓦坦语 / 阿尔冈昆语中的意思是"天空"，它的数字编号是 2014 MU6）。由于阿罗科特在太阳系中的位置比冥王星还靠外，它还曾经有个昵称 Ultima Thule（意为"在最遥远的土地以外"）。新视野号太空探测器于 2019 年 1 月 1 日飞越阿罗科特，在那之前，它已经飞过了太阳系中最遥远的行星海王星，甚至将冥王星也落在身后。这次飞越的照片（见图XII）显示，阿罗科特由两个相连的瓣叶状结构组成，总长 30 千米，因此从特定角度来看，它长得像一个雪人。它的表面光滑，成分均匀，这表明它还保持着原始状态，从它生成以来一直没有改变过。

这个双瓣状的天体的两个瓣曾经是分开的，它们紧密地贴在一起，彼此相对缓慢地移动，速度为（1—2）米 / 秒，和我们走路的速度差不多。在引力的作用下，它们逐渐进入一个互相围绕旋转的轨道。它们触碰、摩擦，然后轻轻地融合在了一起。每一个瓣叶本身也是由一些较小的碎块在早期经过融合形成的。阿罗科特的形状反映了它的形成过程，它并不是粗暴地形成于猛烈的撞击下，而是温柔地诞生在小小的亲吻和拥抱中。

在太阳附近形成的原行星，通过融合公转轨道上遇到的物质以及原行星之间的合并变得越来越大。而在雪线之外，像木星这样的气态巨行星诞生于海量气态致密的星云物质，它们的形成，与此前从大爆炸中产生的氢中形成星系或者从银河系的星际介质中形成太阳这样的恒星相比，方式或多或少有些相同，都是由于一团高密度气体在凝聚压缩后，所在之处产生了坍缩。

每个原行星的引力都在变大，大到足以影响它们周围的星云。原行星一边在公转轨道上滚动，一边就像吃饭一样不断积累更多的物质。每颗原行星都在数十万年的时间里清出了它在太阳星云中的轨迹，就像一台割草机在长长的草丛中前进，把自己的草料收集器装得鼓鼓囊囊。在 ALMA 望远镜拍摄的许多原行星盘照片中，都能看到清空的公转轨道这一特征。这一特征为系外行星的存在提供了证据，那便是它们扮演了清道夫的角色。ALMA 望远镜拍摄的照片可以让我们眺望太空，一睹其他行星系统的风采，但也许更重要的是，它们让我们看到了我们自己的太阳系，仿佛我们正在回望它们刚刚形成而行星们正在吸积生长的那一刻。

最终，一些原行星变得足够巨大，跨入了行星的行列，反射着来自母恒星的光。从星云到原行星星云再到原行星大概需要1000 万年，这个时间从天文学时间尺度上看还是相对较短的。新的原行星诞生于一个温暖的过程：尘埃、卵石、岩石和小行星形成的"雨"撞击着行星，加热了它的表面，而放射性物质的衰变等过程则在行星内部释放出了热量。从恒星获取的热量则使它们从外部进一步变暖。目前，已经知道有一个系统和这一阶段的太阳系极其类似：围绕恒星 PDS 70（见图 XⅢ）运行的系外行星系统。PDS 70 是一颗质量与太阳差不多的恒星，它的两颗行星都是木星那样的气态巨行星，与恒星的距离和木星公转轨道与太阳的距离相似。因此，如果能在其内部行星的公转轨道内侧发现较小的岩石行星，那这个系统可能就是太阳系刚诞生时的模样。

在太阳星云的雪线之内，剩下来的颗粒都是干燥、坚实的岩石性材料。而雪线之外，颗粒外部的冰层还得以保留。与氢和氦相比，组成颗粒自身的元素在宇宙中的含量并不丰富，所以雪线内部的太阳星云没有太多质量。因此，当雪线内的干燥颗粒凝结形成小的星子时，它们就变成了岩石行星。这类行星包括水星、金星、地球和火星，除此之外，也许还有其他已经消失的类地行星。它们都是低质量行星——更轻但是含量丰富得多的气体（氢气及其化合物和氦气）已经弥散，飘浮而去了。

在雪线外，冰颗粒融合并继续形成气态巨行星——木星、土星、天王星和海王星。和上面的情况一样，起初可能也形成了其他行星。这些外部的星子形成于太阳星云最稠密的部分，肚子里满装着的不仅有固体颗粒，还有未汽化的冰以及更海量的氢气和氦气。它们不断吸入"食物区"里的气体，从而形成了巨大的气体行星。

在动物界中，以猪为例，一窝中通常会有一只，一般是刚出生时最大的那只，比同窝的其他幼崽更会抢食，称为优势个体。它一开始就比别的同伴个头大，于是就能够抢到更多的食物，从而变得更大。如果从这个角度来观察太阳系，我们会发现木星就是这个优势个体。它成功地抢到了大量的物质，质量比第二大行星土星质量的 3 倍还多，而土星本身的质量则接近第三名的 6 倍。木星画出了一个广阔的进食区，它的引力范围甚至超过了它能吃到的区域。结果，它扰动了附近太阳星云中正在形成中的星子。许多星子相撞、破裂，再也无法恢复。可以说，就在我们现在看到小行星的那片区域里，木星把一颗行星灭杀在了萌芽状态。

这个小行星区域里的小行星起源各不相同。有些是星子，比如贝努（Bennu）。有些是发育不完整的、小号的行星——比星子要大，但比完整的行星还差一点。谷神星（Ceres）就是一颗较大的小行星，其实是一颗球形的所谓"矮行星"，它可能就是这样起源的。还有一些小行星，比如艾达（Ida）和加斯普拉（Gaspra），似乎是破碎的行星，因为它们的棱角过于明显。在拥挤的小行星带中，碰撞是很频繁的，因此大一些的小行星上会有小碎片脱落，从而造就了它们不规则的形状。

木星不断聚积坠落的气体流而生长变大，在这个过程中，这些气体流相互作用，形成了一个以行星为中心的圆盘状尘埃和气体星云，就像太阳系所起源的那个星云一样。这个星云最终发展成一个微型的太阳系，变成了木星的卫星系统，其中最大的 4 颗卫星是伽利略发现的，所以称为伽利略卫星。有些位于星云内部区域的卫星没能撑到最后：它们坠入了正在形成中的木星。

随着太阳星云的消失，木星的星云变得不受约束，有了扩张的空间。不仅如此，木星的卫星也在吸积星云而增大，因此星云变得越来越淡弱。木星聚集了星云剩余的物质，大约在 10 万年后，卫星停止了生长。尽管在一开始形成了许多卫星，但当初那些卫星中只有极少数今天还留在公转轨道上，其他的卫星（如果还有其他卫星的话）已经消失了，可能是坠落到了木星上，或者是被甩出了木星的引力控制范围。伽利略卫星是目前最大的 4 颗卫星。不过，自从伽利略卫星形成以来，木星还捕获了大量从它身旁路过的小行星，这使得其目前的卫星数量达到了 80 颗。

伽利略卫星指的是木卫一（Io）、木卫二（Europa，见图 XIV）、木卫三（Ganymede）和木卫四（Callisto）。它们的直径都在 3000 千米至 5000 千米之间，与月球相当。由于远离太阳的温暖，又处在太阳系的雪线之外，它们的质量不够大，无法保留大气，但它们却积累并且留存了大量的水冰。因此，这四颗卫星初生时较为类似，都是富含冰层的岩石世界。但由于后来经历了不同程度的变暖，它们分别形成了自己的"星格"特征（参见第十章和第十一章）。在木星已知的近 80 颗卫星中，除了伽利略卫星外，大多数卫星都是路过的小行星，由于冒失地飞得离木星过近而被捕获。

土星卫星系统的形成方式可能和木星一样，形成的时间大概和木星的伽利略卫星形成时间差不多，这之中就包括了土星最大的卫星土卫六（Titan）以及一些中等体积的卫星。在土星的诸多卫星中，只有土卫六的质量足够大，得以保留住浓密的大气层。和木星一样，土星也在积累更多的卫星：捕获小行星。它共有 80 多颗卫星，同时还有无数微小的卫星组成了它的光环。

行星大迁移

星子和太阳星云的残余气体部分继续相互作用。每一个星子都对其轨道内外两侧的气体施加着引力。这种相互作用最开始的效果就是引发了星子向内侧飘移。如果这种飘移不断持续下去，最终产生的太阳系将和我们实际生存的这一个截然不同。地球会被卷进太阳，不复存在。气体巨行星们倒是可能幸存下来，但它们的公转轨道将距离太阳更近。

如果这事儿真的发生了，太阳系就不是现在这样了，它会和最近发现的许多系外行星系更为类似。太阳系由 8 颗行星组成，距离太阳 0.6 至 40 个天文单位（其中 4 颗是距离 5 至 40 个天文单位的巨大气体巨星）不等，公转轨道周期在 3 个月到 165 年之间（气体巨星在 12 年到 165 年之间）。迄今为止发现的典型的系外行星系统有一到两颗大质量行星，它们与母恒星的距离为 0.01 到 10 个天文单位，公转轨道周期在 0.1 到 50 年之间。系外行星系统中大质量行星一般较少，但是离太阳更近。在某种程度上，这是一个观测选择的问题——在短周期公转轨道上有大行星，这样的系统更容易被我们发现，但这种选择效应是可以解释的，因为带有一个所谓"热木星"的系外行星系统似乎就是一种典型的系外行星系统，人类确定的第一颗系外行星就是这种类型。1995 年，瑞士天文学家米歇尔·马约尔（Michel Mayor）和他的博士生迪迪埃·奎洛兹（Didier Queloz）在飞马座 51 号恒星周围的轨道上发现了这颗恒星，他们因这一发现获得了 2019 年的诺贝尔物理学奖。

热木星行星系统中的气体巨行星一定是在该系统的外部区域形成的，而且肯定是在该系统的雪线之外，但后来行星的位置向内迁移了。它们现在要比以前热得多，气态物质也随之蒸发和消散。木星逃过了这一劫，因为它通过某种方式调转了方向，像一艘船一样逆流而上，朝着它那远离恒星的出生地方向回去了。

木星在太阳系中形成的位置要比现在更靠外，它最后停留在了离太阳近一些的公转轨道上，与它形成对比的是最外圈的行星海王星，后者似乎形成的位置要比现在更近，最终反而离得远了。这一推断来自天文学家对太阳系一个特征的研究：太阳系存在的时间似乎还不够长，不足以形成最外层的几个行星。海王星所在的太阳系边缘离太阳很远，太阳的引力很弱。因为这个区域里的物体运动缓慢，不会经常出现剧烈的动作，所以碰撞很少发生，即使发生了，速度也很慢。在这里形成的星子并不会长得很大。在太阳系里，这么小的星子都在遥远的位置：在海王星之外是所谓的柯伊伯带，这是外海王星天体（看名字就明白了）的所在地。这些天体的起源五花八门，但许多都像彼得·潘[①]一样——永远长不大。前文描述的双瓣小行星阿罗科特就是一个例子。

因此，看起来海王星不可能是在目前它所在的这个位置形成的。肯定是还发生了我们至今没有想到的某些事情，否则海王星不应该存在。解决这个难题的办法似乎是，它一定是在离太阳更近的位置形成的，后来向外移到了现在的公转轨道上。

太阳系整体物质分布的异常也表明了这一点。总的来说，从太阳向外看去，各行星的大小是平滑变化的。太阳附近的行星最小，中心区域的行星质量最大，然后，越往太阳系的边界，行星质量越少。这一变化规律一定和太阳星云的密度有关：如果以太阳为中心，在太阳星云中画一个圆圈，那么这个圆圈轨道上的物

---

① 儿童文学作品《彼得·潘》的主人公，是一个永远也不会长大的小男孩。后被改编为迪士尼电影《小飞侠》。——译者注

质越多，最初在那里形成的行星质量就越大。当然，在这段时间内或之后会有一些事件导致行星的质量减少或增加，但起点在哪里呢？太阳星云中的质量分布特点又是什么样的呢？

我们知道，对于那些变成岩石行星的星子，当初从太阳星云转移到它们身上的氢和氦都没能保留下来（除非通过化学反应结合成更重的分子，比如水），但我们可以相当确信，行星中更重的元素，比如铁和硅，是它与生俱来元素的典型代表。因此，生成原始太阳星云质量分布的想法是这样的：取各颗行星的岩石成分，加入氢和氦，直到化学元素整体上与太阳的组成相匹配——这么做的前提是假设太阳的组成自诞生之日起没有太大变化。如果把各颗行星增加出来的质量分布到行星在太阳星云内的轨道区域，就可能得出一个令人满意的太阳星云表面密度的概况。

虽然这种方法看起来会很有效，但它得到的结果却不理想，按照这个计算出的太阳星云初始分布并不能提供足够的质量来制造出太阳系的这些行星。通过这个方法得到的太阳星云的表面密度很低，其质量分布太薄，无法快速形成巨大的行星。根据这种方法，木星需要数百万年才能形成，天王星和海王星则需要数十亿年。而目前的证据显示，太阳系行星的形成过程可能只花了数十万年甚至更短的时间。

总的来说，如果太阳系的各行星是在现在的位置形成的，那太阳系应该还没有足够的时间发展成这样。要想攒到足够多的物质汇聚成巨大行星，应该还需要很长很长的时间。此外还要考虑到，氢和氦在太空中停留的时间越长，就越多地消散到太空中，然后被太阳辐射加热、推开。巨大行星的形成就不单是减缓的问题了，而是永远都无法完成。

　　天文学家并没有完全放弃这套行星形成理论，他们研究了可以引入哪些额外的特征来使该理论发挥作用。有一个似乎是成功的方法，那便是假设这些行星是在它们现在距离太阳一半的位置上形成的，这也与太阳系早期历史的其他观点相吻合。这样就把太阳星云的面积压缩到了四分之一，相应地增加了星云的密度，进而从更致密的地方开始形成星子，以此加速了大行星的形成。

　　这一理论中有一个异常现象，那就是令人诧异的海王星。在太阳星云的外部边界（据推测），表面密度随着与太阳的距离增加而平稳下降，这应该会导致行星质量的平稳减小。实际的变化是这样的：木星的质量是地球的320倍，土星的95倍，但接下来就全乱套了。下一个是天王星，质量是地球的14倍，到海王星却变大了，质量是地球的17倍。如果外行星按质量递减的顺序排列，海王星应该比天王星更接近太阳。海王星不仅从出生地向外做了飘移，而且它在行星队列里的位置也错了。这意味着在各行星形成之后又发生了一些重大的变动——海王星不知何故被推向了太阳系的外缘。欲知后事如何，且听下章分解。

第十章

太阳系中的混沌与碰撞

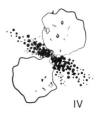

我们的头脑里有两种看待周围事物的观点，当我们突发奇想时，这两种观点就会冒出来。一种观点认为我们的生活是有序的，一切都是有原因的；另一种观点则认为一切都是偶然的——用麦克白的话说，就像"一个白痴讲述的故事，充满了喧嚣与狂躁，却毫无意义"。行星看起来是在以一种有序的、可预测的方式运动，但事实上，我们在地球上生存的主要外部环境，或者说太阳系的结构，却是由混沌和偶然造成的，这种混沌和偶然来自不可知的行星的运动，以及行星之间的意外碰撞。地球的传记原本可能会是一个截然不同的版本。

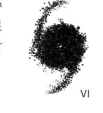

月球起源于原始地球和一颗较小的偏离轨道的行星之间的碰撞。

从原行星到行星

行星在生命历史的早期就开始成长了，它们逐渐分层，形成不同组分的区域。这叫作行星分化，是不同种类的行星材料熔化（或至少软化）和分离的结果。当星子长到直径约 1000 千米大小时，就会出现这种分化现象。密度较大的物质倾向于下沉到星子的中心，而密度较小的物质则向表面上升。因此，较大的星子，以及较大的原行星和卫星，分化成不同组分的区域，越向内部密度越大。这些区域的成分取决于原行星的形成地点、它的质量大小以及它的生命历史（也就是说，行星里输入了多少能量，以及在什么情况下导致其内部物质的上浮或下沉）。

这种分化也是陨石种类如此之多的原因之一。陨石是原本围绕太阳系运行的固态物质——比如小号的小行星——的碎块，其实这些碎块本身也是小的小行星了，碎块落到地球上，就是陨石。其中的一些碎块是太阳系的原始材料，从来没有参与过任何行星的形成。其他碎块则是来自破碎的、至少已经部分分化的小行星。这些小行星由于与其他小行星相撞而支离破碎。一块这种陨石的矿物成分不仅取决于它的母体小行星，还取决于它来自小行星内部的哪个区域。

在分化完成的类地行星内部，比如地球、火星，或者月球和木卫一这样的岩石态卫星，中心区域形成了一个核心（全部或部分由铁和镍组成），周围环绕着岩石地幔，外层覆盖着外壳，在某些情况下，还有气态的大气环绕。地球的核长得很大，并分层为固态内核和液态外核。木星的冰冻卫星木卫二和木卫三也分化出了类似的核-幔内部结构，但它们没能形成地壳；相反，它们是被层层的冰和水包围着的。由于内核中有熔化的铁，当电流在液态铁中形成循环时，通过发电机效应产生了行星范围的磁场。正是由于这些结构，一些陨石的成分是铁和镍，有的成分则是岩石，而且组成岩石的矿物也有相当大的差异。

而巨行星们，比如木星和土星，则分化出了深厚致密的气态大气层，再向下则是氢和氦的分子层。行星内部的高压环境下，氢呈现出金属性质，这在实验室条件下是未曾出现过的，因为它们的先决条件是高压，高到在地球上无法实现。这些行星形成了一个中心核，由铁、硅和镁等较重的元素组成，同时也有一些水、氦和甲烷。

推动岩石星子演化为原行星，然后又演化为类地行星的最初能量来源是对其他星子的吸积，在撞击中，星子的动能转化为了热量。这使星体的地表液化成了一片熔融岩浆的海洋。残余的固态物质漂浮到岩浆海洋的表面，而较重的富铁液态物质则下沉到海底。这就进一步释放了能量，过程逐渐失控，连续不断地把行星的物质分离成致密的固态和液态核心以及岩石态的地幔。

在地球形成后的 100 万年内，液态岩浆开始冷却，表面逐渐固化。这一过程在几千万年后终于完成了，地球发育出的大气层对地表形成了保护，阻挡住了进一步的陨石轰击（那些有足够能量可以突破大气屏障的大型流星除外）。与地球不同，月球体积小得多，连一点点重要的大气层都没能保留住，所以陨石对月球表面的轰击仍在继续。

接下来，推动行星结构发育的下一个热源是放射性元素的衰变，如果行星或卫星是行星/卫星对的成员，比如木卫一和木卫二，那么热源还包括潮汐热。另一个因素是原行星的大小以及岩石地幔提供的隔热能力，如果这条岩石地幔毯子足够厚的话，就能够把热量保持在星体内部。如果原行星很小，它的冷却速度就会相对更快，那些熔化的物质都会凝固，使分化停止，同时由于内部的行星"发电机"不再转动，也就关掉了行星磁场。

月球的形成

太阳星云消散了，留下了许多星子和不少大型原行星。它们围绕太阳运动的公转轨道相当密集甚至拥挤，这些"邻居们"互相经过时产生的相互作用对轨道产生了不规则的干扰。碰撞是不可避免的，有两种极端的碰撞，产生的结果也截然不同。

第一种是一个小的星子与一个大的原行星以较低的相对速度相撞——例如，其中一方在轨道上"强行超车"。这会产生几个结果：较小的星子解体；较大的原行星表面发生了一些搅动；产生一个炽热的撞击坑。简而言之，结果就是小星子被吸积到大的原行星内部了。这是行星生长的一种方式，新的碰撞会覆盖掉早期的碰撞。我们能看到的撞击坑伤痕都是最后一波碰撞留下的。

碰撞方式的另一个极端，是两个体形相当的星子迎头相撞，导致每个星子都解体成许多碎片。许多小行星就是这样创造出来的——另一些碎片则会继续运行，直到被行星捕获，成为行星的卫星。这些破碎的碎片可能具有不同的成分，这取决于它们来自破碎行星的哪个分化区。陨石只是落到地球上的小型小行星，它有两个主要类型，铁质或石质，取决于这些碎片是来自冰冻的铁核还是来自岩石地幔。有迹象表明，一颗名为灵神星（Psyche）的小行星几乎完全由铁构成，它是人类发现的第十六颗小行星，也是小行星带中质量最大的十颗小行星之一。它可能是之前一颗较大的小行星的铁核，在灾难性的碰撞中失去了地幔。NASA 有一项太空任务，将于 2026 年访问灵神星，任务名字就叫灵神星 [①]。

还有一种对我们来说很重要的碰撞类型，既不是第一种，也不是第二种，而是一种介于二者之间的情况：一个星子对另一个星子的侧击。这种撞击会同时改变两个星子的旋转特性，并脱落一些大型碎块和许多小碎片。月亮就是这样诞生的。1974年，亚利桑那州图森行星科学研究所的美国天文学家威廉·哈特曼（William Hartmann）和唐纳德·戴维斯（Donald Davis）在一次会议上提出了这一基本设想，这与会上哈佛大学研究人员 A.G.W. 卡梅隆（A.G.W.Cameron）和威廉·沃德（William Ward）的研究关联到了一起，后者是关于地球 - 月球系统动力学特性，也就是二者的轨道和旋转的研究。此后，这个理论一直停滞不前，直到 1984 年，在夏威夷科纳举办了一次关于月球起源的国际会议。在那次会议刚开始时，人们对于月球的起源还没有达成共识，但在会议结束时，后来被称为"巨大撞击假说"的理论已经成为主导思想，并一直保持至今。科纳会议形成了对月球起源的框架性共识，这是非常关键的，不过后来又提出了许多对于"巨大撞击

---

① 灵神星任务因技术原因推迟了 3 年。2023 年 10 月 13 日，探测器顺利升空，预计 2029年到达灵神星。——译者注

假说"主导思想的变体理论，所以我们也不能说这个月球起源话题已经结束了。

描绘月球形成过程的主要挑战是要同时解释月球的公转轨道和地球的旋转速度，还要解释它们的组成。目前的想法是，地月系统起源于太阳系形成后不久——可能是1亿年后，原地球盖亚与另一颗原行星忒伊亚的碰撞。盖亚的大小是现在地球的90%，忒伊亚的大小相当于现在的火星。这次碰撞是一次侧击，加速了还在"胚胎"阶段的地球的自转，道理就像用手拨动地球仪的赤道会让它转得更快一样。这次碰撞后，地球的旋转速度要比现在快得多。现在的一天是24小时，那时候的一天可是只有5小时。

这次碰撞导致了忒伊亚的解体，并将地球的外地幔粉碎成了小块、炽热的碎片。这些材料胡乱地掺杂在一起，一些落回了地球，一些飞入了太空，还有一些进入环绕地球的轨道。大量碎片聚集在一起，组成了月球，继续运行在环地轨道上。

20世纪70年代阿波罗登月计划的宇航员从月球带回的岩石表明，月球的成分与地球外层的成分非常相似——这两个星球的"同"要大于"异"。月球的地幔和地球的地幔是一样的，与来自火星和小行星陨石的成分都不同。不过，月球上容易汽化的元素较少，比如钾，这表明这些元素可能已经从形成月球的热块上蒸发殆尽了。另一个很大的区别是，地球有一个大的铁核，而月球没有铁核。

对此的解释是，忒伊亚与盖亚的碰撞形成了一个热物质盘，其成分主要来源于撞击者忒伊亚。二者都是原行星，中心的铁核被岩石地幔包围着。二者的一大块岩石地幔在碰撞中破碎，最终被月球吸积。因此，月球岩石与地球地幔的成分基本相同。两个铁核则融合为一个，被地球获取了，几乎一点没留给月球。

行星轨道的形成

太阳星云消散的过程中，留下了无数处于不同成熟阶段的星子。有些呈原始形态，是尘埃和小颗粒融合成的小天体，比如阿罗科特（参见第九章）。有些是较大的天体（行星），而且与现在的8颗真行星和伴随的小行星相比，当时的行星和小行星数量可能更多。

当时那些行星的轨道是无法精确计算的，因为在求解适用于多行星的引力方程时有"混沌的"限制。这使得计算多颗围绕恒星运行的行星本身就存在不确定性。根据艾萨克·牛顿的分析，对于一个天体围绕另一个天体运行的双天体系统（太阳和一颗行星），其轨道永远是确定的，即无限重复的椭圆。但显而易见的是，太阳系的天体组成要比两个多——在太阳系的早期，还要多得多。在某种程度上，每一颗行星对其他行星的引力都是不能忽略的，行星们的轨道实际上要比重复的椭圆复杂得多。

事实上，对于牛顿理论而言，即使从两个物体扩展到仅仅三个物体就已经很难解释清了，更不用说扩展到成百上千个了。1887年，瑞典国王为解决所谓的三体问题设置了一个悬赏奖项：三个天体在相互吸引的重力作用下运行的轨道是什么样的？法国数学家亨利·庞加莱（Henri Poincaré，1854—1912）获得了该笔奖金，因为他的分析是最令人印象深刻的，但即使是他也没有找到人们一直在寻求的精确的数学解，从那以后至今，没有人能够解出答案。

庞加莱发现了一个问题，他可以通过在纸上费力地手工计算，从数字上计算出三个物体的轨道，但他却说道："轨道太复杂了，我甚至不知道如何开始绘制它们。"更糟糕的是，庞加莱在《科学与方法》（1908）的一篇关于偶然性的文章中描述了当三个物体的初始位置稍稍有一点不同时，它们的轨道就会完全不同。文章中说："这种情况是有可能的：初始位置的微小差异可能导致最终现象的巨大差异。预测变得不可能了。"

庞加莱的工作已经被现代数学技术所证实，包括通过计算机对成千上万的案例进行计算。用现代数学语言来说，行星的轨道是"混沌的"。如果从行星的特定位置和特定速度开始计算，我们可以计算出它们在未来，比如说 1 亿年后的位置。但如果仅仅把其中一颗行星从其假定的初始位置移开几厘米，那么在同样长的时间后，所有这些行星就可能在完全不同的地方。混沌的表现在短期内是可以预测的，但从长期来看，它在很大程度上取决于开始计算的位置，我们无法准确地描述更长时间后的表现。在这个意义上，天气预报就是混沌的。气象学家，暂不说准确度的问题，能够提前几天预测天气。然而，巴西一只蝴蝶拍打翅膀引起的微小空气干扰，也就是计算起点的微小变化，却能够完全改变预测结果。天气预报这件事情是由麻省理工学院的气象学家爱德华·洛伦兹（Edward Lorenz）在 1963 年发现的，他创造了"蝴蝶效应"一词。马里兰大学的物理学家詹姆斯·约克（James Yorke）提出了听起来更正式一点的术语——混沌 。

尽管我们不可能确切地说出 40 亿或 30 亿年前太阳系中那成

百上千的天体发生了什么，但数学家可以像气象学家预测天气那样，用同样的方法描述出当时可能发生的一些事情。他们计算出一个具有特定起始条件的案例，然后稍微改变起始点再预测一次，再次改变起始点再预测一次，如此重复多次。他们把所有的结果进行比较，找出那些与预期相符的、合理的且频繁出现的结果。预测结果中那些常见的特征就被用作是否符合真相的判据。

早期太阳系的最佳模拟被称为"尼斯模拟"［因为这项工作是2005 年在法国尼斯市（Nice）的蔚蓝海岸天文台进行的］。意大利天文学家亚历山德罗·莫比德利（Alessandro Morbidelli）带领着一个国际数学家小组展开工作。根据模拟，在太阳系历史上的第一个 10 亿年左右，宇宙中发生的事情就像是一场巨大的星际台球游戏，由一帮精力过剩、毫无顾忌的孩子肆意玩耍的台球游戏。

尼斯模拟的起点是行星间还有许多星子运动的时候。当时的行星至少包括我们今天所知的 4 颗外侧的巨大行星（木星、土星、天王星和海王星）和 4 颗内侧的类地行星（水星、金星、地球和火星）。但据推测，应该还有一些其他行星。也许这两种里每种都有6 颗。巨大行星们离太阳要比现在更近，距离可能在 5—30 个天文单位之间。

当星子们在太阳系中运行时，它们偶尔会遇到一颗较大的行星。有时，这种邂逅会导致星子被甩出太阳系。可能对于绝大多数星子来说，早晚都是这个结果。这些星子变成了星际小行星，一些在黑暗的太空中旅行的小天体，从此远离太阳的光芒，告别太阳的温暖。它们成了孤儿，在银河系广袤的空间里游荡。

这样的事情并非太阳系的专属，在系外行星系统中很可能也发生过。偶尔会有一颗逃逸的行星从星际空间中隐现出来，快速穿过太阳系。2017 年出现的"奥陌陌"（Oumuamua）就是这样一颗系外来客。它是由夏威夷的美国全景巡天望远镜和快速反应系统（Pan-STARRS）中的一台望远镜发现的。该系统由两台望远镜组成，还计划再安装两台，每台望远镜的口径为 1.8 米——虽然在望远镜家族里算不上大个头，但这几台望远镜都有异常宽广的视野，因此它们可以观测大量的天区，反复成像，然后把结果保存下来。望远镜连接着一个高效的数据分析系统，该系统可以将图像逐幅进行对比，以寻找天空中的变化——例如一颗新星的出现，或者对于本章这种情况，一颗小行星发生了位移。

Pan-STARRS 发现的这颗小行星，我们是不可能直接看到它的形状的。但是它在旋转时亮度会发生变化，当它只有一个小区域面向我们时就显得暗淡，当正面对着我们时就显得明亮。所以它要么又细又长（一端面对我们时就暗淡），要么呈圆盘状（边缘面对我们时就暗淡）。一个很富有想象力的想法是，它是圆柱形或飞碟形的，因为它是一枚星际火箭或一艘宇宙飞船，这也不算是完全不可想象的。它的运行轨迹显示，其轨道受到了太阳引力以外的某种力量的影响，例如太阳光压推动的太阳帆，或者某种发动机，这似乎也为它并非自然物体这个想法提供了补充证据。不过更有可能的是，奥陌陌是一颗覆盖着氮冰的小行星，当它接近太阳时固态的氮由于升温而汽化，形成了一种反作用力——确实是一种火箭发动机了，不过是天然的那种。奥陌陌的颜色能够支持这一假设，它的颜色明显像矮行星冥王星的红色，那是冥王星所覆盖的氮冰的特征色。

　　奥陌陌被太阳系捕获的时候，正在以异常高的速度从外部落入太阳系。还有一些类似的星际访客已经进到太阳系内部，伪装成了人们熟悉的小行星。然而，其中一些家伙是逆向运行的，是在太空中从一个随机的方向进入而被捕获的——2017年的这位访客是第一颗在被捕获之前，在进入太阳系的途中就被看到的小行星。由于Pan-STARRS位于夏威夷，那里的天文学家向当地政府为它征询合适的名字。最后，这个天体被命名为Oumuamua，这是一句夏威夷语，意思是第一个从远方到来的信使。遗憾的是，它的轨道很快就把它带离了人类的视线，可能永远也不再回来。它就像一艘在暴风中尝试进港停泊却失败的帆船，急急地冲入太阳系，又匆匆地离去了。

　　当星子由于与行星间的相互作用而被甩出太阳系时，它们实际上也把行星向后踢了一点儿，所以行星们在逐渐向太阳的方向移动。数千万年或数亿年后，这种作用终于改变了两颗最内侧的巨大行星——木星和土星的周期。它们发生了共振，土星公转轨道周期正好等于木星公转轨道周期的两倍：这叫作2∶1（二比一）共振。这两颗行星的联合干预，对其他行星和小行星产生了深远的影响。被甩入太空的行星更多了，而类地行星的结果是只剩下4颗——也就是我们今天所知的水星、金星、地球和火星。

　　那时，地球原本可能已经变成如同在星际空间中一样了——一个寒冷的、没有生命的星球在银河系中游荡，就像冰冷空旷的草原上的一匹孤狼。然而，我们是幸运的，这一切并没有发生。地球的公转轨道曾经有过前后移动，朝着太阳有进有退，最终停留在太阳系的"金发姑娘区"，这里不太热也不太冷，温度正好为海洋的形成和生命的进化提供了可能。

　　土星和木星的共振产生的重大影响也波及了太阳系的其他部分。小行星们偏离了轨道：大多数（可能超过 99%）被抛到太阳系更遥远的区域甚至星际空间。剩下的则在行星的环形轨道上乱穿乱撞。有一些小行星飞得离行星过近，结果被后者捕获，比如火星的卫星火卫一（Phobos）和火卫二（Deimos），还有一些小行星也类似地变成了木星和土星的小卫星。还有一些小行星飞得离行星太近，最后坠落在行星上，尤其是那些离太阳近的行星，比如水星，以及这些行星的卫星，比如月球。小行星撞击了它们的表面，形成了无数的陨石坑——这就是我们所熟知的"晚期重度轰击"事件。

晚期重度轰击事件

　　20 世纪 60—70 年代，美国和苏联正在太空竞赛中展开竞争，美国响应了肯尼迪总统在 1961 年向 NASA 提出的挑战，在 20 世纪 60 年代末让宇航员登上月球。阿波罗登月计划由此产生，在 1967—1969 年进行了一系列载人试验任务后，1969 年 7 月 11 日，阿波罗 11 号发射，并于 9 天后在月球的风暴洋着陆，实现了第一次载人登月。从那时起到 1972 年间，阿波罗登月计划的宇航员从 6 个着陆点共收集了 382 千克的月球岩石，并把它们带回了地球。宇航员根据这些岩石的潜在价值逐一进行挑选，用钳子和勺子将它们捡起来，装入编好号的袋子中。岩石被真空包装在类似手提箱的铝质容器里，由专人护送回美国。

　　与此同时，苏联航天局执行了一系列与之竞赛的无人驾驶任务：月球计划。1969 年 7 月 13 日，阿波罗 11 号还在飞往月球的路上，月球 15 号从哈萨克斯坦的拜科努尔航天发射场出发前往月球，以努力抢在美国之前登陆。月球 15 号于 7 月 17 日抵达了月球公转轨道，7 月 21 日试图着陆，但却坠毁在危海（有些资料说它撞上了一座 3000 米的月球山，但月球上没有这样的山，所以该说法并不准确）。月球 15 号原计划要将月球物质样本自动送回地球，在一年内又经历了三次任务失败后，这一目标终于在 1970 年 9 月由月球 16 号实现了。

　　1970 年 9 月 20 日，月球 16 号在月球表面平稳着陆。它在月面上向下钻了 35 毫米，取出 101 克的土壤，并将其放入一个连接到小型火箭的坚固容器里。火箭发射回了地球，在没有修正航向的情况下，将装有月壤的容器伞降到了哈萨克斯坦的草原上。这是自动化航天的一个杰出成果。笔者在拉沃奇金协会的博物馆里看到了这个容器，该协会位于莫斯科，为俄罗斯的科学太空探索计划制造航天器。这个容器看起来和笔者想象的一样，又黑又破——如果有什么东西经历了一次往返月球的旅程，在大气层中浴火而降，然后重重地摔在地上后，那它就应该是这个样子。除了月球 16 号，还有两个月球探测器成功地自动送回了 225 克的月球样本：1972 年的月球 20 号和 1976 年的月球 24 号。月壤的采集点是根据其大致的地质特征选择的，而选点的另一个限制因素则是必须要在着陆器够得着的范围之内。

　　2020 年，中国成为第三个将月球物质送回地球的国家。在"嫦娥五号"任务中，一个航天器组合体进入月球公转轨道，并将一个着陆器投放在风暴洋北部的吕姆克山附近，这是一个方圆 70 千米的隆起地带，由月球历史后期的火山活动形成。之所以选择这个地点，是因为科学家认为这里的地质特征是在 13 亿至 12 亿年前形成的，这意味着它的岩石要比阿波罗登月计划的宇航员收集的样本年轻得多，后者的典型年龄在 30 亿至 40 亿岁。吕姆克山的物质将帮助科学家研究为什么月球上其他大多数地区的地质活动都已经结束很久了，这一地区仍处于地质活动状态。着陆器铲起了月壤，这里面有一些是钻机从地下 2 米处钻上来的。它把月壤装进着陆器顶部的升空火箭（上升器）中，火箭把 1.7 千克的土壤带回了轨道器，并将其转移到返回器内。轨道器带着返回器回到地球，接下来"轨返"分离，2020 年 12 月 16 日，返回器带着来自月球的珍稀货物，伞降在内蒙古的雪原上。

其他的月球岩石来自陨石，和阿波罗登月计划相比，收集成本就没那么高了，但是也完全没有选择的机会了，它们是被小行星撞出月球表面后落到地球上的。像这样的月球碎片目前已经发现了大约 400 块，总重量达 190 千克。科学家把它们的成分和阿波罗登月计划任务中采集的样本进行了比较分析，确认了它们确实来自月球。

既然月球岩石会因为小行星撞击而飞溅到太空，落到地球上，那么我们有理由认为这种陨石事件是双向的，有时地球上的岩石也会跑到月球上。1971 年，阿波罗 14 号的指令长，宇航员艾伦·谢泼德（Alan Shepard）在月球表面发现了一块足球大小的岩石。这块岩石后来被称为"大贝莎"（Big Bertha）[1]，或者，更正式一点，

---

① Big Bertha 是美国漫威漫画中的人物，变身后有夸张的肌肉和脂肪，体形超大。——译者注

称为"月球样品 14321 号"。月球某处被流星撞击后形成的碎片混合在一起并冻结，形成了这样一块被弹到阿波罗 14 号着陆区的岩石。岩石中较小的碎片大多来自月球，但有证据显示其中有一块更符合地球岩石的特征。这块地岩碎片有 40 亿年的历史，与地球上发现的任何陆地岩石一样古老，甚至更老。不知是在何年何月，它从地球落到了月球上，被后来的流星撞击融合到了大贝莎内部。

科学家对月球岩石进行了非常详细的检测，通过观察长寿命放射性元素的衰变率来确定其年龄。不同元素对应着不同类型的年龄阶段，因此它们记录了每一块岩石历史上不同事件发生的时间。这包括岩石最后一次结晶的时间，最后一次被撞击的时间，被挖掘的时间，如果是陨石，还包括它在太空中暴露于宇宙射线的时间长度。

最古老的月球岩石是从月球的高地采集到的，就是月球上颜色较浅的那些地区。在所有收集到的月岩中，最古老的一块有 45.2 亿年的历史，即使是被人们视为太阳星云原始物质的最古老的陨石也不过是这个年龄。而来自黑暗、平坦的月球平原的岩石年龄似乎集中在 38.5 亿年到 40 亿年之间。这就是它们最后凝固的时间。由此看来，在 39 亿年前，大约是在月球首次形成后的 5 亿年后，月球的地壳似乎经历了一次剧烈的加热过程。

关于这一点，1974—1976 年，英国谢菲尔德大学的格伦维尔·特纳（Grenville Turner）及其团队进行了解释。他们认为月球在大约 45 亿年前首次凝固了下来。当时它还会受到一些小行星的撞击，这些小行星是第一波行星形成时的遗留物。在经历了 5 亿年的相对和平期之后，从 39 亿年前开始，月球表面连续遭受了 2 亿年的猛烈轰击，重新熔化又重新凝固。特纳将这一事件称为"月球大灾变"，后来被称为晚期重度轰击。这一事件在月球上产生了大约 1700 个直径大于 20 千米的陨石坑，还有许多更小的。

如果月球真的经历了这种伤害，那地球也应如此，因为虽然有大气层的保护，但地球和月球一样处于"火线"上。从数学上讲，地球上应该产生过数万个直径大于 20 千米的陨石坑，有一些应该能横跨 1 000 千米。但它们都消失了，被 39 亿年的天气侵蚀殆尽。然而，深海沉积物的成分为我们提供了一些迹象，表明晚期重度轰击确实影响了地球。取自格陵兰岛和加拿大的 39 亿年前的沉积物成分表明，它们所含的陨石物质比其他时间段要更多。这层沉积物中就包括了晚期重度轰击中被带到地球的物质。

还有一件可能很重要的事情，地球上生命的化石记录似乎就是在 39 亿年前开始的——如果生命在这之前就已经进化了，那么它可能又被晚期重度轰击大幅度地击退了，早期生命的大部分痕迹都已被抹去。如果说还有超过 39 亿岁的幸存化石，它们也是有争议的，而且数量也非常少。自那以后，地球上再也没有发生过如此大的灾难，虽然还有像希克苏鲁伯小行星[①]撞击（参见第十一章）这样的小事故发生，但生命的进化从此再无障碍。

月球的表面

月球表面的主要特征有 30 多亿年的历史，其中最古老的是

① 这就是 6600 万年前造成恐龙灭绝的那颗小行星。——译者注

月球的高地区。它们是浅色、粗糙的山区，由斜长岩构成，这是一种火成岩，是由岩浆凝固形成的。高地上遍布着流星撞击形成的巨大的陨石坑，直径50—100千米。这些大陨石坑通常有一个中心峰。流星的撞击使撞击点的月面蒸发和液化，并引发爆炸，导致月面向四周涌出，并在四周堆积起岩石壁。如果荡漾出的液态月面被外壁强烈地反弹回来，则会在陨石坑的中心点汇聚、升高，形成一个中心峰。月球陨石坑的山壁往往和地球上的山脉一样高。

地球上的山脉和月球上的山脉有一个显著区别：前者的山脉是由构造板块的缓慢碰撞造成的。碰撞使两个板块的接触线隆起，形成褶皱。这使得山脉一毫米一毫米地升高。在地球上，一座山的形成需要数百万年。而在月球上，造山只是几分钟的事情。

阿波罗登月计划的宇航员从月球高地取回的岩石一般都有43亿年的历史，有些甚至长达45亿年。众多高地环抱着许多巨大的环形撞击坑（或所谓的"盆地"），其中有30个直径达到300千米或更大，比如英布里姆盆地（Imbrium）和东方盆地（Orientale）。在晚期重度轰击的末期，从38亿年前开始，在8亿年的时期内，玄武岩熔岩从地表下渗出，淹没了低洼地区。黑色熔岩充满了月球盆地，并从此凝固到现在。熔岩冷却成了深色的平原，覆盖了撞击坑的地面。第一批使用望远镜观察到月球上这些深色特征的观测者，虽然揭开了关于它们的古老神话之谜（这些神话或其他类似的民间故事将它们看作月球上的男人、背着柴火的老妇人、兔子），但他们将这些深色区误认成是月球上的水体，所以，旧的神话没有了，却又来了新的传说。我们仍然可以在一些月球特征的拉丁名称中看到这一错误的痕迹，比如 *mare/ maria*（海）、*oceanus*（海洋）、*sinus*（海湾）、*lacus*（湖）、*palus*（沼泽）和 *rille*（河流）。

　　大多数熔岩泛滥事件在大约 30 亿年前就结束了，但流星还在继续撞击月球表面，在熔岩平原和高地留下一个个撞击坑。一些较年轻的大陨石坑有明亮的溅射线，比如位于月球南极附近的第谷陨石坑，其最长的溅射线有 2202 千米长。由于太阳风、微陨石轰击和太阳宇宙射线的照射作用，月球表面的物质会逐渐风化。物质的颜色变暗，新形成的溅射线逐渐消失。但是第谷陨石坑的溅射线并没有风化，可以看到有白色碎片从流星撞击点的地面下溅出来，巨型石块被高高抛起又落下，带出的类似的白色碎片扰乱了落石移动轨迹下方的月表物质。另一个表明陨石坑还很年轻的迹象是，溅射线还覆盖了月球表面的其余部分，在山脉和陨石坑上呈直线延伸，丝毫没有中断。

　　据估计，第谷陨石坑的年龄为 1.08 亿岁，这是月球上最年轻的大型陨石坑了，比它年轻的陨石坑都是小型选手。形成第谷陨石坑的陨石撞击大致和恐龙是一个时代的，比希克苏鲁伯小行星撞击（见 P.283）早了 3000 万年。小规模的陨石撞月事件即使到现在也还在发生。监测月球夜间区域的望远镜可以看到短暂的闪光，这就是陨石撞击月球的信号。这种撞击每小时都会发生几次，形成的陨石坑直径大概数米。偶尔也会生成更大的陨石坑。NASA 发射的月球勘测轨道飞行器（LRO）自 2009 年以来一直在监测月球表面，并发现了数百个直径超过 10 米的新陨石坑，每隔几天就会出现一个。如果地球没有大气层，那么地面上出现新陨石坑的频率应该和这个差不多。

到了人类的太空时代，陨石给月面带来的变化与阿波罗登月计划以及其他着陆或者坠毁在月球上的航天器给月球留下的痕迹基本处于同一量级。这是从 1959 年苏联的月球 2 号探测器撞击月球开始的，那是人类首次在另一个世界上留下印记。

岩浆灌满月海，可以算得上是过去月球上最引人瞩目的火山事件了，但是还有一些更小型、更邻近的火山活动也在月面留下了痕迹。哈德利月溪（Hadley Rille）位于阿波罗 15 号着陆点附近，是一条蜿蜒幽深的运河状通道，它是由流动的熔岩形成的，最初可能是一条熔岩管道，后来顶部坍塌了。LRO 在其他地方发现了一些小的、圆形的、垂直的坑洞，似乎是在一个熔岩管的上方，熔岩管的顶部最近有个别区域发生了坍塌。还有索西琴尼 A坑（Sosigenes A），这是一个圆盘状的月球洼地，内部像摊煎饼一样覆盖着熔岩流，科学家认为它只有 1800 万年的历史。

上述这些特征都很小，在过去的 30 亿年中，月球正表面几乎没有什么变化。1982 年，新西兰行星科学家斯图尔特·罗斯·泰勒（Stuart Ross Taylor）在《行星科学：月球视角》中写道：

> 在 40 亿—30 亿年前访问地球的太空旅行者，看到的月球可能和今天差不多。如果他来的时间特别合适，还能够看到月海熔岩洪水的红光。英布里姆盆地、东方盆地或其他大型撞击坑的形成非常壮观，但几乎是瞬间发生的，见证者需要掌握好时间才能恰好看到。

泰勒当年可能还补充了几句，认为我们现在从地球上看，月球虽然已经进入将死阶段，但还在微微地抽动。

行星现在的轨道

在晚期重度轰击时期，外行星向外移动了位置。此外，海王星和天王星这两颗外行星互换了位置。海王星成为太阳系的前沿，天王星则跑到了海王星公转轨道内侧。造成这种情况的原因在前文说过了（见 P.239—P.240），就是木星和土星发生了共振，木星两个公转轨道周期正好等于木星的公转轨道周期，它们的共同影响使天王星和海王星在太阳系中的位置发生了转换。

木星在太阳星云中运行时是向内移动的。在晚期重度轰击的剧变中，它又开始向外移动。土星、天王星和海王星也向外移动。不过，稳定在现在的近圆形公转轨道之前，海王星以一个偏心公转轨道冲了过来，横冲直撞地穿过了其他行星的公转轨道。这种混乱导致了众多小行星四处乱飞。一些小行星被抛飞得近距离飞掠其他行星附近，结果被捕获，成为该行星的卫星。另一些小行星被锁定在火星和木星公转轨道之间。剩下的小行星则被向外抛向了太阳系边缘，其中一部分甚至散落到了星际空间的广袤虚空中。

晚期重度轰击是太阳系行星生命中最动荡的时期。从单个行星角度看，仍然还会有重大灾难到来，但并没有发生长时间弥漫整个太阳系的大型混乱。在这一时期之后，太阳系进入了整顿期。行星的椭圆公转轨道相互作用，在数亿年的时间里，它们的形状和方向都有所改变，并且把公转轨道周围的空间清理成条带状。公转轨道带中的所有东西都被行星吸积了——八大行星分别在其公转轨道周围清理出一个区域，把区域中的物质吸纳一空。在诞生50亿年之后，太阳系从充斥整个太阳系平面的一团气体、尘埃和岩石星云，变成了现在这样一片相对空旷的区域。

从一个角度来说，我们可以认为太阳系几乎是空的。但换一个角度，太阳系又是满的。行星之间那些公转轨道扫掠带的宽度几乎正好填满了太阳系的平面，而且没有重叠。这意味着，两颗大行星相撞的风险很小，甚至没有——当然，某颗失控的小行星可能会撞上一颗行星，或者两颗较小的小行星可能在更拥挤的小行星带相撞。太阳系已经没有多余的空间分给新来的行星了，所以这些新行星最终一定会撞到它们的邻居身上。

这种情况对我们来说已经相当有利了。当初大多数在太阳系大混乱中幸存下来并仍在太阳系周围游荡的小行星都已经被八大行星扫荡并捕获了，这大大降低地球和其他行星未来受到小行星轰击的风险。

当然了，各大行星们，甚至也包括地球，现在依然面临着撞击危险：来自流浪的小行星，或者是偶发的近距离相遇后轨道受扰的小行星。小行星撞击——例如在墨西哥希克苏鲁伯附近那次，改变了全球气候并且至少是促成了恐龙灭绝的撞击——仍然是行星演化的一个特征。有一些碰撞早在大动荡时期就已经注定了，只不过尚未发生而已：火卫一（Phobos）是一颗小行星变成的卫星，它的公转轨道离火星非常近（距离火星表面仅约5800千米），目前正在以每一百年约2米的速度接近火星，可能注定要在5000

万年后坠落火星。不过好在，如今小行星对行星的撞击是偶然事件，不再是当初那种持续的致命轰击了。

行星公转轨道间的持续相互作用会导致地球公转轨道及其自转的周期性变化。这些变化让地球上最温暖地区的位置也发生了移动，进而改变了地球上的风向和风力，从而最终改变了气候。当然，气候是许多过程综合作用的结果，如温室效应、火山作用、小行星撞击和大陆漂移，以及地球大气成分的变化，如工业和农业产生的二氧化碳。在这里，我们暂且不谈这些重要因素，只讨论气候变化的天文原因。

地球上的暖区是指赤道附近的纬度范围，但在一年中，最暖区会南北摆动，因为地球相对于公转轨道的平面倾斜了约 23.5 度。最暖区从 6 月开始自北纬 23.5 度附近的北回归线南移，12 月移动到南纬 23.5 度附近的南回归线。每年的季节变化即由此而来。此外，地球公转轨道的离心率导致了一个微小但明显的变化。地球公转轨道不是一个完美的圆，而是一个椭圆，这会造成在一年之中，地球和太阳之间的距离发生变化，从而改变地球接收到的阳光通量，从而影响温度。生活在北半球的人们可能会惊讶：地球距离太阳最近的时间，居然是在 1 月的第一周，冬季的正中间。相应地，地球离太阳最远是在 7 月的第一周。这种椭圆形公转轨道也改变了地轴倾角对季节的影响。1 月份南半球的夏季太阳辐射要比 7 月份北半球的太阳辐射更强，所以南半球的夏天要更热一些。

如果地球的倾角和偏心轨道永远保持不变，那么现在的季节周期会以同样的方式年复一年地重复。然而，由于行星公转轨道的相互作用，地球的公转轨道和方向会随着时间而变化。地轴并不总是指向同一个方向，而是每 26 000 年绕一个圆锥面转一圈，这个周期叫作岁差。此外，地轴的倾角也不会恒定在现在的约 23.5 度。它是以 41 000 年为周期，在 23 度至 49 度之间变化。目前，地球公转轨道的离心率为 3.4%，但在 10 万年的时间范围内，这个数字最小可以几乎为 0%，最大可以到 7%。

所有这些公转轨道周期引起的太阳光强度变化是十分复杂的。20 世纪 20—30 年代，塞尔维亚土木工程师、地球物理学家米卢丁·米兰科维奇（Milutin Milanković，1879—1958）对其进行了系统计算。因此，这种变化也被称为米兰科维奇周期。米兰科维奇将地球的冰期与这些周期联系起来，当结合了所有的影响后，就产生了最大的冷却效果，也就是最近的寒冷期，大约每 10 万年发生一次。

海洋沉积物和南极的冰芯支持了米兰科维奇的理论。由于冰芯不同层的同位素组成也不同，就可以看出在各个沉积层形成期间地球温度的变化。美国的科罗拉多州丹佛市建造了一个美国国家冰芯实验室，专门用来储存这些冰芯。来自格陵兰岛、南极洲和美国西部高山冰川钻探点的冰芯显示，目前即将结束的冰期始于 4000 万年前。冰川学家将冰期定义为地球上覆盖有大量冰盖的地质时期，所谓覆盖有大量冰盖，就像现在的南极洲和格陵兰岛那样，不过那里的冰盖正在退缩。从大约 300 万年前开始，在上新世和更新世时期，冰原遍布整个北半球，气候变得越来越冷。从那时起，冰川每 4 万至 10 万年就会进退一次。现在则是冰川的撤退期，米兰科维奇的天文周期固然是主要的长期原因，但人为的全球变暖也突然为其增加了额外的推动力。

第十一章

地球：与众不同的世界

　　金星、地球和火星都是在大致相同的环境中诞生的，看起来就像三胞胎一样，但是演化导致了三个行星各自独立发展，而地球（在我们眼里）是最例外的。宇宙的演化使得地球成了一个与众不同的世界，那么这一切是怎么发生的呢？

地球的大气经历了三个阶段：初始的大气来自太阳星云，后来被火山喷发的生成物取代。现在的大气是第三阶段，其成分来自海洋中的生物代谢。

冥古宙：新生的地球

如果我们是天文学家，生活在距离地球 100 光年外的一颗行星之上，并且拥有辨析系外行星系统的能力，那么我们很可能会去探查太阳系这个恒星系统。此外，以我们分析系外行星的能力，去探查太阳系行星的特征，就会发现地球、火星和金星本质上其实并没有很大的不同，每颗岩质行星的大小都大致相同，在相邻公转轨道上运行。然而，从更深入的角度来看这些行星的话，我们就会发现它们风格迥异。金星有一个浓厚的大气层，其主要成分是二氧化碳，极其炎热的地表上布满火山，上面还覆盖着硫黄云，生命无以为继。另一边的火星，表面是一个寒冷、沙质、几乎完全干燥的、同样几乎没有生命迹象的沙漠，这里的大气层稀薄，主要成分也是二氧化碳。

正如我们所知，我们赖以生存的地球上拥有各种陆地和水体以及含有氮气和氧气的大气层，这带来了丰富多样的温和气候，支撑着地球上广泛存在的、如此丰富的生命形式。不同的环境使得这三颗行星看起来大相径庭。

在一般的行星系统中，像太阳系中的这三颗岩质行星是很典型的存在吗？现在已知三千多颗恒星有行星系统。要了解系外行星系统中各个行星的任何情况都是一项挑战，但是对于某些行星来说，可以根据它们的两个性质来评估：质量（因为行星对太阳的拖拽）和直径（因为它们在周期性穿越恒星表面时阻挡了一部分光线）。这些行星分为两大类：气态巨大行星（比如木星）和小而致密的行星（比如地球）。推论这类类地行星的结构，当然不像二加二等于四那么容易，这更像是在逐个地寻找可能的线索，而后那些数字才有可能浮现出来，进而叠加出最终的答案。

目前，已有的证据为我们提供了一个高度简化的模型，用来描述一个典型的新生类地行星，如地球、火星和金星。行星致密的内核由铁组成，铁含量可能达到其质量的三分之一。内核被岩石层包围，它们是构成固态行星的主体，其质量可能高达总质量的三分之二。行星还存在一个外部的水层，该水层的质量可能和内部质量一样大。行星之外还包裹着一个大气层，主要由氢、氦这样的轻质气体构成。

地球在其初生的数百万年中，逐步形成了这种典型的结构，并因小行星的撞击而进一步演变（特别是当地球的年龄在1亿年左右时遭受了一次巨大撞击，由此形成了月球）。

在此之后，地球就走上了成为我们赖以生存的这个星球的道路。这个早期阶段最终成了地球历史上的第一个地质年代，这个时期在地质上留下了些许细微的痕迹。

在地质学中，地球的历史被分成4个时期（单位为"宙"），每个宙的长度都约为10亿年。第一个是地球发展成熟后的时期，称为冥古宙（Hadean Eon），这个名字来源于熔岩、火山喷发和轰击，好似地狱般的环境。当然这个名字是否恰当值得商榷：哈迪斯（Hades）是古希腊的地狱，人们把它想象成一个黑暗、寒冷和阴沉之地，根本不像早期的地球。在地质学创造这个术语时，我们必须牢记的是基督教和伊斯兰教的地狱画面，那就像生活在极其酷热之地的人所遭受的那些令人生畏的折磨，据说那时天气更加炎热，充斥了烈火和硫黄烟雾。

冥古宙的地球是怎么变成这样的呢？第九章和第十章介绍过，地球起源于 45.4 亿年前的太阳星云，在气体和尘埃发生融合之后，更大的固体碎片也开始积聚。碎片频繁反复撞击产生的热量使撞击部位开始融化，所产生的热量释放缓慢，同时放射性元素的衰变使地球内部释放出更多的热量。这些热量不断聚积，使得地球表面在数千摄氏度高温下熔为岩浆。

随着物质的堆积，地球表层变得越来越厚，表层的物质起到了一种类似毯子的作用，把热量封存在地表内部。数百万年来，地球内部一直处于熔融状态。致密的铁元素在液化之后向下沉去，同时携带了很多亲铁的元素，也就是高温下易熔于铁的化学元素——包括钴、镍、钌、铑、钯、钨、铼、锇、铱、铂和金。亲铁元素形成的铁合金，熔化并渗入地球中心。

而相比之下，较轻一些的亲石元素对氧气有很强的亲和力，容易形成漂浮在地球表面的较轻矿物。它们包括锂、铍、硼、氧、氟、钠、镁、铝、硅、磷、氯、钾、钙、钪、钛、钒、铬、溴、铷、锶、钇、锆、铌、碘、铯、钡、镧、铪和稀土（镧系元素）。

在这个过程中，一类重元素沉入地球，另一类轻元素浮出表面，导致地球分化为一层由岩石构成的地幔，包裹着一个致密的、大部分是液体的、以铁元素为主的内核。这个过程被称为铁元素灾变，虽然它看起来并不像一个突然而剧烈的灾难过程。这个过程更多的是两类不同的元素在不同方向上缓慢而持久地运输，持续了一千万年才形成我们现在看到的样子。

1774 年，英国皇家天文学家内维尔·马斯基林（Nevil

Maskelyne，1732—1811）首次发现地球有一个致密的内核，当时他正在跟进一个由艾萨克·牛顿提出的实验构想。牛顿设想了一个钟摆，在地球引力场的作用中，钟摆会呈垂直悬挂，而后把这个钟摆放置在一座山的旁边。钟摆会受到这座山的引力拖拽而偏移垂直方向，其偏移变化产生的角度可以被测量出，这样由山产生的侧向拉力可以与地球的向下拉力形成比对。马斯基林选择苏格兰的榭赫伦山进行实验，因为这座山与其他山脉隔绝（以避免干扰），而且有着陡峭的侧面，因此钟摆可以尽可能靠近山脉的重心并受到强烈的拉动。而且这座山的形状相对规则，马斯基林可以很容易地估算出它的体积和质量。

马斯基林和他的团队通过观测恒星以建立垂直基准方向，并测量山体以确定其体积。同时，他还需要排除天气的影响，由于云层常常笼罩榭赫伦山（马斯基林赋予了它一个来自苏格兰的名字："恒定风暴"）。云层会影响上方和水平方向的视线，所以他的探索计划用了 6 个月时间才完成。这些测量结果最终给出了地球的质量，由此可以推算出地球的平均密度。今天的数值表明，地球的平均密度为 5.5 克 / 立方厘米，而地球表面的岩石密度约为 3.0 克 / 立方厘米。因此，地球内部必定存在一个高密度的内核，只有这样，平均过后的结果才可以与平均密度数值相匹配。

1936 年，丹麦地球物理学家英格·莱曼（Inge Lehmann，1888—1993）在研究穿越地球的地震波时，发现了地球核心的结构。一些地震波从地震震中穿过地球到达地表的地震仪。地震波的一些特点，比如速度和到达模式，揭示了它们所穿越区域的结构。如今，数据是以数字方式记录，并通过计算机进行分析的，而那时候莱曼使用的是卡片和铅笔。她发现在岩石地幔下，地核分为两层。铁、镍和其他亲铁物质的固体内核直径为 2440 千米，温度约为 6000 摄氏度，密度为 13 克 / 立方厘米。内核周围环绕着一个由铁和镍组成的外核，外核呈现为液体，外径达到 6800 千米，密度约为 10 克 / 立方厘米，相比内核要凉爽几千摄氏度。

包裹地核的地幔中含有丰富的布里奇曼石，它以 1946 年获得诺贝尔物理学奖的美国物理学家珀西·布里奇曼（Percy Bridgman）的名字命名。布里奇曼研究了物质在高压时的状态。布里奇曼石的化学名称为硅酸盐钙钛矿，化学式为 $(Mg, Fe)SiO_3$，它存在于地球内部深处，深度在 660 千米至 2700 千米之间，那里有着极高的压力。我们在一些陨石中也发现了它的存在，大概位于其他行星（或小行星）的类似位置，行星被轰击破碎后物质被撞入太空。在地球遭遇流星体轰击的时代，地球上的物质也会遭遇同样的情况，这些物质在太空中需要经历数百万年后才能再次落回地球。

我们在第十章说过，经历铁元素灾变之后地幔形成，之后不久，约 44 亿年前，原初地球盖亚尚在原行星状态的时候，与另一颗原行星忒伊亚相撞，这次相撞创造了月球，碰撞的能量巨大，并再次融化了地球，至少融化了它的外部的部分物质。在此后不久，即 39 亿年前，在晚期重度轰击时期发生的撞击事件导致地球表面第三次融化。

当时月球的公转轨道比今天更靠近地球，两个天体之间有很强的潮汐力。地球的潮汐力导致月球凸起并锁定了凸起的部分，这使得月球的形状变得有点像梨。月球保持着以同一面朝向地球，至今依然如此：这就是为什么我们总是看到月球表面有一个从不变化的灰色形状，民间传说里把这个形状形容为"月球上的人"（见P.246）。潮汐力导致能量的耗散，这个过程持续了数十亿年，月球公转轨道运动和地球自转的能量被吸收。忒伊亚对盖亚的撞击导致原行星时期的地球快速自转，那个时期地球自转周期仅有5个小时（见 P.234）。在随后的地球形成历史中，自转逐渐减慢，月球也渐渐远离，一天的长度不断增加。广播电台校时（例如在BBC 电台中表示时间的"哔——哔——"声）源自精确的原子钟，原子钟可以保持标准的时间间隔，由此得以衡量出地球自转的天文时间在逐渐延长。这就是为什么根据国际协定，在特定的时候，需要在通常的广播时间序列中插入额外的闰秒，平均每两年增加一秒，这样可以使广播时间与地球自转更好地同步。

地球大气层和海洋的形成

地球最初的大气是由太阳星云中最轻的元素组成的，即氢、氦和其他的星际气体。毫无疑问，这些气体还包括像氖这样比氦更重的稀有气体或惰性气体。氦和氖在宇宙各种元素中的丰富程度排名第二和第五，但它们不会形成化合物，因此我们不会在某个固体或液体之中发现它们的存在。它们是非常轻质的气体，极容易逃逸到太空之中——现在地球大气层中已经没有多少原始的氦气了，仅仅留下了一些非常轻微的痕迹。

无论如何，太阳风、地球的热量、火山气体以及原始地球与巨型撞击体（冥王星大小的小行星或更大的行星，可能是创造月球的行星）之间的碰撞，都会产生大量的热量并发生剧烈的化学反应以改变最初的大气层。于是，最初的大气层被取代，成为混合氢元素和碳氢化合物的大气层，譬如二氧化碳和水蒸气。当时仍然覆盖地球的岩浆海所引起的火山活动，以及巨型撞击体所产生的能量，推动了这一变化的进程。小行星、彗星、陨石等各种大小的小天体撞入岩浆海洋，熔化和蒸发了那些冰冷的物质，比如从太阳星云中带入的氰化氢，这些大小事件创造了更丰富的气体混合物。甲烷和氨也是大气的成分，但这些成分在紫外线下是不稳定的，紫外线对气体的照射，会使有机分子产生一些粒子，这使得大气成分变得更加复杂。在太阳系中，现在唯一一个有与地球相似大气层的地方是土星的卫星——土卫六，尽管它离太阳很远，比早期地球大气层要寒冷得多。土卫六的大气层中没有自由氧，同样，地球早期的大气层中也没有自由氧。

早期陆地大气的构成方式产生了强烈的温室效应，这弥补了当时太阳光照减弱导致的温度降低。尽管地球在形成过程中所产生的余热不断地随着辐射而散去，但是大气层阻止了地球表面进一步冻结。

这一切都发生在地球历史上的第一个地质年代——冥古宙，从45亿年前地球的诞生一直持续到大约40亿年前。这段时间发生的那些剧烈的事件将地表的岩石搅得天翻地覆，大部分被掩埋起来，以至于最初5亿年的地质历史很难被研究解读，其中的秘密大概永远也不会被破译了。这段时期鲜有有价值的化石存在，但并不代表我们一定一无所获，前文已经列举了证据可能被销毁、隐藏或者混淆的原因，从中我们可以推测出那时候的地球上可能还没有出现生命，也许将来会有新的发现。

在冥古宙的最后几年，地球从创造月球的撞击和晚期重度轰击中恢复过来，开始为生命的进化作出准备。地球表面开始固化，水蒸气从地球内部释放出来，强烈的火山和陨石活动让气体从岩石中逸出，然后水蒸气的温度逐渐降低，冷却凝结形成水，最终形成了温暖的湖泊和海洋。来自太阳系深处的彗星坠落到地球上，彗星中的冰块融化带来了更多的水，为海洋提供了水源。就像现在一样，海洋覆盖了地球表面的很大一部分，是否将全部覆盖犹未可知。由于某种巧合，地球上水的体积大约与地壳中凹陷的总体积相同。然而，最高的山区上升到了海洋表面之上。相比之下，木星的卫星木卫二到处都覆盖着平均深度达数千米的冰封海洋，与地球冥古宙末期的状况相比，这里又是另外一番更为凛冽的图景了。

冥古宙的大气层中既有雨水，也有厚云，巨大的温差导致狂风肆虐。大气层通过雨和风的作用对岩层产生侵蚀作用，这个过程发生在冥古宙里，几乎从地壳诞生之日起就已经开始。地表上的一些细碎的岩石在风化作用后变得支离破碎，它们被风推送着，经历着迁徙与沉积，还会被溪流冲入湖泊和海洋，进而形成新的岩层。火山喷发将火山灰和碎屑岩石喷入大气层，这些物质在漂移过程中形成新的沉积物，熔岩充满了凹地后开始向外溢出。这些过程一直延续至今，它们的存在抹去了景观的旧有特征并将其掩盖，不断地改写着地球的地质历史记录。

对于金星这颗行星来说，类似的地质覆盖过程是非常具有戏剧性的。NASA 发射的"麦哲伦"号探测器在为期 4 年 (1990—1994) 的飞行任务中对金星进行成像探测，利用雷达绘制其表面，发现金星地貌充斥着各种火山平原。熔岩从众多火山口流出形成火山平原，但这些平原也会被极少数凹凸不平的陨石坑所打乱。行星学家通过将金星表面陨石坑的密度与月球等其他星球进行比较分析，试图了解产生这么多陨石坑需要经历的时间，最终发现金星在 10 亿至 5 亿年之前就已形成基本的模样。那个时期金星上的火山活动惊人，但爆发的原因不明。

　　虽然地球在冥古宙时期可能没有生命，但在海洋下的热液喷口或附近，生命是有可能存在的，这些生命从火山活动所加热的水中获取能量，而不是来自阳光。木卫二也可能存在类似的情况。

　　就像它的邻居，有着很多活火山的卫星木卫一一样，来自木星的潮汐力转化成的热能，一直在为木卫二（见图XIV）提供源源不断的热量。由于木卫二在一个偏心轨道上围绕木星运动，距离木星时近时远，所受到的引力也时强时弱。组成木卫二的星体材料一直在辛苦"工作"着，它们被交替地拉伸和压缩而产生能量，让这颗卫星的内部变热，这样的造热能力可以在一定程度上与木卫一媲美。这些热量不断积累，并从下方融化了木卫二表面的冰层；导致的结果可能是有水下火山的活动。地球上最早的生命可能就是出现在具有这样环境的深海海沟之中。看起来木卫二作为一个潜在的地外生命家园是值得探索的，但要在木卫二上进入海洋寻找生命，最困难的部分是要穿越一千米厚的冰层，在潜入海底获取样本之后还要带着它离开。当然，这在未来应该是可行的。生命以这样的方式在世间发展前进，并且为其他地方的生命起源带来了光明的前景，在冥古宙终结之后，平静时代开始，即所谓的"太古宙"，地球上的生命从此走上了蓬勃的发展之路。

地球磁场和磁层：对抗变化无常之太阳的防护盾

几个世纪以来，欧洲和中国的水手都知道，磁石（构成磁罗盘的磁铁矿碎片）指示着北方的大致方向，这样就可以不会受到时常变化着的太阳方位带来的影响。如果可以让磁石自由悬浮，例如把磁石放到漂浮在水面的软木上，这样在看不到海岸或星星的时候，它就能为船只在海上航行指明方向。并且磁石的磁性还可以转移到铁针上，也就是所谓的"磁化"，这样就能获得更加清晰的导航指向。

1576 年，英国船上仪器制造商罗伯特·诺曼（Robert Norman）注意到，磁化的指针不仅指向北方，而且在平衡方向倾向于低于水平线。伦敦的磁倾角大约为 70 度。1600 年，英国物理学家威廉·吉尔伯特（William Gilbert）意识到，出现这种情况的原因是磁针沿着磁力线向下倾斜进入地球，向上则延伸到太空。

1698—1700 年，英国天文学家埃德蒙德·哈雷（Edmond Halley，1656—1742）将他自己对大西洋的磁力测量与其他人的测量结果相结合，完成了第一张地磁世界地图的绘制，为每个位置标注了磁场的方向。这张地图显示，地球磁场就像一个偶极子，类似于一个磁棒，它的两个磁极接近于地球地理极点的位置。如果把这个磁棒从地球的旋转轴开始，倾斜大约 10 度，就会更加接近真实的磁极方向。简单来说，理论上这个偶极子的磁场中心就在地球中心，和实际磁场中心极为接近，磁场的北极和南极位于地球表面的位置，称为地球磁极。地磁北极位于加拿大北部，靠近格陵兰岛的埃尔斯米尔岛。地磁南极在南极洲，离俄罗斯"东方"号南极考察站不远。

地球磁场实际上要比一个简单的偶极子复杂得多，它并不是精确地集中在地球的中心。在定义为磁极的地方，其实际的磁场指向与地表呈垂直状态——倾角为90度。地磁北极位于北极地区，地磁南极位于南极地区。

磁场是地球的液态铁外核在持续运动过程中产生的，类似发电机的效应。液态铁外核的运动是由地球内核所散发的热量驱动的，这会导致对流的产生，在地球自转的带动下，液态铁外核受到拖拽而呈现旋转的状态。还有一种旋涡效应是由于液态铁外核受到固体内核拖拽而产生的。地球表面的磁场强度平均为 0.5 高斯，不同地区的磁场强度差异可以达到两倍。有一个特别大的磁场微弱地区，称为南大西洋异常区，这个区域范围覆盖了从智利北部延伸到非洲南端的一片广阔地带。这是由于地球表面下液态铁外核在流动过程中，在某种情况下温度和密度发生了一些变化，比如有时候地幔下方出现一些不均匀的凸起，会对流动产生一定的影响。

在相当长的历史时期内，地球磁场的线索是用那些古老的岩石书写的。这些岩石在凝固时保留了地球磁场的残留痕迹，为我们记录了那时候岩石上发生的微小变化。在同一位置发现的不同年龄的岩石样本，在不同方向上被磁化。这揭示了一个可能存在的事实，地球磁极的轴线方向并不像英国天文学家亨利·格利布兰德（Henry Gellibrand）1635 年发现时的那样一直保持不变。

这意味着尽管地球磁场变化并不大，但磁极的地理位置在过去的几个世纪中发生了很大的变化，平均每年移动约 15 千米。

出于某种原因，自 1990 年以来，地磁北极的移动速度远远超过平均水平，每年约 50 千米。它从加拿大的哈德孙湾向北移动，现在则位于北冰洋。2017 年它越过了靠近北极的国际日期变更线，目前已从阿拉斯加以北的海域进入西伯利亚以北的海域。同样，地磁南极已经移动到南极洲大陆之外，位于罗斯海，正好朝着澳大利亚的离岸方向。

地球的磁场延伸到地球上空数千千米处。它是一种叫作磁层的结构，就像一个瓶子包围着地球，保护我们不会受到太阳风中高能带电粒子的袭击。地球磁层使这些大部分太阳风发生偏转，如果不是这样，辐射的累积效应可能会危及地球上的生命存在。尽管如此，地球还是经常受到太阳耀斑的"打击"，当耀斑爆发时，这些高能粒子来到地球与磁层产生交互作用，引起磁暴、极光和其他电磁效应（见第七章）。

正如美国地球物理学家詹姆斯·范·艾伦（James Van Allen，1914—2006）在 1958 年从美国最早发射的太空探测器探险者一号和探险者三号上发现的那样，磁层内的带电粒子形成了一个环绕着地球、类似甜甜圈形状的区域。1958 年晚些时候，他发现了另一个环状辐射带，为了纪念发现者，这个区域被命名为范·艾伦辐射带，这是人类进入太空探索时代后作出的第一个重大科学发现。由于人类和精细的电子设备容易受到强辐射影响，范·艾伦辐射带和类似区域，是航天器特别是载人航天器在规划轨道的时候必须要考虑的一个因素，只有穿过这个辐射带，我们才能到达月球和那些更遥远的地方。

早期的地球磁场为地球的大气层提供了庇护，避免空气和地表水从这颗行星上消失，即使在太阳风更强烈的时候也是如此。据我们所知，地球磁场目前是在地球固态内核与液态铁外核的相互作用下产生的。地球固态内核大约在 5.65 亿年前就已出现。

因此，地球磁场的目前结构是我们星球成熟的表现。当然，此时它还没有进入不活跃的老年时期。磁场不仅在方向上移动，我们前面提到过，两极也会在地表下移动，而且不时发生更剧烈的变化：它可以改变极性（北磁极改变到南极的位置，反之亦然），就像翻跟头一样倒转过来。

变化的时间并没有明确的模式，似乎有的纪元长达 50 万年之久，在此期间地磁极性和现在一样，然后与具有相反极性的纪元交替，来回切换。但也有几万年的短暂时期，极性从那个时代的主要方向短暂地偏移到相反方向，而后又快速反转。已经确定的是在过去的 8000 万年中发生了近 200 次的磁极反转过程，其中一些比其他的持续时间要长。

最近一次主要的地磁反转大约出现在 77 万年前，称为布容尼斯–松山（Brunhes-Matuyama）反转，它是以 20 世纪初法国和日本的两位地球物理学家的名字命名的。最近一次明显的小反转发生在 4.2 万年前，持续了 800 年。它被称为拉尚（Laschamp）事件，该发现源自法国中央高原的岩石，这些岩石上的磁痕为此提供了线索。

在大西洋海底的一些岩石中，科学家发现了交替存在的磁极。这些磁极平行于大西洋中脊，它们形成的"条纹"为我们描绘了一幅地磁反转的历史画面。这些岩石位于海床之上，沿着脊部向海洋的东岸和西岸两侧铺陈展开。这些岩石"记住"了它们凝固时的地球磁场，之后被熔岩向外推离山脊。

完成一次反转所需的时间是有争议的，一些人估计是几千年，而另一些人则认为只需几百年——也许每次反转都不同。在反转期间的一段时间内，地球磁场要弱得多，可能只有正常值的百分之几。那时，大气层和地球表面更多地暴露在太阳风的宇宙射线以及那些能产生极光的高能辐射之中。不知道当时的自然环境发生了什么变化，但无论如何，生命一定是可以存续的，因为虽然过去经常发生反转，但生命从未消亡。

大反转之间的时间间隔通常为 50 万年，但上一次大反转发生在近 80 万年前，因此下一次反转相对来得有点迟了。那么我们注定会面临厄运吗？这应该不会发生，但很可能会产生一些影响。澳大利亚 2021 年的一项研究指出，拉尚事件发生在尼安德特人和澳大利亚有袋类巨型动物灭绝之时。智人这一物种大约在那个时候开始洞穴生活，原因可能是有严重晒伤的风险而有意识地去洞穴里避难。他们的生活安排有利于同时期萌芽的洞穴艺术的发展。当人们重新投入户外生活的时候，他们可能已经发现，与巨袋鼠（袋熊个体大小与犀牛相似）遭遇的危险已经不复存在了，也许他们会很失望，失去了以前捕食的猎物。

不管这种富有想象力的推测是否属实，地球磁场最古老的痕迹存在于南非北部 34.5 亿年前的岩石中，甚至可能存在于澳大利亚 40 亿年前的岩石中。因此，我们的记录是从形成月球的灾难性碰撞开始的，当时地球内部的液态铁循环已经恢复了某种秩序。最古老的磁性岩石表明，冥古宙末期的地球磁场强度与现在相当，因此如果陆地磁场变化很大，那一定是经历了一个长期的变化过程。

火星：地球的过去和未来

火星（见图XV）在演化之初沿着一条与地球类似的路径，但与地球不同的是，火星已经失去了最初拥有的水，现在已经干涸。火星大部分地表为岩石沙漠，大片地区覆盖着沙丘。通过太空探测器降落到火星地面上的照相机拍摄到了那里的景观，看起来那里是一片布满岩石和尘埃的平原，被流星撞击破坏，撞击碎片散布在各处。虽然有一些风蚀，但岩石在很长一段时间内都保持着棱角分明的、断裂的形状。

火星的公转轨道与地球的公转轨道相差不大，而且可能具有与地球类似的气候，但事实上，火星与我们的星球显著不同，因为它的水和空气大部分已经消散到了太空。现在，火星的大气层已经变得非常稀薄：大气压大约只是地球上大气压的 1%。形成鲜明对比的是，现在的地球大气层中 75% 是氮，而火星大气层中 95% 以上是二氧化碳，尽管这两个行星形成之初的大气层是相似的。在最初的 10 亿年左右，两颗行星的表面条件非常相似。大约 40 亿年前，火星与地球开始变得不同，自从那个时候开始，火星的很多地貌都留存了下来，而地球冥古宙时期的样貌则被天气和构造活动完全侵蚀改变了。

在火星的第一个地质年代，地表洪水肆虐（这一时期被称为诺亚纪，指的是诺亚和圣经洪水）。那我们是如何知道当时火星的地貌状态的呢？有些火星沙漠中散落着的岩石，曾经经受过流水的冲刷，它们曾像地球上奔腾河流中的巨石一样翻滚，使得锋利的边缘变得圆钝。此外，火星上的一些崖壁上面还显示出只有在积水中才能形成的矿物地层，也有众多由水流形成的地质构造，陨石坑和裂谷中呈现出由沉积作用形成的平坦地面，以及曾经的河谷系统，而现在已经成了干涸的河床。NASA 发射的火星探测器毅力号于 2021 年在耶泽罗环形山着陆，这个撞击坑已经有 38 亿年历史，在这个环形山的相对两侧，可以看到两处裂口，曾经有一条河流从中流过，在撞击坑的底部还可以看到由河流形成的沉积物区域。这是选择耶泽罗环形山作为毅力号着陆点的主要原因：这里是寻找火星前世迹象的好地方。一些火星河流系统的特征表明，这些山谷是由冰层保护下的地下水流动而不是雨水径流雕刻而成的。换句话说，冰川下有河流在流动。

火星上曾存在过大量的水。在克律塞平原（Chryse Planitia）阿瑞斯谷（Ares Vallis）的周围地区，汹涌的洪水冲刷着地表，形成了流线型的岛屿。洪水从陨石撞击坑壁的两侧分流——多达 1000 万立方千米的洪水由此流过，在 400—600 米高的陨石坑周围形成陡峭的悬崖。类似的地质遗迹在地球上也同样存在，在美国华盛顿州，由于冰坝导致湖水蓄积，冰坝崩塌之后巨量的湖水汹涌而出，塑造出一条狭长的峡谷地形。与此类似，在多佛海峡的海床上也发现了相似的地形，来自北海的特大洪水冲毁了英国多佛到法国加莱之间的大陆桥，导致了多佛海峡的出现，大不列颠从此成为海岛，与欧洲隔海相望。

我们把视角转到火星，它的极冠冰盖上覆盖着二氧化碳霜冻，由于季节性的沉积导致了它具有层状的重叠特征。环绕极地的沙丘在冬季会被冰封住，到了春季，冰层就会失去抓地力开始滑落到冻结的沙丘两侧，一边滑落一边刮擦着沙丘的表面。在冰盖陡峭的边缘，这样的滑坡引发了红色的尘云，裹挟着黑色的土壤碎石滚滚而下，冲向四周的平原地区。

火星上是否仍有水尚存？这是一个需要积极研究和探索的问题。有一些迹象表明，泉水会从一些地下洞穴流出，在极冠之下有一个较大的水体。如果未来能去火星实地调查这些问题，在宇航员的首次火星之旅中，水的存在情况就具有非常诱人的科学研究前景，火星诺亚纪时期若有生命演化过程，可能会一直延续至今。

那么火星上究竟发生了什么变化，从而终结了诺亚纪呢？ 40亿年前，火星发生了一次全球性的灾难，这场灾难导致火星的大气层遭到很大的损伤，进而造成火星的气候发生了改变。造成大气层损伤的原因之一称为晚期重度轰击（见 P.240），来自流星的撞击让火星的空气温度升高。由于火星比地球小得多，因此它的引力也更弱，太阳的照射也加热了火星的空气，被加热的空气分子变得更加容易逃逸。 第二个原因是火星失去了磁场。火星内部最初的温度与地球大致相同，在行星形成过程中，来自流星的撞击和短寿命放射性元素的衰变为其提供了热量来源，而它冷却得更快——火星形成后仅仅 10 亿年，它的核心就冻结了，同时它的磁场也消失了。在火星失去磁场的时期，经历了月球诞生事件后的地球开始建立起了它的磁场。

火星比地球更快地失去热量的原因，与我们吃刚出炉的烤土豆的顺序异曲同工，一般都会先吃小的，再吃大的。从烤箱中取出的大的烤土豆能够保持那个烫嘴的温度更长时间，而小的烤土豆则会相对地更快散失热量。同样，在企鹅和驼鹿等物种中，较大的鸟类和动物能够更好地栖息在两极附近的寒冷环境中，就是因为它们能更好地保存身体的热量。后面这种现象被称为伯格曼法则，以德国生物学家卡尔·伯格曼（Carl Bergmann）的名字命名，他在 1847 年提出了这个规则（最近的一些科学讨论并没有真正支持这个观点，这表明不仅物理因素，生物和进化因素也在发挥作用）。无论伯格曼规则是否成立，火星相对更小的身材导致其冷却速度远快于地球，它的铁质内核最终冻结了。

地球有一个半径为 1200 千米的固态内核和一个延伸到半径为 3400 千米的液态外核，这与火星的大小相同。关于火星结构的证据来自对其地震的研究。1975 年 NASA 发射的海盗号火星探测器登陆火星，在火星上部署了地震探测器。近期，洞察号火星探测器也部署了地震探测仪器，并在 2018 年年底开始运行监测。然而，那里的地震既微弱又罕见：每年只记录几百次，地震强度只有里氏 2—4 级。相比之下，地球上每年有 100 万次 2 级以上的地震，其中最剧烈的通常是 7 级地震，每 10 年左右就有一次 8 级地震。火星上的地震非常微弱，它们甚至无法传导到火星的核心，并且只有在洞察号所处的位置上才能够探测得到。因此，一直没有机会用类似英格·莱曼研究地球构成的方式来研究火星的内核，所以关于火星内核的直接证据比地球上的要少得多。火星内核的大小和结构的数据来自理论计算，显示其核心区域的半径为 1800 千米，是地球的四分之一大小。

这两颗行星的大部分铁质内核在成分上非常相似，但火星的核心现在都已经凝为固体。火星表面的岩石中存在磁场的残留痕迹，因此其核心曾经是以液态的形式循环运动的，从而产生了磁场。当内核凝固后，火星磁场崩塌，太阳风侵蚀大气并使其越发稀薄，进而导致空气和水四散逃逸。如果生命此前已经在火星上演化，那么此时便戛然而止了。我们很幸运，地球磁场从大约35亿年前或更早时期就一直很强，生命得以在地球上繁衍，并从那时起迎来了爆发。

太古宙：生命在地球上出现

让我们回到大约40亿年前的地球上，在冥古宙即将结束之时，月球已经形成，来自流星的轰击已经停歇，地表的岩浆海洋也已经冷却，因"铁元素灾变"而发生的动荡已经停止。太古宙开始并持续到大约24亿年前。地球上最古老的岩石大部分都是从这个时代开始形成的。

在地球历史早期，地幔（包裹着地球固态内核周围的中间层）比现在更热，因此更具有可塑性。漂浮在地幔顶部的是岩石圈形态的固体地壳，地幔的下方则浸没在岩浆海洋之中。岩石圈被挤压成大约8个板块。比较轻的岩石在板块中间出来，形成浮力较大的厚堆积层。这就是最早的大陆，这些残片中幸存下来的是其中最为坚固的部分，因此被称为克拉通（来自希腊语 cratons，意为"力量"）。最古老的岩石是在今天的加拿大和格陵兰岛的克拉通中发现的绿岩，可以追溯到大约41亿年前。

绿岩与现今在海沟中发现的沉积物有相似之处。这种最古老的岩石展示了曾经身处高温环境中的证据。它们还包括沉积岩中的颗粒，这些颗粒在水流的输送过程中被磨圆。它们的形成条件为我们提供了还原当时环境的线索。

板块中心地幔物质的对流驱动板块的构造物质向外迁移，但直到构造板块冷却到足够的程度，流出物质的边缘才足够致密，以至于它们能够下沉，或者说是"俯冲"到邻近板块的边缘之下。大约30亿年前，这样的板块演变方式就已经开始，板块构造体系也随之而生，板块在其中移动和推挤引发了地震，一些比较脆弱的地带产生了火山。这种地幔的运动推动了大陆漂移，比如大洋中脊的岩浆羽流的向上推动，迫使美洲和欧洲及非洲大陆分隔在大西洋东西两侧。

在克拉通中保存了太古宙中遗留下来的岩石，但在过去的数十亿年中发生了太多地质事件，导致我们对这些岩石在地球上的分布情况不是很清楚。第一个大陆或超大陆存在的最古老证据，是乌尔大陆和瓦巴拉大陆的构造方式。乌尔是一个德语前缀，意为"最初的"或"原始的"，乌尔大陆的残余部分分散在印度及其周边地区。瓦巴拉大陆是一个超级大陆，由位于南非的卡瓦普尔克拉通和位于西澳大利亚的皮尔巴拉克拉通组成，这是在如此久远的过去（36亿到25亿年前）留下的唯一地壳岩石碎片。这些大陆大约形成于31亿年前，面积很小，差不多相当于今天的澳大利亚。

在地球地质历史上，大陆断裂又重新组合，以至于今天的大陆变得支离破碎。在大陆的边缘地带，我们可以通过岩石类型和化石物种的连续性，将一个大陆上的某个区域与另一个大陆上的某个区域联系起来。追踪大陆从这些碎片中形成和演变的方式，对于地理学家来说是一个挑战，就像在拼凑一个不断变化的拼图。地球早期的历史是如此复杂和不确定，在此笔者只能尽量简略叙述。

在这场持续不断的地质动荡中，最早的生命在太古宙初露端倪。那时候的生命是单细胞无核生物，它是生物最简单的形式，以原核生物的形式聚在一起，其中有两个亚类群：细菌和古细菌。古细菌在今天依然大量存在于所有动物肠道内的生物群中，甚至生存在一些对生命不利的极端环境中，例如温泉或咸水潟湖之中。这些古细菌拥有坚韧的生命力，如果能组织起来，它们可以在任何地方、任何整个地质时期，争夺地球表面的主导地位。事实上，它们已经组织起来了，它们聚集在具有多细胞结构的物种，譬如人类和其他一些与人类竞争统治地位的物种的体内。

地球上最早的生命证据是叠层石化石——一种远古微生物层叠堆积而成的化石，目前发现的最早的叠层石在西澳大利亚皮尔巴拉附近，存在于一片远古海洋遗迹的砂岩之中，距今已有 35 亿年。有一些还不太明确的证据显示，在更早的年代也可能存在化石，例如格陵兰岛西南部 37 亿年前的岩石之中，以及西澳大利亚 41 亿年前的岩石之中存在的石墨，也有可能是由生命形成的。

当生活在蓝藻海洋中的微生物结合到富含有机物的沉积物，或成为交替层沉淀的矿物时，就会形成叠层石。这些微生物是靠光合作用生存的，它们从阳光中获取能量，通过沉积层逐渐向上，向着光线的方向移动，在较旧的层之上形成新的层。较旧的层硬化成岩石，层叠生长成柱状甚至更复杂的结构。当对叠层石进行切片观察时，我们会看到切面呈现出蜂窝状的结构。蓝菌生存至今，通常被称为蓝绿藻，有时在温暖的夏季，甚至在英国海域会以水华的形式出现。直到现在，叠层石仍然存在。

蓝菌是一种原核生物，与古细菌并列，单细胞结构是生命的第一种形式。我们目前尚未知晓，生命是以一种什么样的方式，从非生命的化学物质中产生的。据推测，简单的有机化合物，如氨基酸，是由更简单的分子组成的，并且有实验证据可以证明这一点。1953年，美国生物化学家斯坦利·米勒（Stanley Miller，1930—2007）和哈罗德·乌雷（Harold Urey，1893—1981）通过使用电火花模拟闪电，证明此类分子可以由水、甲烷、氨和氢的混合物制成。这个实验已经重复了数十次，实验中采用了与早期地球相似的环境条件，包括模拟大气和类似的能量来源。这些实验都产生了有机分子，类似的分子在太阳星云中被制造出来，可以通过彗星、小行星和流星的坠落带到地球，就像默奇森陨石（参见第六章）。这些有机分子组成的结构具有新陈代谢和自我复制的特性，这种特性为生长和进化创造了机会。

虽然米勒的实验产生的结果正是我们所期待的，但他并没有成功解释从详细的化学角度上看这一切是如何发生的。此后不久，1959—1962年期间，在美国工作的西班牙生物化学家约安·奥罗（Joan Oró，1923—2004）确定了一种化学反应，即地球早期大气含量丰富的气体之一 ——氰化氢，可以像米勒发现的那样，向氨基酸和核酸等更复杂的分子发展。奥罗的突破已经被英国剑桥大学MRC分子生物学实验室的分子生物学家约翰·萨瑟兰（John Sutherland）和他的同事发展成为一个全面合理的方案。氰基硫化物光氧化网络详细描述了其中的生物化学过程，由氰化氢和来自彗星的水，由太阳的紫外线提供能量后发生反应。这个网络同时生成糖类、脂类、氨基酸和核糖核苷酸这4种生命活动所需的碱性化学分子，这在生物化学层面简直就是"无中生有"。

大氧化事件

在制造出生物化学物质和将它们合成为生物体之间，仍然存在着巨大的鸿沟。然而，在这种鸿沟被跨越的时刻，生命也就随之出现了：第一批生物，如蓝菌，出现在地球上。它们进行光合作用，利用太阳光完成化学反应，为生物体提供能量与构建身体的质量以维持生命。这种反应释放出游离的氧气，这个看似微不足道的副产物最终以其庞大的规模，逐渐改变了整个地球的大气层。

起初，所有的氧气一释放就被消耗光了。这是由于大气中的甲烷、氨和类似化学气体对氧气有很大的亲和力，它们同氧气完成化学反应后形成了其他化合物。同样，海洋中含有活性化学物质，比如由于气候活动释放出的铁以及在陆地岩石中的铁，也会经过河流输送到海洋之中。铁被氧化后沉积在海底。在我们称之为带状铁矿岩的地层之中，呈现出艳丽的红色层，它们由石英、燧石或碳酸盐矿物交叠形成。这些红色层通常厚达数米至数百米，面积可达数百平方千米。这些地层是商业开采的铁矿石的来源，我们将大自然历经数百万年所完成的化合过程逆转过来，通过去除矿物中的氧元素，并且与碳元素结合来生产钢铁。因此，20亿年前漂浮在海洋中的蓝菌是现代重工业赖以建立的基础。

在大约 24 亿年前，生物产生的氧气开始超过地球表面被吸收的氧气，标志着大氧化事件的开始——大气中首次含有游离氧气。这不是一个氧气水平逐渐增加的时代，带状铁层继续形成，但仅在深海中持续了大约 5 亿年，这是由于大气中的氧气起初并未渗透到深海中。

从那时起，地球向宇宙中的天文学家宣告，自己已经成为生命的栖息地，氧气大气层就是具有标志性的信号，如果地球上的天文学家希望寻找到外行星生命，最希望探测到的就是氧气。

元古宙时期：生命成为行星的力量

随着生命在地球表面占据越来越多的空间，并成为影响行星环境的重要力量，地球大气中的氧气也变得越来越充足。今天，地球的大气层中仍然富含氮元素，并保留了一些氩和二氧化碳，氮占大气层的 78%，氩占 0.9%。大氧化事件带来的变化是二氧化碳下降到 0.04%，而氧气则从无到有，直到含量升至 21%。

这一转变大约发生在地球历史进程的中间阶段。在此之前，地球的发展是由天文因素（太阳和行星）和火山过程驱动的。此时，第四个过程——生命，成为地球的驱动力之一。地球大气的第一阶段是由太阳星云获得的原始大气层，第二阶段是由火山爆发和流星轰击产生的大气层。生命在地球故事中的第一个变革性的行为是创造第三阶段的大气层，即今天持续存在的大气层。其影响之一就是让地球冻成了一个大雪球。

在 25 亿年前，进入元古宙之后（这个名字原意为"早期生命"）

地球上出现了植物和真菌，大气上层形成了保护地球表面生命免受紫外线辐射的臭氧层，在这个阶段的末期，第一批动物出现了。尽管太阳照射更加强烈，地球能够接收到更多的太阳热量，但是，从 24.5 亿到 22.2 亿年前的一系列全球冰河时代对生命的发展产生了阻碍。证据来自在加拿大休伦湖北岸发现的一系列 4 个冰川沉积物，以及芬兰、南非、澳大利亚、南极洲和其他地方的地址遗迹。这些是迄今确定的最早的冰河时代，被称为休伦冰河时期。分布在全球的证据表明当时地球从两极到赤道都被冰封，此时的地球被称为"雪球地球"。

大气和海洋中开始有了氧气的存在，这个转变触发了气候的剧烈变化。氧气降低了大气中的甲烷水平，同时增加了二氧化碳。虽然甲烷与二氧化碳同为温室气体，但甲烷效率更高。大气温室气体的"毯子效应"减弱导致地球急剧降温。与其他气体结合后，大气和海洋中氧气的浓度降低。这改变了两类生物体之间的平衡，这两类生物体分别为依赖和不依赖氧气代谢的生物体。进化通过将生物配对成单一生物体来规避风险，并且以两种类型进行代谢：一种类型，如蓝菌，它们通过光合作用代谢；另一种类型则使用其代谢产物。单细胞原核生物结合在一起形成多细胞的生命形式称为真核生物。

这一突破构成了复杂生物体的生命基础，这种生物体要比单细胞生物体复杂得多。细胞可以很容易地发展成不同的形式，具有不同功能，它们结合在一起运作时就可以非常有效地适应环境。然而，这种优势需要一段时间才能充分发挥效果：从大约 20 亿到 10 亿年前，在此期间物种、地质或气候几乎没有变化，这为生物进化提供了一个安稳的环境。英国古生物学家马丁·布拉西尔（Martin Brasier）将其描述为"无聊的十亿年"，这是地球历史上最沉闷的一段时期。

在大约 7.16 亿年前至 6.35 亿年前的这一时期末期，元古宙时期的生命体在雪球地球上蓬勃发展，并出现了新的生命形式，成为埃迪卡拉动物群。有些是大的，可移动的，有肌肉和神经细胞，但没有骨骼——像是行走的床垫。其他的则是微小的蠕虫（如米粒般大小）。在南澳大利亚的 Nilpena 附近发现了一个伊卡拉虫的化石，其年代为 5.5 亿年前。它在富含氧的沙子中挖洞寻找食物，是最早为人所知的两侧对称动物。这种具有正面和背面对称以及左右对称，两端开口，由肠道连接的生物体，运用肠道加工食物。伊卡拉虫是大多数动物物种的祖先，也包括我们自己。

显生宙：生命主宰着地球的历史

显生宙时期是地球上的现代时期，开始于 5.4 亿年前。这个名字源自希腊语 *phaneros* 和 *zoe*，意为"可见的生命"，指突然出现大量易于辨认的化石。地球形成之后大约五亿年就有了生命，但在 35 亿年间，生命的形式始终非常简单。一旦生命形成变得足够复杂，并且具有明显的现代生物特征时，就会像我们将要看到的那样，迎来智人的发展只需再过 5 亿年。

可见生命的演化首先需要某种生物体的产生，这种生物体是相当简单的，然而存在着一种罕见的情况组合，碳原子可以在这种情况下结合成具有一定特征的、复杂的、拥有自我复制能力的分子和结构。恒星中的能量产生是一个系列过程，生命在这一系列事件上延伸发展。在这个过程中首先产生了碳，它是恒星形成的副产品，碳元素在行星上提供了合适的有利于生命的环境，通过独特的碳原子化学性质和进化的正反馈机制，推动了地球上生命的繁荣。

地球的历史只是智慧生命在一个星球上发展方式的一个例子，它只是一个特例，我们应该警惕，不要得出过于笃定的推论。尽管如此，看起来生命以简单的形式在一个星球上出现是相对快速和容易的，但是生命很难步入智慧生物阶段，这需要相当长的时间。有推论认为，在银河系中，许多行星上可能存在生命，但我们可以与之交谈的智慧生命的数量却少得多。

地球上最早出现的生物包括海绵（多孔动物）、水母、珊瑚、扁形虫、软体动物、蠕虫、昆虫、棘皮动物（海星等动物）和脊索动物（像人类这样有脊柱的动物）。在被称为寒武纪生命大爆发的事件中，它们演化成了多种生命形式，物种剧增。见证这一转变的化石发现于寒武纪时期的岩石中，由剑桥大学地质学家亚当·塞奇威克（Adam Sedgwick）于 1853 年将其命名为寒武纪（威尔士的拉丁名），这一时期的岩石有大量露出。

伴随着生命在海洋中蓬勃发展，显生宙拉开了帷幕，随着潮汐的进退，一些动物物种从海洋中进化出了能在陆地上生存的能力，以应对不断变化的生存环境。单细胞植物在 10 亿年前或更久之前就已经移居到陆地上，大约在 4.3 亿年前，它们演变成了更为我们所熟悉的植物形态。最初，植物通过散布孢子进行繁殖。由于孢子与配子需要在有水的环境中游动相遇，从而限制了它们的生活范围，因而只能在沼泽地中生存。树木通过利用种子繁殖的方式来到陆地，形成森林。树木通过向地下伸出强壮的根系来固定住自己，并且稳定住了脚下的土地，在3.6亿年前，木质树干让树木变得非常高大。石炭纪地质时期由此开始，这是因为极为丰富的森林转化成了碳质地层，它们先成为泥炭，然后变成煤炭。

珊瑚是大约5.7亿年前首次出现在海洋中的无脊椎动物。它们建造的珊瑚礁成为沉积地层，有的非常巨大，如现在澳大利亚西南部珊瑚海中的大堡礁，是当今地球上最大的生物结构，像这样的珊瑚礁还有很多处。其他海洋生物沉积的骨骼矿物成为碳质灰岩和白垩岩的岩层，与硅质岩石（燧石）的岩层相关联。生命创造了新的岩石形式，第一次以重大方式改变了地壳的构成和外观。

生命推动地球历史前进的过程可以在碳循环中得到体现。碳元素在大气、河流、湖泊和海洋以及地壳之中完成循环过程，大气中的二氧化碳溶于水，形成碳酸。碳酸与钙等类似元素结合，生成碳酸氢盐和碳酸盐。这些化合物被软体动物摄取用于形成外壳，当软体动物死亡时，这些外壳会掉落到海底。它们埋藏在火山爆发产生岩浆喷发的岩层中，二氧化碳在火山爆发时从中释放。二氧化碳也通过植物的光合作用和动物的呼吸从大气交换到地壳之中。死亡的生物体发酵并释放二氧化碳和甲烷，它们历经岁月流逝转化为化石燃料，比如煤和石油。300年前，人类开启了工业革命，自此之后，人类以从未有过的速度，将燃料转化为二氧化碳送回大气。

在现代，人类活动规模如此之大，影响如此之快，以至于对生物循环的平衡产生了扰动，而这都可以用气候变化一词来形容。

英国化学家詹姆斯·洛夫洛克（James Lovelock）在 20 世纪 70 年代提出的盖亚假说，认为从长期来看，行星将恢复其平衡，整个系统利用生物与环境的相互作用完成自我调节，为地球上的生命维持有利条件。这是一个富有远见、鼓舞人心和充满希望的环境科学概念。然而，由于未经证实，它仍然存在争议。

联合古陆

在太古宙和元古宙大陆的历史中发生的事件比较模糊，但从过去几亿年的显生宙事件中得到的证据却更加清晰。盘古大陆的岩石虽然已经移动，但目前仍然存在。该理论是由德国地球物理学家和极地探险家阿尔弗雷德·韦格纳（Alfred Wegener，1880—1930）在 1912 年提出大陆漂移理论时确定的，这也是当今板块构造理论的前身。韦格纳还注意到，今天的大陆、次大陆和大型岛屿就像拼图游戏中分散的碎片。美洲的东海岸与非洲和欧洲的西海岸曾经紧密相连。南极洲、澳大利亚、印度和马达加斯加位于非洲南部的东海岸。如果我们确定大陆边界的依据不是现在的海岸线，而是海平面以下 200 米深处大陆架的边缘，那就更合适了。如果这些拼图重新组合成一个单一的超大陆，岩层中的化石将跨越现有大陆碎片的边缘，我们将得到一个完整一致的地质特征的呈现。各大洲相互分离，以每年几厘米的速度漂移。韦格纳的理论被嘲笑了半个世纪，20 世纪 50—60 年代，保存在岩石中的磁性数据为其理论带来了进一步的证据，这些证据显示出与化石的连续性相同的特点。

盘古大陆约形成于 3.3 亿年前，由两个较早的大型陆块合并而成：冈瓦纳古陆，包括今南美洲、非洲、南极洲、澳大利亚、印度次大陆和阿拉伯；劳亚古陆，包括今天的欧洲（没有巴尔干地区）、亚洲（不包括印度）和北美。由于盘古大陆的分裂，在距今 1.75 亿至 6000 万年前，逐渐形成今天的大陆。然而，今天各大洲的碰撞和破裂仍在继续。例如，印度次大陆正在与亚洲发生碰撞，迫使喜马拉雅山抬升。红海和东非地区的分裂线已经出现了早期的裂痕。

陆生动物和飞行动物的历史与盘古大陆存在的时期大致吻合。它们早在显生宙早期就已出现：最早的千足虫化石是在苏格兰发现的，位于 4.3 亿年前的岩石中。爬行动物出现在 3.12 亿年前，恐龙出现在 2.4 亿年前，哺乳动物出现在 2.1 亿年前，鸟类出现在 1.5 亿年前。可以确认的是，包括人类在内的现代动物在这个时代的最后 0.5 亿至 1 亿年中得到迅速进化。盘古大陆横跨赤道，因而跨越了广泛的气候与环境，使得许多物种得到了进化。在不同的时期，板块从一个气候系统长途跋涉漂移向另一个气候系统，其环境也随之分裂，成为孤立的一员或者融入另一个环境中。物种间竞争和环境压力的变化促使物种以不同的方式进化，物种的演化及其化石遗存的分布与盘古大陆复杂的历史密不可分。

希克苏鲁伯小行星撞击

在显生宙时期有 5 次大规模生物灭绝事件，当时大量物种消亡，新物种迅速出现。所有灭绝事件的原因都是不确定的，有些原因还很模糊。然而，它们都是由于冰河时代的延长、大面积的火山爆发或猛烈的流星撞击而引发的全球范围内的气候突变。最广为人知也最容易理解的是白垩纪-古近纪灭绝事件（以前称为白垩纪-第三纪灭绝）。这个名称指的是白垩纪和古近纪（或第三纪）地质时期的分界线，缩写为 K-Pg 或 K-T，K 代表德语单词 Kreide，意思是"白垩"，是当时的一种岩石。以界线上下岩石的变化为代表的气候变化，是由一个巨大的小行星撞击所引起的，该地区位于现在的墨西哥尤卡坦半岛，撞击地点位于希克苏鲁伯渔港附近。

希克苏鲁伯事件是地球上近 200 个大型陨石撞击事件之一，剧烈的撞击使陨石坑保存至今，并且得到了相关科学证据的确认，此外还有 100 余个类似的案例。这些陨石坑最大的直径达到 300 千米，距今有 20 亿年的历史。希克苏鲁伯陨石坑是地球上已知的第二大陨石坑，但我们几乎看不到它的痕迹。美国石油公司的地球物理学家格伦·彭菲尔德（Glen Penfield）于 1978 年在希克苏鲁伯的一次航空磁力测量过程中发现了它，一处位于龙舌兰种植园以北的海底，另一处位于希克苏鲁伯附近的灌木丛中，他在这些地方发现了磁力异常，测量结果显示出那里有个奇怪的圆弧。陨石坑内的地表除了一个浅槽外，几乎看不到什么东西，也许现在只有 3 米深，因为撞击坑已经被沉积物填满，还有一串从陆地一直延伸到大海的天坑（墨西哥西班牙语 cenotes）。天坑是该地区含有石灰岩矿物质的标志，由从撞击产生的裂缝中渗出的水形成。陆地上的弧线勾画出了陨石坑的南侧边缘。

后来，一位行星科学专业博士生艾伦·希尔德布兰德（Alan Hildebrand）也加入了彭菲尔德的研究团队，对陨石坑的圆形特征进行研究。他们在该地区钻探的一些样品岩芯中发现了石英，最终共同对 20 世纪 90 年代初的发现完成了确认——这是一个残留陨石坑。撞击的冲击波使石英转化为柯石英。柯石英来源于硅，具有类似玻璃的致密、重晶体结构，以美国工业化学家小洛林·科斯（Loring Coes Jr.）的名字命名，1953 年，科斯将石英置于极高的压力和温度之下，导致石英的结构发生了改变，合成了这种矿物。柯石英曾经在核爆试验遗留的冲击坑中被发现，不过还从未在任何自然存在的岩石中发现过它的踪迹，直到 1960 年，地质学家赵景德 (Edward Chao) 和尤金·休梅克 (Eugene Shoemaker) 在亚利桑那州的巴林杰陨石坑中发现了它。柯石英是用来分辨陨石坑的地质标志物之一。

希克苏鲁伯小行星的直径为 10—15 千米，它坠入一片浅海里，这片浅海的平均深度约为 100 米。它撞向海床并彻底碎裂，仅仅几秒钟就引发了海啸，巨大的撞击粉碎和融化了海底岩石，在几分钟内便冲击出一个直径 150 千米、深度 30 千米的陨石坑。很多月球陨石坑都有一座中央山丘或中央山峰，希克苏鲁伯陨石坑也是如此，撞击后中央山峰被海洋的沉积物所覆盖。

火山口喷发出热气和过热蒸气，炽热的熔岩形成了范围达到 30 万立方千米的碎片带，这些碎片甚至被抛到环绕地球的轨道上。覆盖全球的碎片成为地球岩层中的一个地质层，至今仍可辨认，其中含有高浓度的铱元素。铱元素是地球形成时由小行星带来的一种亲铁元素，地球诞生时的铱元素大多随着铁沉入地核。地壳中的富铱物质，譬如白垩纪–古近纪界线（K–Pg 界线）中的富铱物质，一定是在地核形成之后才出现的。2020 年的一次深海钻探表明，在随后覆盖的海洋沉积物之下，薄薄的铱层紧紧地覆盖在希克苏鲁伯陨石坑上方，证明了在那极为短暂时间内发生的事件的顺序，并且确定了当时的那个流星体是小行星而不是彗星。

粉末状的碎片在大气中悬浮数周至数年，其中包括了来自石膏粉末中的硫酸盐，这是源自尤卡坦海底的矿物。与此同时，印度德干地盾火山大规模喷发的火山灰更是起到了添砖加瓦的作用，这些火山的喷发过程持续了 3 万年，跨越了希克苏鲁伯撞击的时间段。所有这些粉状物质叠加在一起遮天蔽日，就像一场核爆混战那样，于是流星轰击之后，一个"核冬天"随之而来。那一段时间，我们的蓝色星球变成了白色和灰色。

6400 万年前的这些灾难事件造成了陆生物种的大范围灭绝，其中有羽毛恐龙存活下来，包括一些进化成鸟类的恐龙，然而大多数恐龙难逃一劫。

人属的出现和发展

小型的穴居哺乳动物也存活了下来，它们填补了陆栖恐龙留下的生态位。在哺乳动物的发展中最突出的是类人猿（猿类，起源于 2400 万年前）。从猿类向人类发展的进化分支主要是长臂猿、猩猩、大猩猩和黑猩猩，还有源于 400 万年前的一些原始人类，譬如南方古猿。这些原始人类开发了石器，并发展成两个平行的进化分支，其中有南方古猿的后代，以及一个新的分支——人属。

起初，南方古猿和人类在非洲共存，但南方古猿灭绝了，留下的幸存者发展为能人（"可以制造工具的人"，200 万年前出现）和直立人（"可以直立行走的人"，150万年前出现）两种谱系。能人和直立人走出非洲，经过不断地迁徙，他们的足迹扩散到了欧亚大陆和亚洲南部。在格鲁吉亚的德马尼西发现的德马尼西人的化石头骨、部分骨骼和工具，距今已有180万年，是非洲以外发现的最古老的人类遗存。爪哇人的人骨碎片可能有100万年的历史。1982年人们在英国奇切斯特附近的博克斯格罗夫发现了70万年前直立人个体的胫骨化石和燧石工具。被称为"北京人"的直立人有40个，距今40万年。这些迁徙而来的直立人谱系线索似乎已不复存在。

人属古人最近一次走出非洲的迁徙轨迹与直立人从30万年前进入欧亚大陆的迁徙轨迹相似。在这些迁徙中，尼安德特人和智人（现代人）相遇并且通婚。大约4万年前，尼安德特人作为人属中的一个独立物种灭绝，但一些尼安德特人的DNA存在于智人中，它们作为人类的主要并且是唯一的物种生存了下来。

在超过百万年的地质历史中，人属化石与日益复杂精致的避难所、生活用火、石器、壳雕、雕塑、骨笛等乐器以及洞穴壁画关联存在。这些壁画往往是猎取食物的动物和人手的彩绘轮廓，服务于早期的艺术和仪式目的，文明的曙光已经开始闪耀。

从30万年前开始，智人从非洲扩散到亚洲南部，在6万年前到达澳大利亚，4万年前返回欧洲。美洲大陆是最后一个被人类占领的大陆，人类在2万年前到达北美洲，其中一个途径是从蒙古陆路旅行，另一个是从现已倒塌的白令陆桥向南穿过加拿大，也有一种可能是经由海路，再经过陆路前往南美洲，再向北到达北美洲。智人将自己的领地拓展到了整个世界（除南极洲外），开始对地球及其生态系统产生影响。

起初，人类是游牧民族，跟随着迁徙的动物。这些动物就像在北美平原和俄罗斯草原漫游的猛犸象群一样，遭到人类无情地猎杀，并导致了它们的灭绝。地质学上的人类世时代开始了，人类生命是地球历史上的一种鲜明力量（"人类世"Anthropocene的词根来自希腊语中的人类一词）。在新墨西哥州克洛维斯的狩猎杀戮遗址中，我们可以看到猛犸骨骼密集的考古地层，这是人类世时代的早期痕迹，也是北美现存最早的人类活动场景之一，距今 1.3 万年。

渐渐地，人类改变了他们的生活方式，他们定居下来，开创了农业，砍伐森林种植庄稼，耕地景观取代了原始森林。人类驯服了河流，开启了永久定居点的生活模式。人类从 9000 年前开始建造城市，在地面上建造了巨大的人造结构。在过去的 500 年中，工业活动开始改变地球表面及其大气的组成。人类通过大规模的采矿和土木工程活动改变了土地的地质面貌，并通过土地清理和农业来改变植被的混合配置。随着人类数量的激增，人类对其他物种栖息地的压力，导致了这些物种的衰退，乃至发生了太多的大规模灭绝事件。

如果我们把宇宙的全部历史用一条时间轴来表述，也就是说，如果把书中所有的文字串成一行，地球诞生的位置是在第七章文字中间的某个地方。智人的历史大约相当于全书的最后一两个字，人类文明的宽度甚至不及最后一字的最后一个笔画。而一个人的生命过程，作为整个宇宙历史其中的一部分，仅仅只是最后那个句号的一小部分而已。

第十二章

续篇：宇宙的未来

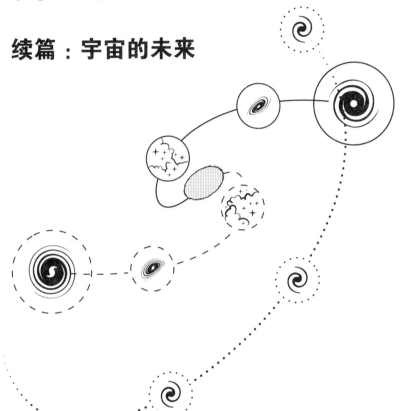

　　本书是一本关于宇宙的传记，之前的章节都是在回顾过去，但是对未来世界的一瞥，能够让我们了解到，我们自己、我们的地球、我们的太阳系和我们的银河系正在走向何方。

仙女座星系（右上）和银河系（左）正在相互靠近，彼此扭曲并触发恒星的形成。它们将在 46 亿年后相撞，合并形成一个巨型椭圆星系。星系"三人组"里的那个旁观者——三角星系（右上角），会在一条弯曲的轨迹上绕过这两者。

地球上不久的未来

过去数百万年中那些曾对地球生命产生过巨大影响的自然天文事件，在未来可能还会发生。整个星球级别的火山喷发和大规模的流星撞击曾经引发了地质史上的大规模灭绝，它们仍然可能再次发生，甚至是不可避免地发生，但发生的时间却无法预测。此外，如第十一章所述，人类已经发展成为强大的行星力量，我们在月球上留下脚印和车辙，在地球周遭的很多空间中留下了装备，我们通过太空探索在其他世界上留下了印记。我们很可能即将成为一个强大的星际力量，终极理想是将火星改造成像地球一样适合人类生存的星球，虽然到目前为止这还只是科幻小说中的内容，但它可能是一个真正的可工程化的项目。该项目的目的是把火星从荒漠变成一个翠绿的、宜居的星球（我们希望这个项目会经过深思熟虑，并能取得理想的效果）。我们可能需要做一些类似地球上曾经发生的扭转气候变化的事情——譬如在整个火星大气中清除二氧化碳并将其储存在地下。

然而，鉴于人类终究是一个动物物种，历史表明，我们最终将会灭绝，大概是在与我们过去进化时期相当的时间尺度之后消失在这个世界上。人类这个物种已经延续了25万年，但我们遥远的类人猿祖先其实不过是生活在数百万年前。如果未来的进化力量仍然是自然之力，那意味着，在类似的时间尺度里，人类的后代还将会延续，但他们与我们之间的差异，将会像我们和我们祖先的差距一样迥异。然而，有些人认为，在人口数量不断增加和技术能力不断增强的推动下，物种和环境的转变速度将会更快。

人类可能造成自我灭绝的方式范围很广，其中包括：

· 人口激增导致人类对于农业和自然资源的需求得不到满足，饥饿和饥渴成为普遍现象。

· 由于畜牧业的一些错误操作，以及野生动物如鸟类种群中的病毒和其他病原体传播给人类所引发的埃博拉、流感和新冠感染（COVID-19）等流行病。

· 由于意外或其他原因释放的有毒工业产品，比如氟氯化碳类的化学品，曾被用于冰箱的制冷（现在已经禁用了），泄漏时会耗尽臭氧层。

· 全面核战争。

· 人类活动产生的二氧化碳和甲烷，如果不加以控制，将造成破坏性的全球气候变化。

最后提到的全球气候变化被广泛认为已迫在眉睫。同时也产生了一个问题：人类是否能够产生一个共同的政治意愿，确保在规模和速度上均作出改变，以控制这种人为的气候变化。似乎可以肯定的是，面对人类活动的影响，地球大气层将无法充分和迅速地作出反应，尽管詹姆斯·洛夫洛克的"盖亚假说"还认为有一些希望，即生命能在更长的时间尺度上适应环境以维持延续（见P.282)，但这种适应不一定有利于人类。

这样看来，人类可能因此迅速灭绝，或者至少能力会下降，降低到我们无法再主导环境变化为止。如果是这样，那么现在的人类世时代将很快结束。到那时，当幸存的人类后代回顾历史时会发现，当初祖先为了改善自身的待遇而对地球进行的改造，如农耕、采矿、运输以及水利工程，都是导致那个时代结束的标志性行为。人类活动的意外后果还会带来更多的变化，比如海岸线的改变：海平面上升会导致陆地面积缩小，而这本身又是大气中二氧化碳含量增加所导致的结果。

在地球地质记录中，人类世时代的地质特征鲜明，地质层相当薄却富有特色。与人类世有关的地质层将包含人类制造的废料，如建筑碎石、金属加工时产生的废料和长时间难以降解的塑料。地质层的其他成分还可能包含来自化石燃料燃烧产生的炭灰，来自核弹试验时释放的放射性元素，以及来自核能发电、医学使用或是意外排放的废物。最后，还可能包含塑料衰变的产物，它们不仅存在于局部土基沉积物中，而且分布到了更广泛的环境中，比如在海底沉积物中形成了薄层。

那么末日何时降临？《原子科学家公报》杂志设立了一个"末日时钟"。这是一个虚拟的钟面，指针正在嘀嗒作响，走向午夜——那个人为的全球灾难时刻。这是在警告人类，用我们自己制造的危险技术来摧毁我们的世界，那个时刻是多么地近在眼前。

这个时钟将世界末日设定为午夜，采用了核试验倒计时到零的表现形式，它提醒着我们，人类要想在地球上生存，就必须解决这些紧迫的威胁。1947 年，世界末日时钟最初设立的时候，考虑到核武器使用的潜在威胁，时间被设定为距午夜 7 分钟。随着冷战结束，1991 年它被回调到距离午夜 17 分钟，这是有史以来最为乐观的一次。2007 年，核威胁之外的因素开始影响时钟的调整，特别是气候灾难的威胁，时钟指针开始不断接近最终的午夜时刻。2020 年 1 月，世界末日时钟指针拨到了午夜前 100 秒，这是迄今为止最接近终点的一次。恼火的是，末日时钟不是（也不可能是）标准时刻，这使得我们不知道刻度上的时间到底代表着多久，当然设立末日时钟的目的是促使我们采取行动来避免灾难，保证那代表末日的午夜钟声永远不会敲响。然而，末日时钟已经象征性地表明，人类已经非常接近临界点了，这是非常令人担忧的。

日全食的终结

从不那么令人担忧的角度来看，我们可以预测天文学最伟大的奇观之一——日全食的终结，因为月球正离我们越来越远。月球的公转轨道是一个椭圆，因此地月距离在一个周期（也就是一个月）内会产生一定的变化，不过月球距地心的平均距离为 384 400 千米，相当于光行走 1.28 秒的距离。从地球上的望远镜发射的激光脉冲，照射到阿波罗登月计划的宇航员在月球上留下的反射镜，反射后沿着相同的路径返回到同一望远镜中的接收器，这趟往返的旅程需要 2.56 秒。天文学家就是靠精确测量这段路程来监测月球公转轨道的。

月球正在公转轨道上向外盘旋。自 40 多亿年前诞生起，它一直在向着更远的太空离去（参见第十章）。我们已经直接证明了在过去的 5 亿年中，月球确实是在远离地球。月球对海洋潮汐的影响会在地质学上留下痕迹。珊瑚、双壳类、腕足类、头足类和叠层石等海洋生物以潮汐水域为生，并能显示出生长的轮状痕迹，在这些生长痕迹中可以看到每日、每月和每年的周期性变化，分别与地球自转、月球绕地球公转和地球绕太阳公转有关联。对7000万年前的化石分析显示，在白垩纪晚期，每年有372天，所以那时的一天长约23.5小时。与此类似，沉积岩也是以潮汐节奏沉积生长的，于是我们推断出，在6.2亿年前，寒武纪开始的时候，一天大约是22小时。从那时起，月球以约2.2厘米/年的平均速度远去，大约与我们指甲生长的速度相同。

目前，月球远去的速度已经加速到3.8厘米/年，地球的一天相比之前已延长到了24小时。科学界认为月球加速是因为月球的公转轨道能量消散得更快了。总体而言，大陆漂移、火山活动和地质力量把海洋的大小和形状创造得刚刚好，正好能够和海水的振荡产生共振。海洋吸收了潮汐中的能量，而这能量正是来自月球的公转轨道。

太阳和月球在天空中的大小相同是一个奇怪的巧合。太阳直径是月球直径的400倍，而太阳和地球的距离正好也是地月距离的400倍。月球时常从太阳前经过，精确地遮住太阳，让我们得以体验到日全食的壮美。有些时候，月球距离我们比平时要远一些，虽然月亮和太阳在一条直线上，但月球的边缘外会留下一圈阳光，形成日环食。但是日环食不像日全食那么壮观，因为在月球边缘剩下的阳光淹没了来自日冕和日珥的微弱光线。当阳光被遮挡，黑暗随之降临，突然出现的微弱、条纹状的白色日冕和美丽的红色日珥，给我们展现了一幅难以忘怀的日全食画面。相比之下，日环食虽然有趣但略显平庸。

因为月球距离地球越来越远，所以日环食将变得越来越常见，日全食则会越来越少，还好这个变化过程是比较缓慢的。最终，月球会因为离地球太远，所以看起来不再像太阳那么大，日食过程中月球将始终处于太阳轮廓的内部，因此我们将只会欣赏到日环食。日全食的消亡不会突然发生，因为月球与地球的距离变化还是很缓慢的，但日全食在未来4亿年内的发生频率会逐渐减少。随着月球与地球之间的距离及其公转轨道特征的改变，日全食会断断续续地发生，这又将持续4亿年。如果那时候地球上还有人类居住——虽然有我们前面讨论的人类对地球的种种影响——那么在这8亿年之后，地球上的居民们将永远失去这一伟大的天文奇观了。

太阳和地球遥远的未来

当板块构造作用停止推动大陆时，地表的性质将发生变化。那时，地球外层已经冷却到完全凝固了，也许这种情况会发生在几十亿年后。届时地球将迎来造山时代的终结，只剩下小行星偶尔撞击形成的大型陨石坑壁。山脉在侵蚀过程中会逐渐消失，成为丘陵高原。在地壳的薄弱点上，比如夏威夷，个别的火山或火山群可能还会生长一段时间，类似于火星和金星上的情形，这两个行星就是未来地球，不再有构造板块。

就算是这种逐渐减少的火山活动，也将随着地球进一步冷却而停止。地球将走向死亡，不再有地震或火山产生的地质活动。最终，它的液态铁内核会凝固，对流也将停滞。地球的磁场将完全地、永久地消失。不同于地球磁场在极性转换期间带来的暂时影响（见 P.266），这种永久性消失将是灾难性的。畅通无阻的太阳粒子最终会驱散大气层。没有气压阻止水分子从海水中逸出，海洋会蒸发，降雨会停止，陆地会彻底干涸。从现在起，再过 10 亿到 20 亿年，地球将失去生机，成为一片死寂的沙漠之地。到那时地球就变成了如今的火星。

现代物理对太阳及其结构，以及它产生的核能有着充分的了解。基于同样的物理原理，人们也不断地对太阳未来进行预测并提出了科学论断。然而，太阳在其演化过程中尺寸不断增大，表面引力不断减小，很容易损失质量。究竟会发生什么，关键取决于质量损失的方式，目前，对于这方面的研究在天文学领域还不明朗。2008 年，苏塞克斯大学天文学家克劳斯-彼得·施罗德（Klaus-Peter Schröder）、罗伯特·康农·史密斯（Robert Connon Smith）以及凯文·阿普斯（Kevin Apps）重新审视了"太阳和地球的遥远未来"，并且特别关注质量的损失。在他们的预测中，一开始和之前的预测很相似，但是后来的预测与之前的预测结果便大相径庭了。

在不久的将来，太阳将变暖变亮，亮度每 1.1 亿年增加 1 %。在 10 亿年后，它的亮度将提高约 10 %。海洋将开始蒸发，地球大气中的水蒸气含量将大幅增加。水蒸气是一种温室气体，因此失控的蒸发会导致地表变得炙热难忍，海洋也会逐渐干涸。在平流层中，水分子会被太阳紫外线分解，从而逐渐逃逸，进入太空。

在地球磁场崩塌的同时，太阳也会变得更加炙热。从现在开始 25.5 亿年后，太阳将进入它的最热期，距今 54 亿年后它将是最明亮的燃氢恒星，释放的能量几乎是现在的两倍。就接收的太阳能量而言，相当于地球现在正处于金星所在的位置。这意味着地球在失去磁层防御而直面太阳宇宙射线的同时，还在被太阳烘烤。地球上的生命在这样的环境下将难以为继。但与此同时，太阳系中更遥远的部分也会变得温暖起来。像木卫二这样的卫星，水资源非常丰富，虽然目前还是固体冰，但不久的将来会变得更适合居住，而像土卫六"泰坦"，有机分子含量丰富，可能在太阳温暖的光芒照耀下得以孕育生命。这些卫星可能会变成"地球"，30亿年前太古宙的那个地球。

54亿年后，太阳内核中的氢燃料耗尽，开始燃烧氦。当太阳变成一颗红巨星的时候，它会开始膨胀并冷却。它的半径将增长250多倍，其自转周期将从一个月减缓到数千年。太阳的质量不断损失，对地球的引力逐渐减弱，这将导致地球公转轨道向外扩。当太阳膨胀成红巨星时，地球会刚好停留在太阳表面附近。水星和金星会被吞噬，但地球不会，但它已经能直接感受到太阳外层的影响。

而后太阳还将保持20亿年的红巨星状态。它的外层将消散到太空中，质量将减少到现在的一半左右。地球和太阳之间的潮汐力以及地球在公转轨道上经过太阳大气层时的摩擦力，将导致地球在未来约76亿年内逐渐螺旋落入太阳之中——除非发生什么意外情况，比如地球与另一颗恒星近距离相遇，后者将地球拉离原来的公转轨道。

随着质量的不断损失，距今77亿年后，太阳的核心将会暴露出来。裸露的核心照亮了消散四周的物质，太阳变成了行星状星云的中心恒星。有些行星状星云非常壮观，但太阳的行星状星云却有些泯然众星。它应该会仅仅类似于IC 2149，这是一个不太引人注目的行星状星云，由一个与太阳质量相同的恒星演化而来。

行星状星云消散之后，太阳将继续成为一颗不起眼的白矮星，光芒逐渐褪去，从而变得更加不起眼。

如果地球还有残余物幸存，那些破碎的残块也将会被这颗白矮星吞噬。陆地岩石将会汽化进入白矮星的大气层，为其增加了盐化成分。有证据显示了这种结局存在的可能性，在许多白矮星的大气中曾经检测出一些化学杂质，那就是系外行星存在的遗迹。在一个案例中，一颗大小接近地球的行星产生的行星碎片掉入并污染了白矮星 GD 61 的大气层。如果这只是一次独立事件的结果，那么它一定发生得非常快，也就是一百年以内，因为从重元素进入白矮星大气层到下沉至不可见的深度，仅需要一百年。这一事件预示着我们自己星球可能的命运。如果地球能够坚持到太阳和太阳系演化的这一阶段，那么作为地球曾经存在的最后一个证据，也就是那颗正在消退的白矮星大气中能探测到的少量化学成分，只会短暂地存在几个世纪。

在一颗衰落恒星的大气层中被烘烤、干燥、粉碎、吞没以及蒸发：我们这个脆弱星球（见图XVI）的未来很可能就是一条渐进的、通往遗忘和毁灭的道路。

银河系的未来

1913 年，美国天文学家斯里弗测量了仙女座星系沿着视线方向相对太阳的移动速度——310 千米 / 秒，这是当时所知物体的最高移动速度，它正朝着银河系奔来。1929 年，埃德温·哈勃研究宇宙膨胀时，检测了 46 个星系的速度，他发现星系运动速度如此之快并非特殊情况，但是仙女座星系的确是特殊的，因为它正在接近银河系，而这是 46 个星系中唯一一个这么运动的。星系的移动速度与它们同银河系之间的距离成正比（哈勃定律，见P.24），所以一般来说，距离越远，它们远离银河系的速度就越快，但是这种规律中也存在着一些扰动。有一些扰动是由太阳在围绕银河系的轨道上的运动导致的，即使考虑到这一点，仙女座星系仍然在接近银河系。1987 年，英国天文学家詹姆斯·宾尼（James Binney）和加拿大天文学家斯科特·特里梅因（Scott Tremaine）对这种情况进行了分析，他们认为，银河系将在 20 亿到 50 亿年后与仙女座星系发生碰撞合并。

他们的计算存在很大的不确定性，尽管在 100 年前就可以确定仙女座速度的径向分量，但是要确定一个星系在垂直视线方向的速度（切向速度）是非常困难的，因为星系距离实在太远，在天文观测期间（几十年到几百年）由于星系切向运动而产生的角位移太小了。随着哈勃太空望远镜以及盖亚太空望远镜先后发射入位（见 P.123—P.126），事情终于有了转机，虽然它们的太空飞行任务只有短短的数年，但这两个望远镜却能够以前所未有的精度测量星系的切向速度。

以荷兰天文学家罗兰·P.范德马雷尔（Roeland P.van der Marel）为首的一大批来自美国的科学家从 2019 年盖亚太空望远镜收集的数据中确定仙女座星系确实正在以约 130 千米 / 秒的速度向银河系坠落，甚至计算出了这次未来相遇的一些细节（见图XⅦ）。天文学家从两个星系的质量、它们之间的距离以及它们的相对运动出发，来计算它们未来的轨迹——但这也并不是完全确定的，因为所有这些给定的基础数据都是不精确的。这两个星系将在 46 亿年内相撞，届时并不是剧烈的迎头碰撞，而更像是一种侧击或者剐蹭。银河系的中心区域会经过仙女座星系的圆盘。该团队通过对这两个星系中恒星的分布进行建模，来观察在碰撞中会发生什么。

研究发现，两个星系的旋臂会随着它们的接近而变得扭曲并且向外飞展。由于星系正在加速膨胀，星系的动能转化成了星系中恒星的运动，因此星系整体的速度减慢了，在它们相互靠近并分离后，并不会分离得很远，而是会很快停下来，然后重新落回到一起。在接下来的数十亿年里，它们将以（相对）快速的方式交错数次。星系交错时，它们内部的恒星一般不会发生碰撞，而是会像游行队伍中的两列士兵那样互相穿插，互相"流过"彼此。但是星系中的星云是会发生碰撞的，这将触发新恒星的形成，星系的每次交错都会出现一批恒星的爆发式诞生潮。这将会把两个星系中几乎所有的氢都耗尽，最终恒星的形成过程就此停止。两个星系的恒星将彻底混杂在一起，形成一个合一的椭圆星系。

银河系和仙女座星系同属本星系群，其中仙女座星系有个卫星星系 M 33（三角星系）。M 33 虽然会被卷入这场星系合并事件，但是它最终将会在新的椭圆星系外围幸存下来。

我们无法预测在碰撞中星系中的单个恒星，比如太阳，会发生什么。地球会不会依然是太阳的一颗行星，将取决于那次碰撞的具体时间。在碰撞带来的混乱之中，两个星系中的恒星会无序地旋转。可能会有一颗恒星与太阳擦肩而过，然后把地球带离了原来的公转轨道。无论如何，太阳在星系大碰撞开始后不久将变成一颗红巨星，如果太阳在生命的后期持续膨胀，那么它在变成白矮星时所形成的星云，可能只有在很少几个星体和行星系统中才能看到。这样看起来，太阳的末日可能会很孤独，但还有另一种可能，太阳可能最终成为椭圆星系那迷人光晕中的一员，与数百亿或数千亿颗相似的恒星一起，默默地在一个拥挤的天体疗养院中继续它们的轨道之路。随着光晕中的恒星逐个死亡，银河系的灯火，包括太阳，将一个接一个地熄灭，然后变成白矮星，而后走向黑矮星的终结之路。经过数千亿年的演化，合并之后的星系终将遍布暗星。

宇宙膨胀

宇宙会永远膨胀吗？还是会在一段时间后膨胀停止，并且逆转变成收缩，导致最后的"大紧缩"？了解宇宙中有多少物质和能量，会有助于我们解答这个问题。物质和能量越多，它们对膨胀的引力越大。根据爱因斯坦著名的公式 $E = mc^2$，能量有一个等价质量。用科学的方法描述这个问题，其实是关于宇宙的形状：宇宙是开放的（将永远扩张）、封闭的（会回落到自身），还是平坦的（两者之间平衡）？"开放""封闭""平坦"，这些都是来自几何学的术语：几何学和宇宙学之间的联系来自广义相对论，广义相对论讲的正是由质量引起的空间和时间的弯曲。

我们用密度参数来衡量宇宙的几何特性，密度参数是宇宙的实际密度与理想平坦宇宙的密度之比。如果宇宙是平坦的，它的质量（和能量）的数量刚好合适，则密度参数恰好为 1。如果宇宙是开放的，则密度参数在 0—1 之间；如果宇宙是封闭的，则密度参数大于 1。如果密度参数恰好为 1，则宇宙是平坦的，处于开、闭边界上。宇宙在这种边界情况下的密度被称为临界密度。

　　解决这个问题的方法之一是观察宇宙中有多少质量——比如通过观察有多少个星系，星系中又有多少颗恒星，或者观察在星系间空间中有多少氢的存在。这些直接探测的方法并不能找到那些可以让宇宙封闭的大质量存在。

　　另一种方法是观察星系的移动速度有多快，这样就可以通过它们的引力累计效应来判断有多少质量对它们产生了作用。这种方法可以探测宇宙中的所有物质——暗物质和普通物质。但即使包括了暗物质，这种方法探测到的物质总量仍然远远达不到可以封闭宇宙所需要的量。

　　迄今为止发现的确定宇宙学参数的最佳方法是结合其他关键的宇宙学关系来对 CMB 的涨落数据进行研究。CMB 图像中斑点的平均尺寸对空间曲率的放大效应很敏感：在平坦的宇宙中，没有放大；在封闭的宇宙中，斑点的大小看起来要比实际大；在开放的宇宙中，斑点则显得更小。普朗克卫星用了 4 年时间在轨采集了更加精确的 CMB 亮度数据（见第二章）。科学团队又花了 5 年时间对数据进行分析，并在 2019 年得出结论——宇宙的密度参数为 1，误差在 3.5% 之内。

　　因此，宇宙的几何特性是平坦的，它将永远膨胀下去，星系变得暗淡，星系之间的距离变得越来越远。大爆炸之前那遥远的过去是一种无从探寻的、只能存在于想象中的黑暗，但宇宙遥远的未来却是字面意义上的黑暗，偶尔才会被超大质量黑洞合并产生的爆炸打断却无人理会，只有随之释放的引力波在宇宙中低声回荡。

第十三章

前传：大爆炸膨胀的原因是什么？

宇宙的诞生时刻

当艺术家想要描绘一个大事件的开端时，他们通常会选择描绘某个特定的、最短暂的瞬间。接下来发生的一系列事件则交由观众去想象，于是这些事件将比艺术家所能展示的更神秘，更伟大，也更持久。在梵蒂冈使徒宫西斯廷教堂的天花板上创作《创世纪》时，米开朗琪罗就是这样做的。他把上帝与亚当的食指触及的温柔瞬间设置为画作的视觉中心。从这个时刻起，人类的历史就此展开，基督教的故事也从此孕育而生。宇宙的重大诞生同样如此短暂，但和米开朗琪罗画作中那种温柔恬静不同，它的过程非常、非常猛烈！

宇宙诞生之后，宇宙中的生命成了天文学研究的主题，这一点从本书中描述的大规模的、持久的历史桥段中就可以看出来。诞生的过程本身只可想象，至少到目前为止，它都是只能在理论物理中描述的构想。根据这些构想，我们能想象的宇宙起源所用的"最小"时间，只有 10^{-32} 秒（10^{-32} 是一个能表示为分数的数字，可以用数字 1 除以 1 后有 32 个 0 的数字来表示）。天文这个词，在语言的隐喻中成了巨大的代名词，但刚才那个天文数字应该是整个科学体系中最小的数字了，即使不是最小，至少也是最小的那一批数字的其中之一。

宇宙诞生伊始的初始密度和温度高得难以想象。在这样致密的条件下，最初的宇宙形成了一个单一的作用力和能量系统。这是一个大统一的时代，物理学并不能分别用广义相对论和量子理论来描述，只能用英国理论物理学家斯蒂芬·霍金（Stephen Hawking, 1942—2018）等人所追求的大一统理论来表达。自然界的四种基本力：电磁力、弱核力、强核力和引力，都被统一为一种基本力，其表达方式超出了我们现在所能理解的范围。高密度和高温给宇宙造成了巨大的压力，于是宇宙开始膨胀和冷却，上面所说的基本力开始分离。首先分离出来的是引力，随后强核力又与电磁力和弱核力分离。这个分离过程造就了如今我们所认知的四种基本力。时间从三个空间维度中剥离出来，以不同的形式呈现。除了我们现在所能认知的四个维度之外，还有一些其他维度，但它们都从我们能感知的世界中弱化并消失了。

宇宙大约在这个时间段开始膨胀，这段时期被称为"宇宙暴胀"，由美国理论物理学家艾伦·古思（Alan Guth, 1947—）和俄裔美籍天体物理学家安德烈·林德（Andrei Linde, 1948—）分别独立提出。它始于短暂的指数级的快速膨胀，我们称之为暴胀，有了暴胀，才有了如今更为均匀的膨胀。相较于最初 10^{-32} 秒内的宇宙，其大小增加了 80 倍甚至更多，暴胀期间的宇宙增加了 10^{26}

图XI：蟹状星云及其脉冲星的合成照片，由钱德拉X射线太空望远镜观测到的X射线（蓝色和白色）、哈勃太空望远镜观察到的可见光（紫色）和斯皮策太空望远镜观察的红外光（粉色）照片合成。1054 CE 超新星爆发形成的旋转中子星产生了一个明亮的高能粒子环，这些粒子泄漏出来，冲破了星云磁场的纠缠。

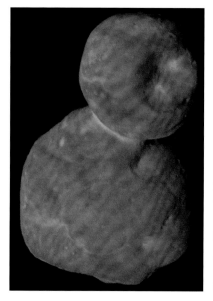

图XII：小行星阿罗科特。阿罗科特绕太阳的公转轨道比海王星的公转轨道还要远，它是行星形成时代的遗迹，长36千米。它的两个瓣结构表明，它起源于两个轻微接触并在狭窄颈部融合的星子。它的表面布满了凹槽和陨坑，有些是由撞击形成的，有些是由于冰物质挥发后气体冲击而形成的坍塌空洞。

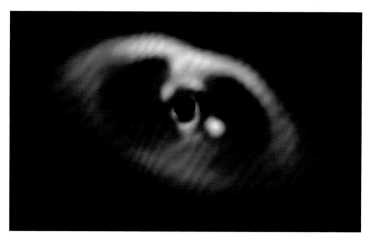

图XIII：这是一幅红外图像，图中的那个亮点是系外行星 PDS 70b，它在恒星 PDS 70 周围的原始气体和尘埃盘中开辟了一条路径。PDS 70 是一颗非常年轻的恒星，它在图中央遮挡物的后面，这是为了防止其红外辐射淹没微弱的尘埃盘。行星 PDS 70b 的质量比木星大，距离中心恒星约30亿千米，相当于天王星到太阳的距离。

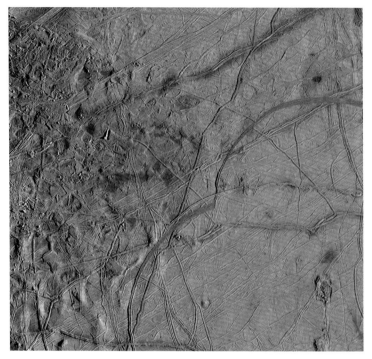

图XIV：木卫二。木卫二冰冻的表面覆盖着隆起、带状、块状和圆顶状地形（照片的左侧）。右侧较平坦的平原上有互相交错的弧形地貌，这些弧形结构是木卫二亚表面海洋上漂浮的冰层在木星引力的潮汐力作用下形成的断裂。

图XV：火星上的盖尔陨石坑。NASA的"好奇号"火星车俯瞰着一条长山脊，山脊横跨一片富含黏土矿物的起伏平原，后面是浅色的悬崖。岩石中的赤铁矿和黏土矿物昭示着火星是如何从过去的潮湿气候变成为现在的干燥沙漠气候的。

图XVI：地升。1968 年，宇航员比尔·安德斯（Bill Anders）在阿波罗 8 号绕月飞行时，拍下了这张照片。地球看起来很美丽，但显得又小又脆弱，孤独地升起在月球岩石表面的太空中。

图XVII a：银河系和仙女座星系的碰撞。这幅图想象了碰撞刚开始时，从地球上沿着银河看去，仙女座旋涡星系还很遥远，就像现在一样。

图XVII b：20 亿年后，山地前景视角，两个星系的距离拉近，仙女座星系已经靠近了银河系，看起来它的尺寸也明显大了很多。

图XVII c：到 37.5 亿年后，仙女座星系接近银河系外围，在天空中呈现出巨大的身姿。在两个星系之间的引力作用下，它们的形状已经开始扭曲。

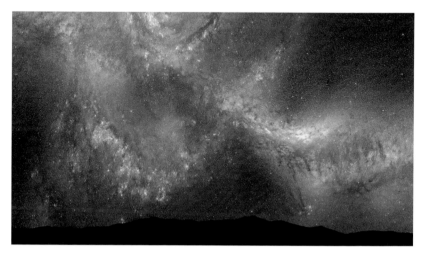

图XVII d：在距今 38.5 亿年后，两个星系的相遇正在加速，仙女座星系已经布满了天空，距离银河系如此之近，以至于引力作用已经开始引发附近气体云生成新的恒星。

图XⅦ e：39 亿年后，天空中布满了新的恒星，它们闪耀着蓝色的光芒，激发星际气体产生了独特的红色辐射。大质量恒星经常以超新星的形式爆炸，可能每年都会发生一次。

图XⅦ f：40 亿年后，两个星系已经彻底被对方扭曲，它们原来的螺旋结构弯曲成了翻滚的形状，像蜥蜴打架一样紧紧地抱在一起，把太阳和地球抛到了遥远的轨道上。

图XⅦg：51亿年后，我们假设地区在这次星系碰撞的外围区域幸存了下来。从地球上看，银河系和仙女座星系明亮的核心看起来像两个明亮的星系瓣并排在夜空中。

图XⅦh：70亿年后，这两个星系已经合并，形成了一个巨大而均匀的椭圆星系。从遥远的地球上看，明亮的椭圆星系核心主宰着夜空，但星系中已经不再有新的恒星形成了。

倍。暴胀这个概念是古思在 1979 年提出的，在这之前他正为解决量子力学和粒子物理学的一个问题，即为什么没有磁单极子而困扰。要知道磁极总是成对出现，一个北极，一个南极，不可能存在只有一个极的情况。针对这个问题的解答使古思想到，在宇宙又稠密又热的时候，可能曾经存在着大量的单极子，但它们随后都在空间快速膨胀时分离。不久之后，古思意识到这种快速膨胀可能回答了两个令人费解已久的关于大爆炸的问题，即"视界"问题和"平坦性"问题。

首先是视界问题。CMB 是大爆炸后的热量残留，它在宇宙空间中几乎是完全均匀的。宇宙中两个相隔数十亿光年的区域，从未有过关联的机会，但它们看起来却是一样的。这怎么可能呢？没有任何物理过程可以使这两个区域具备完全相同的特性。

平坦性问题指的是为什么宇宙膨胀的内容和速度会如此精确地保持平衡，以至于它将会永远膨胀下去（见 P.301）。暴胀提供了一个答案：如果在暴胀开始时确实存在曲率，膨胀会增加曲率半径并最终将其抹平。地球的曲率半径就很大，大到单从我们站在地球表面的位置视角来看，地球是平坦的，这也是地平说理论经久不衰的原因。同样的，宇宙膨胀到如今的尺度，它也变得平坦了。

1981 年，古思发表了一篇题为《暴胀宇宙：视界问题和平坦性问题可能的解决方案》的论文，在论文中，他提供了这两个问题的解决办法。古思认为宇宙最初处于一个衰变、膨胀和释放能量的状态，这些能量造就了我们今天所看到的宇宙。暴胀的早期阶段将不同部分的宇宙相互关联，使它们具备了相同的特性，而在它们分开时，这种相似性被保留了下来。这就解决了视界问题。膨胀也消除了所有的原始曲率，让宇宙变得平坦。平坦性问题由此得到解决。

古思版本的暴胀理论仍然存在一些理论上的疑难，而这些疑难在 1982 年被林德解决了。林德在莫斯科长大，父母都是物理学家。他的妻子雷娜塔·考洛什（Renata Kallosh）也是一位物理学家，两人在 1990 年移居美国，双双成为斯坦福大学的教授。

宇宙暴胀理论故事中的第三个主人翁，是俄罗斯天体物理学家阿列克谢·斯塔罗宾斯基（Alexei Starobinsky，1948— ），他能够将量子物理学的一些一般性与广义相对论联系起来，揭示宇宙是如何膨胀的。斯塔罗宾斯基从他的暴胀模型中预测出大爆炸会产生引力波。这些引力波携带了含有宇宙大爆炸时期状态的信息，如同 CMB 携带了宇宙 380 000 岁时的画面一样。

ESA 正在筹建一种引力波探测器 eLISA，全称为"激光干涉空间天线"（Laser Interferometer Space Antenna ，eLISA 的前缀"e"是用来区分之前不同的设计版本），它的目标就是探测斯塔罗宾斯基预测的那些引力波（以及来自双星和合并黑洞的引力波）。由于 eLISA 将在太空轨道上运行，所以它无须考虑地面活动产生的影响。无论是地球的震动，还是相邻高速公路上繁忙的交通往来，这些活动会影响地面引力波探测器的操作，但不会影响到平静太空中的引力波探测器。它所必须要应对的，无非是来自太阳喷射物质的随机影响。此外，eLISA 的尺寸将会十分巨大，这使得它有可能探测到低频的引力波活动。这是引力波谱中一个重要的波段，人们推测这种引力波的辐射来源是近距离的双星和超大质量的双黑洞。

eLISA 将由 3 个探测器组成，这些探测器分别位于地外空间的 3 个角，组成了一个三角形，其边长为 250 万千米，是地月距离的 6 倍。三角形的中心将位于距地球 5000 万千米处，跟随着地球一起绕太阳运行。各探测器都将沿波浪形轨道飞行，它们组成的三角形会像车轮一样围绕其中心旋转。每个探测器都携带了两个由金铂合金制成的边长为 46 毫米的立方体。根据设计，这两个立方体将在探测器的舱内自由飘浮（就像宇航员在空间站中自由飘浮一样），且由非磁性合金制成，因此立方体不会对磁场作出反应，同时配备了放电装置以释放积聚的静电荷，以保证立方体不会受到太空天气和太阳宇宙射线的影响。探测器就像是一层保护盾，防止立方体受到太阳风的冲击，进而保证它们对细微的引力波测量不受到干扰。通过感知每个立方体的位置，探测器和其中的舱室位置实时进行调整，以保持它们在立方体周边的位置，这样立方体就可以始终保持自由落体的状态，仅对重力作出反应。激光干涉系统可以测量出这个太空三角形边长两端的立方体的距离，精度达到 20 皮米（十亿分之一毫米，相当于原子的直径）。

当引力波穿过太阳系时，立方体会在舱室内来回摆动，eLISA 便借此来探测引力波的存在。2015 年科学家发射了测试用的探测器 LISA 探路者（LISA Pathfinder），它证明了这项为 eLISA 提出的技术是有效的，这是个令人欣喜的结果，eLISA 因此开始了正式的设计建造工作，并计划在 21 世纪 30 年代发射升空。它将成为迄今为止最大的科学仪器，其规模几乎与太阳系本身的规模相当。它应该可以探测到大爆炸后暴胀时期的引力波背景。这些引力波是大爆炸的信使，由随机、独立的事件组合，从而形成了宇宙引力波背景。这些独立事件来自致密的大爆炸物质，是由它们彼此相遇或震荡而产生的。由其随机产生的引力波发出连续的噪声（很像无线电的静电声）。

宇宙暴胀是一种宇宙学观点，这个观点乍一听似乎很古怪。eLISA 将会告诉我们宇宙暴胀是否真的值得研究。最终它将带领我们回到最初的 10^{-32} 秒，向我们揭示一切的开端。

夸克–胶子等高能离子体

当大爆炸物质的温度降低到几万亿摄氏度时，构成它的粒子拥有着巨大的能量，与地球上高能加速器能达到的最高能量相当。地处日内瓦的 CERN 实验室的 LHC 就可以达到这样的能量。在类似 CERN 这样的地方创造的基本粒子，其性质与大爆炸最早时期的粒子性质相关，在这一点上我们是有确凿证据的。

正如第二章所述，宇宙暴胀后的大爆炸物质由所有已知的基本粒子的混合物组成，包括目前已知最基本的夸克和胶子。当时，大部分粒子就是夸克和胶子，它们构成的混合物被称为夸克–胶子等离子体。夸克是质子和类似粒子的组成成分，把夸克束缚在一起的强力则是由胶子承载的。夸克 – 胶子等离子体中也包含了轻子，其中又可分为电子、μ 子和中微子，以及承载这些粒子之间作用力的粒子，包括高能光子。

在宇宙发展到 1 毫秒时，等离子体已经冷却到足以让 3 个夸克与胶子结合起来，形成质子（2个上夸克和1个下夸克）和中子（2个下夸克和1个上夸克）及其反粒子。质子和中子被称为重子，所以此时是重子物质，也就是组成我们如今世界的物质出现的时刻。

那么暗物质呢？它究竟是在暴胀时期、大爆炸之前，还是在大爆炸期间与重子物质同时出现的？当宇宙学家知道暗物质究竟是什么的时候，他们或许能更好地回答这个问题。

夸克–胶子等离子体的混合物中包括了反粒子和粒子，二者的数量几乎相等。反粒子与粒子是互补的关系。如果一个粒子遇到了它的反粒子，它们就会相互湮灭——粒子会落入一个空穴中，恰好填补了这个空穴，其结局便是空虚的空间和释放出去的能量。理论上也可能存在反粒子的星系，但我们无法从普通星系中区分出来。在那些反粒子的星系里，会有反恒星、反行星以及外星反生物。如果我们遇到了一个这样的"人"，和他握手也是非常不安全的，其结局就是彼此的相互湮灭。

大爆炸中粒子与反粒子的对称性并不精确，每有十亿个反夸克，就会有十亿零一个夸克，所以当它们互相接触并湮灭后，还会剩下一个夸克，这就是为什么宇宙是由物质组成的，而没有反物质（除非是在非常局部的尺度下、非常短暂的时间内以及非常罕见的某种高能粒子物理事件之后）。

多元宇宙

在林德提出的关于宇宙暴胀的某些版本中，宇宙是由独立的、指数级的大区域组成的，每个区域都有属于自己的物理特性。每个区域的居民都认为自己是生活在一个独立的空间中，并认为这就是整个宇宙，但其实周围到处都是看不见的其他区域。像这样的一个系统就被叫作多元宇宙。

这个概念为人择原理提供了答案，它试图解决这样一个问题，即宇宙的物理学似乎在某些方面进行了微调，以确保我们存在的可能性。1952 年，剑桥大学天体物理学家弗雷德·霍伊尔发现了关于人择原理最惊人的案例，彼时他正为寻找红巨星的动力来源而研究"三 α 过程"的核反应。在恒星工厂中，碳元素是这样生成的：两个氦原子核结合形成一个铍原子核，再加入第三个氦原子核则形成碳原子核。由于氦原子核也被称为 α 粒子，因此整个反应就被称为三 α 过程。铍原子核是不稳定的，所以当三 α 过程作为宇宙中碳的形成过程被提出时，人们曾认为在第三个 α 粒子加入之前，铍原子核就会发生衰变。这就意味着碳不可能在恒星中产生，但事实显然并非如此：碳不是在大爆炸中产生的，它只能在恒星中产生，不仅如此它还是宇宙中第四大常见的元素，体量极其丰富。

霍伊尔意识到，在三 α 过程的第二步中一定存在着某种共振（增强的相互作用率），在铍原子核衰变之前帮助了碳的生成。1953 年，霍伊尔前往 Caltech 的凯洛格辐射实验室，向包括核物理学家威廉·福勒（William Fowler）在内的研究人员寻求帮助。他发现很难说服那些持怀疑态度的物理学家寻找共振，唯有一个资历相对年轻的物理学家采纳了霍伊尔的建议，他叫沃德·惠林（Ward Whaling），彼时刚来到 Caltech 学习，正在寻找一些可做的项目，他在几个月内就找到了霍伊尔所说的共振效应。这个结果令福勒大为激动，于是他转而与霍伊尔以及天文学家玛格丽特·伯比奇（Margaret Burbidge）、杰弗里·伯比奇（Geoffrey Burbidge）一起，开始研究恒星中的核反应如何产生所有的元素（氢和氦除外）。福勒因此获得了 1983 年的诺贝尔物理学奖。

使恒星中碳的生成成为可能的这个关键的共振，其临界值取决于 3 个独立原子核（氦、铍和碳）能级的耦合。这种巧合太精确了，看上去就好像这 3 个原子核的核物理特性是被特意安排出来制造大量的碳一样。而碳对于生命的存在又是必需的，因此这个宇宙似乎就是为了我们的利益而创造的。这是一种人类中心论的观点，在中世纪，这种观点被认为是宇宙的真理，同时也暗示了人类是上帝所关注的唯一焦点，也是自然提供资源的唯一对象。但自从哥白尼在 1543 年揭示了地球并非恒星和行星公转轨道的中心焦点（见 P.46）以后，人类中心论的观点已经没有什么影响力了。

其他的一些科学巧合也同样具备类似三 α 过程的人择效应。或许真的有一个强大的、仁慈的存在，它为我们创造了这个宇宙——这在逻辑上是可能的，同时也是吸引神学家的一个论点，因为它为"第一因"提供了科学背景。

所谓第一因是关于上帝存在的论证，也被称为宇宙论证。它最早见于希腊哲学家亚里士多德和柏拉图的著作中，在西方主要由意大利多米尼加修道士、哲学家圣托马斯·阿奎那推广开来，他发展了希腊思想，并在其神学著作中对第一因进行了讨论。阿奎那认为，宇宙是按因果顺序运行的：宇宙之所以存在，一定是某人或某物创造了它。"因"就是上帝，"果"就是宇宙。阿奎那推测一定有一个第一因。第一因不是任何因的果——第一因就是上帝。

该论点在哲学上仍然存在争议，大多数物理学家也并不认为它具有说服力。物理学家所研究的其他看似基础的东西，在经过进一步的研究后，似乎都会有存在于其背后的解释。物理学家也是人，他们也会犯错，所以他们不会始终如一地坚持一个原则：历史上，在发现电子和质子等组成原子结构的成分之前，他们将气体的基本成分称为原子（见 P.21），并将其作为化学的第一因，这就解释了一些关于气体的其他无法解释的特性。当物理学家最初开始谈论基本粒子时他们也犯了同样的错误，这些粒子后来被证实并非最基本的粒子，下面还有组成它们的夸克和胶子。事实证明，基本粒子的范围及其性质的数量都是巨大的，但几乎没有什么简明的理论可以概括它们。希格斯玻色子基本粒子是一种已经较为成熟的解释，其目的是解释为什么基本粒子会有难以解释的其他质量。这个特性作为粒子物理学可能的第一因暗藏在帷幕之下，尽管它的基本属性毫无疑问还是会受到质疑。

在宇宙学中，人们总有机会提出关于为什么的问题，比如"为什么大爆炸会以大爆炸的形式发生？""为什么宇宙会被创造成它现在这个模样？"针对这两个问题的答案可能是宇宙只以支持我们存在的形式发生，因为如果我们不在这里，我们将无法审视这个宇宙。这个答案可以说是老生常谈了，但面对重要的巨大真实，这个答案并不足以令人满意。

比这更为微妙的是多元宇宙理论。这一理论认为存在着很多个宇宙（多元宇宙），每一个宇宙都有一套不同的物理常数和定律。在众多宇宙中，只有极少数宇宙常数的数值适合诞生生命，而我们的宇宙显然就是这极少数中的一个。根据这个观点，可以解释为什么会拥有这些对我们有利的巧合，因为这个宇宙必须是这样，否则我们现在就不会存在于此，并观察到宇宙是现在这个样子。

多元宇宙还可以与宇宙暴胀联系起来。安德烈·林德的暴胀理论指出，在一切开始时，量子涨落使得微小的区域迅速膨胀，成为孤立的气泡，其中一个便是我们所生存的宇宙，与其他宇宙隔离开来。这个想法为多重宇宙的可能性提供了物理基础。

CMB 图像中可能有关于此的证据。暴胀应该在 CMB 的无线电波振动中留下一种轻微的振动模式，我们称之为 B 模式偏振。这种偏振是很微小的，即使是普朗克卫星目前针对 CMB 进行的最精确的测量也无法探测出它的存在。目前，我们已在阿塔卡马沙漠（北极熊实验）和南极洲（BICEP 实验）及其他几个地方设置了专门用以检测这种偏振的设备。

关于我们生活在多重宇宙中这个论点，有一个非常有趣的直接线索，那就是在波江座中，CMB 显示存在一个特别大的、10 度角的冷斑区域。它的存在究竟是意义非凡，抑或只是一个巧合呢？考虑到图像中其他尺度较小、冷斑较少的区域在大小和温度上的统计学特性，波江座的冷斑随机出现的概率是五十分之一。这个概率意味着它存在是巧合的可能，但人们需要长期的、更深入的研究，也许会有所回报，为我们带来一些有趣的发现。那将会是什么呢？

关于冷斑，一个重要但还仅仅是推测的解释是，这是一个缺陷。这个缺陷可能是由林德理论中一个其他宇宙与我们的宇宙碰撞造成的，就像肥皂泡接触时形成的凹陷一样。一个受争议的理论（多元宇宙理论）和一个未经证实的理论（宇宙暴胀理论）产生了这样一个极具争议的解释。看起来，短时间内应该不会有人因为发现第二宇宙而获得诺贝尔奖了。

多元宇宙的概念也许很吸引人，也确实足够有趣，但它依然只是一个推论。但这一想法提供了一条可能的逃避路径，从而可以使我们摆脱在上一章末尾所提到的悲观的结局，即我们的宇宙终将归于宁静的黑暗。我们可以想象，在多元宇宙中有这样一个宇宙，它的物理性质如此恰如其分，使得它是一个开放宇宙，同时也是一个宜居宇宙。这样，那里的人们对自己宇宙的未来可能会比我们更乐观。

词汇表

缩略词

ALMA　阿塔卡马大型毫米/亚毫米波阵
Caltech　（美国）加州理工学院
CCD　电荷耦合器件
CMB　宇宙微波背景辐射
ESA　欧洲空间局，简称欧空局
LIGO　激光干涉引力波观测站
eLISA　激光干涉空间天线
M　梅西耶（天体），例如M 31（仙女座大星系）
NGC　星云星团新总表（天体），例如NGC 1555（欣德变星云）

计量单位

天文单位（A.U.）：地球到太阳的平均距离（约1.5亿千米）。
高斯（G）：磁感应强度的单位。
焦耳（J）：能量的单位。
开尔文（K）：温度的单位，间隔大小与摄氏度相同，但标度的起始点为绝对零度，也就是大约–273摄氏度（–460华氏度）。
光秒：光在1秒内传播的距离（约30万千米）。
光年（ly）：光在1年内传播的距离（约9.5万亿千米）。
兆赫兹（MHz）：无线电波的频率单位，等于每秒100万次振荡。
太阳质量：太阳的质量约为2.0×10^{30}千克。

术语表

吸积/吸积盘

物质受到天体的引力拖拽而落入天体的过程。只要下落的物质有任何旋转的运动，都会导致它在最终坠入天体之前沿着一个平面围绕天体运行，这个平面就叫吸积盘。

声学振荡

物质像声音一样以周期性波的形式振荡。在天文学中，这种振荡影响着宇宙膨胀过程中流动的物质在星系形成之前的位置，并导致它们至今在相对位置上留下了残余的规律。

反粒子

每种类型的基本粒子都有一种与之关联的反粒子，它们具有相同的质量、相反的电荷。反粒子集合在一起称作反物质。

小行星

在行星系统中绕恒星运行的小而暗的天体（在太阳系中，它们大多数位于火星和木星之间）。从起源上来说，小行星可能是由于一颗行星将另一颗行星的碎片或小行星捕获而发生碰撞产生的。较小的小行星也被称为流星体。

原子

普通物质（保持其化学性质）的最小单位，化学元素的基本单位；由原子核和围绕核的电子组成。

极光

天空中的一种辉光现象，通常出现在两极地区，由来自太阳的宇宙射线与大气碰撞产生。

轴子

人们推测的一种基本粒子，可能是组成暗物质的成分。

大爆炸

宇宙开端的爆炸事件。

双星系统

两颗恒星沿着彼此环绕的轨道运行形成的系统。有三个、四个成员的系统叫作三合星、四合星系统，依此类推。

黑洞

一个拥有巨大质量但尺寸很小的物体，它表面的重力能阻止任何东西离开，甚至连光都无法逃逸。人们在星系的中心发现了超大质量黑洞；恒星级黑洞是由超新星爆发形成的；小黑洞可能是在宇宙大爆炸中形成的。

彗星
太阳系中的一种小天体，和小行星差不多，但主要由冰构成。当它被太阳加热时，物质的逸散会形成一条尾巴。

大陆
一大片陆地。人们认定地球上一共有七块大陆。

核
行星、恒星或星系内的中心，拥有更密集的物质的那个部分。

（日）冕
围绕着像太阳这样的恒星的外部物质光晕。日冕是太阳大气层的一部分。

日冕物质抛射
一团等离子体从日冕中抛射到太阳系里。

宇宙微波背景
宇宙大爆炸中产生的微波和红外辐射，在宇宙各个方向上都能看到，弥漫整个太空。

宇宙射线
来源于恒星或其他地方，并且高速运动的高能粒子。

（地）壳
类地行星外层的固体岩石层。

暗能量
人们推测的一种导致了宇宙加速膨胀的能量形式。

暗物质
人们推测的一种物质形式，不发出光或者其他任何辐射，但会像熟悉的普通物质一样施加引力。

矮行星
一种小的星球。在太阳系中，矮行星指的是这样一类天体：它的质量足够大，以至于靠自身的引力能形成球形，但其质量又不足以吸引附近的其他物质，从而完全清空其公转轨道附近的区域。

地球
从太阳往外数的第三颗岩石行星。

掩食
一颗恒星（如太阳）被一颗行星或卫星遮掩住，或者是在恒星的光照下，一颗行星或卫星进入另一颗行星或卫星的阴影中的过程。

电子
一种基本粒子，是原子的组成部分，带负电。

元素/单质
具有相同数量质子的一类原子称作一种元素。仅由同种元素组成的纯净物叫作单质。

椭圆星系
一种整体呈椭圆形的星系，主要由较老的红星组成，几乎没有气体。

系外行星
位于太阳系以外的行星，其中最典型的是在系外行星系统里的那些行星。

系外行星系统
一群围绕着太阳以外的恒星运行的行星，加上相关的小天体，如小行星等，组成的天体系统。

基本粒子
比原子更小的一类粒子。

星系
由大量恒星、星际气体、尘埃和暗物质通过引力作用结合在一起，并与其他类似的集合相离离开来的一类天体系统。

气态巨行星
类似木星这种，主要由气体构成的行星。与类地行星相反。

球状星团
由许多恒星组成的整体呈球形的星团。

引力波
由天体运动的变化产生的以光速传播的时空扰动，它会造成空间中引力的变化，导致物体的位置移动。

半衰期
放射性元素衰变所需时间的度量——具体而

言，指的是放射性元素其中的一半变为其他元素所需的时间。

极超新星
一种能量巨大的超新星，由一颗大质量恒星的核心坍缩成一个黑洞后将周围包层高速抛射出去而形成。

暴胀
人们推测的宇宙最初的一个阶段，此时空间以极大的速度膨胀。

干涉仪/干涉测量法
一种测量仪器，它具有多个信号检测器，能够对通过的光波、无线电波或引力波等作出响应，然后将所有检测器的信号叠加在一起形成单一的响应输出。使用干涉仪进行测量的技术就叫作干涉测量法。

星系际介质
分布在星系际空间（星系之间的空间）中的物质。

星际介质
分布在星际空间的物质。

离子
原子（或分子）失去或得到一个或多个电子后形成的粒子，因而带正电或带负电。

木星
从太阳向外数的第五颗行星，是太阳系中最大的行星，也是一颗气态巨行星。英文中木星叫作Jupiter，当首字母小写，jupiter则可以表示像木星那么大的行星（通常指系外行星）。

千新星
在双星系统中，两颗中子星或一颗中子星和一个黑洞互相绕转的过程中发生并合，产生引力波的爆炸的事件。

亲石（元素）
与类地行星地幔中岩石物质中的化学元素相结合的化学元素。与亲铁元素相反。

大、小麦哲伦星云
在银河系附近轨道上运行的两个星系。

岩浆
熔化的岩石。

磁层
在具有磁性的行星或恒星周围由磁场延伸出的那部分空间体积。

地幔
位于类地行星地核和地壳之间的岩石层。

梅西耶/NGC天体
深空天体星表中编目的天体。

流星
坠落到行星上的流星体——例如，当它们穿过地球的大气层时，会升温发热，呈现出一道光划过天空的景象。

陨星（陨石）
一颗坠落到地球上的像岩石一样的流星体。

流星体
在落入地球之前，在太阳系中运行的小行星、岩石或尘埃。

银河
银河系里无数恒星在天球上围绕一圈，看起来就像是一道光带。

分子
原子通过化学键结合形成的单一的化学结构；化学物质的基本单位。

卫星
围绕行星周期性运动的天体；月亮就是地球的天然卫星。

中微子
一种基本粒子，呈电中性，质量小到几乎为零，与其他粒子的相互作用非常微弱。中微子有三种味，分别与电子、μ子和τ子相关联。

中微子振荡
中微子由一种味向另一种味的转变。

中子
一种在原子核中发现的、与质子相伴的基本粒子，其质量与质子几乎相同，但呈现电中性。

中子星
由中子组成的小而致密的恒星。

新星

恒星发生爆炸的状态，使得以前没有发现恒星的地方出现了一颗明亮而显著的"新"的恒星。参见超新星、千新星、极超新星等类似概念。

核聚变

原子核的结合和融合，例如发生在炽热而致密的恒星物质中的过程。

核反应

原子核之间发生相互作用，并且导致原子核发生变化的过程。这个过程同时会释放（或吸收）能量。

（原子）核

位于原子的中心，是最重的部分，周围是原子中一定量的电子按照它们各自的电子轨道运行。原子核由大约相等数量的质子和中子结合而成。

行星

围绕恒星运行的（或偶尔会有在太空中自由飘浮的）且质量太小而无法维持核反应的天体。参见类地行星、气态巨行星、小行星。

星子

一种小而原始的天体，处于行星生长的阶段，大小介于岩石和小行星之间。或者一颗彗星。

等离子体

物质的第四种状态（在固体、液体和气体之外），由离子和电子组成。在类似恒星这样的炽热物体中，物质就处于这种状态。

质子

在原子核中发现的一种比较重的基本粒子，带有一个单位的正电荷，也是普通氢原子的原子核。

原行星

行星形成的最后阶段。

原恒星

恒星形成的最后阶段。

脉冲星

旋转的、具有磁场的中子星，也是宇宙中重复的射电脉冲的来源。

QSO

见类星体。

夸克

目前已知的一类基本粒子，有6种不同类型，携带的电荷等于单位电荷的三分之一或三分之二。

类星体

位于星系中心的高能超大质量黑洞。

辐射

能量在空间中的传播形式。

放射性

原子核能够通过发出辐射而衰变，同时使原子核的种类发生变化的性质。

红巨星/红超巨星

一类较大的或巨大的低温恒星；处于发展晚期的恒星。

红移

恒星或星系在逐渐远离时的运动引起的光谱或颜色的变化。通常用于描述星系，因为它们随着宇宙的膨胀而远离。

（轨道）共振

两个天体（例如两颗行星）的轨道周期等参数为简单整数比时，它们的位置格局会精确地重复的现象。

亲铁（元素）

一类容易与铁元素结合并沉入类地行星核心的元素。

太阳系

太阳的行星系统。

摄谱仪/光谱学

摄谱仪是一种将辐射分解成一系列能量的谱并以某种方式记录下来的设备。使用摄谱仪记录光谱的技术就叫光谱学。

（光）谱

辐射（强度）按照能量顺序依次排列的表示方法——例如，彩虹的光按照红色、橙色、黄色、绿色到蓝色的顺序排列。

旋涡星系

一类由恒星和气体组成的星系，其中明亮的

恒星和气体呈旋涡状排列。

恒星

一种能生成和辐射能量（通过核反应）的大型天体，它由自身的重力结合在一起，并由内部压力所支撑。

星爆

星系中恒星形成突然激增的现象。

恒星黑洞

与恒星质量相当的黑洞，一般由超新星爆发产生。

弦

在物理学中，弦是基本粒子的更深层组成部分，它与其他弦振动并相互作用，从而形成了粒子的属性。

太阳

太阳系中心的恒星。

超大质量黑洞

一类质量远超过太阳质量（比如100万倍以上）的黑洞。

超新星

恒星的剧烈爆炸，形成原因是恒星的外层重新抛射、核心坍缩成中子星或黑洞，或者恒星整体完全解体。

（大地）构造学

地壳中的地质过程，特别是与大陆运动有关的地质过程。

类地行星

像地球一样的岩石行星。

宇宙

一切时空的集合。

变星（例如金牛座T变星、造父变星）

一种亮度变化的恒星，或者是因为它确实本身亮度变化了，或者是因为有东西从它前面经过。各类不同变星都以其典型的成员来命名。

白矮星

一类致密的恒星，由一颗相对低质量恒星的裸露核心形成。

WIMP

人们推测的一种大质量弱相互作用粒子，可能是构成暗物质的粒子。

图片版权信息

P.6，P.9，P.29，P.59，P.79，P.107，P.143，P.169，P.189，P.213，P.229，P.253，P.289的图注来自阿曼达·史密斯(Amanda Smith)

图 I ：NASA, ESA, S. Beckwith, M. Stiavelli, A. Koekemoer (太空望远镜科研所), R. Thompson (亚利桑那大学), 太空望远镜科研所HUDF 团队, G. Illingworth, R. Bouwens (加州大学圣克鲁兹分校), HUDF09 团队, R. Ellis (Caltech), R. McLure, J. Dunlop （爱丁堡大学), B. Robertson (亚利桑那大学), A. Koekemoer (太空望远镜科研所), HUDF12 团队, G. Illingworth, D. Magee, P. Oesch (加州大学圣克鲁兹分校), R. Bouwens (莱顿大学), HUDF09 团队, H. Teplitz, M. Rafelski (Caltech红外线过程分析研究中心), A. Koekemoer (太空望远镜科研所), R. Windhorst (亚利桑那州立大学), 以及Z. Levay (太空望远镜科研所)

图 II ：ESA/普朗克协作团队

图 III ：M. Blanton，SDSS

图 IV ：NASA, ESA, E. Jullo (JPL/LAM), P. Natarajan (耶鲁大学) 和 J-P. Kneib (LAM)

图 V ：EHT 合作团队

图 VI ：ESA/哈勃 & NASA

图 VII ：ESO/B.Tafreshi (twanight.org)

图 VIII ：欧洲南方天文台

图 IX ：NASA, ESA/哈勃和哈勃遗产团队

图 X ：NASA/SDO

图 XI ：X射线：NASA/CXC/ SAO; 光学：NASA/ STScI; 红外：NASA-JPL-Caltech

图 XII ：NASA/约翰·霍普金斯大学应用物理实验室/ 美国西南研究院/Roman Tkachenko

图 XIII ：ESO/A. Müller et al.

图 XIV ：NASA/JPL-Caltech/地外文明搜索研究所

图 XV ：NASA/JPL-Caltech/MSSS

图 XVI ：NASA/Bill Anders

图 XVII ：NASA; ESA; Z. Levay 和R. van der Marel, 太空望远镜科研所; T. Hallas和A. Mellinger